普通高等教育土木类专业新形态教材

普通高等教育"十四五"系列教材

建筑结构设计导论

主　编　梁宗敏

副主编　唐一文

中国水利水电出版社

www.waterpub.com.cn

·北京·

内 容 提 要

本书旨在搭建土木工程基础课与专业课之间的桥梁，帮助低年级本科生尽快建立对建筑结构体系的感性认识，养成土木工程专业思维习惯，提升结构设计相关课程学习能力与结构设计能力。

本书从介绍建筑与结构的类型以及二者的分工与协作开始，通过力学基础知识引出结构的荷载与作用以及主要工程材料的力学性能，进而逐步深入地介绍结构构件、节点，分体系与结构体系的概念、分类、承载与受力特点，结构可靠性设计基本概念，以及结构变形与振动的控制等性能设计的概念与方法。全书共9章，主要内容包括：初识建筑与结构，建筑设计与结构设计的程序及分工协作，力与结构，荷载与作用，结构材料的力学性能，结构基本构件与连接，结构体系，结构可靠性设计基础，结构性能设计基础。本书还配有丰富的视频、图片、课件、拓展学习材料等教学资源。

本书可作为高等教育土木工程、建筑学、农业建筑、城乡规划等相关专业的教材使用，也可作为建筑师、设备工程师了解建筑结构设计的参考书。

图书在版编目（CIP）数据

建筑结构设计导论 / 梁宗敏主编. -- 北京 ： 中国
水利水电出版社，2023.10
普通高等教育土木类专业新形态教材　普通高等教育
"十四五"系列教材
ISBN 978-7-5226-1117-4

Ⅰ．①建… Ⅱ．①梁… Ⅲ．①建筑结构－结构设计－
高等学校－教材 Ⅳ．①TU318

中国版本图书馆CIP数据核字(2022)第215989号

书　　名	普通高等教育土木类专业新形态教材 普通高等教育"十四五"系列教材 **建筑结构设计导论** JIANZHU JIEGOU SHEJI DAOLUN
作　　者	主　编　梁宗敏 副主编　唐一文
出版发行	中国水利水电出版社 （北京市海淀区玉渊潭南路1号D座　100038） 网址：www.waterpub.com.cn E-mail：sales@mwr.gov.cn 电话：(010) 68545888（营销中心）
经　　售	北京科水图书销售有限公司 电话：(010) 68545874、63202643 全国各地新华书店和相关出版物销售网点
排　　版	中国水利水电出版社微机排版中心
印　　刷	清淞永业（天津）印刷有限公司
规　　格	184mm×260mm　16开本　16.25印张　395千字
版　　次	2023年10月第1版　2023年10月第1次印刷
印　　数	0001—2000册
定　　价	**49.00元**

前　言

　　建筑结构设计相关课程的教学目标包括基本原理与方法的掌握、设计与综合能力的培养、职业素质与素养的提升，是在多轮次的"从实践到理论，从理论到实践，再从实践到理论"的感性认识与理性认识交替循环过程中螺旋式上升。目前的基础课教学与专业课教学联系不够紧密，土木工程专业学生进入设计类课程学习阶段后，往往需要再回顾基础课所学内容，特别是"三大力学"的知识与原理，而尽早建立对建筑结构系统的感性认识，用专业思维去思考建筑结构设计的问题，对学好建筑结构设计又至关重要。中国农业大学自 2018 年起面向土木工程专业二年级本科生开设了"建筑结构设计导论"课程，用回顾数学、理论力学与材料力学基础知识，展望结构力学，介绍结构构成，分析结构传力，剖析结构案例，定性对比结构方案与感性判断结构优劣的方法组织教学，以培养学生建立结构体系认知、养成专业思维习惯为教学基本目标，以担当、意识、视野、情怀的熏陶为教学升级目标，取得了一点经验。

　　党的二十大报告提出，加快转变超大特大城市发展方式，实施城市更新行动，打造宜居、韧性、智慧城市，这对土木工程从业者提出了更高的要求。土木工程师不仅要更好地掌握建筑结构设计理论与方法，而且要加强设计创新、技术创新，所设计的建筑应当更安全可靠、更宜居舒适。

　　本书编写的初衷是帮助土木工程专业初学者更顺畅地进入专业课学习阶段，首先对建筑结构设计类课程有系统全面的了解，对建筑结构设计有所"感觉"，再进一步提升建筑结构设计能力。本书对建筑学、城乡规划、农业建筑等相关专业本科生与工程师拓展建筑结构设计的知识也有一定的帮助。本书的特点是插图丰富，编者拍摄了大量的照片，绘制了大量的分析图和示意图，以帮助读者理解理论知识。本书的目的不是向读者介绍定量分析和计算原理与方法，但为了进行定性对比，书中给出了一些简单的力学计算公式，初步具备理论力学和材料力学知识的读者是能够理解的。书中还引入大量拓展资料和工程案例弘扬文化自信、传承工匠精神、鼓励科技创新，激励学生奋发有为。

本书共分为 9 章，内容包括：初识建筑与结构，建筑设计与结构设计的程序及分工协作，力与结构，荷载与作用，结构材料的力学性能，结构基本构件与连接，结构体系，结构可靠性设计基础，结构性能设计基础。各章编写分工如下：第 1、第 2 章和第 8 章由梁宗敏编写，第 3 章由焦伟丰和梁宗敏编写，第 4 章由史春芳编写，第 5 章由周莹编写，第 6 章由雷隽卿编写，第 7、第 9 章由唐一文编写。梁宗敏担任主编并统稿，唐一文担任副主编承担了部分统稿和编写协调工作。北京盈建科软件股份有限公司王丹波、郭雪川、周治华、董礼、王晓可及中建一局集团建设发展有限公司的工程师们为本书提供和制作了部分插画，在此表示诚挚的感谢！

为了便于读者学习和理解，本书配套了数字内容资源，主要包括相关案例视频、图片、课件等。数字内容资源的整理制作具体分工如下：第 1、第 3 章由梁宗敏完成，第 2 章由唐一文完成，第 4、第 5 章由史春芳、沈冠杰完成，第 6、第 7 章由周治华、董礼、王晓可完成。

本书在编写过程中，参考了一些专家学者的相关论著、教材以及论文，引用了有关资料、图片，在此一并表示感谢。

由于编者的水平和能力有限，书中难免存在错误与疏漏之处，恳请读者提出宝贵意见，烦请联系 liangzm@cau.edu.cn。

编者

2022 年 8 月

数字资源清单

目　录

第1章
初识建筑与结构

知识拓展：古代建筑的结构特点

中外古代建筑，尽管其建筑结构局限于土、木、石等原始材料和简单的施工方式，但凭借自然万物的启示和长期劳动经验的积累，保留至今的建筑都完美地符合力学原理、有效地利用了材料的性能，其结构技术与建筑艺术的统一、融合程度几乎无懈可击。举世闻名的古埃及金字塔不仅具有宏伟壮观、气势磅礴的建筑艺术魅力，而且建筑艺术与结构技术浑然一体。它采用抗压强度高且耐风雨剥蚀的石材作为结构材料，选择正四棱锥体的结构体型，实现了力的平衡与稳定，历经4700余年仍巍立依旧。

1. 西方古建筑的结构特点

受原始工程材料性质和古人力学知识缺乏的限制，多数西方古建筑只能采用石柱上架设石梁的结构体系，如希腊帕特农神庙等。由于简支梁的跨度取决于横向石材的抗弯能力，所以跨度不可能太大。古罗马人发明了半圆拱和十字拱等有推力的结构，找到了克服水平推力取得静力平衡的结构体系，创造出梁柱体系无法比拟的内部空间，形成风格独特的古罗马建筑。万神庙可谓古罗马穹顶半圆拱结构的代表作，其中央内殿穹顶直径达43.5m，采用火山灰、石灰粉拌和碎石凝结成坚固的不透水层，穹顶底部嵌入墙体，6.2m厚的墙体承受住了穹顶传来的巨大水平推力。整个建筑造型完美，内部空间庄严肃穆、明朗和谐，堪称结构技术与建筑艺术完美统一的珍品。

随后出现的拜占庭建筑，其最大成就是通过一套完整的结构体系，创造出伸展、复合式建筑空间，较之古罗马万神庙单一的封闭式空间又大大推进了一步。位于伊斯坦布尔的圣索菲亚教堂是典型的拜占庭建筑，采用砖砌结构，中央大厅平面为32.6m×68.6m，用一个正圆穹顶和两个半圆穹顶覆盖。穹顶通过帆拱支撑在四个柱墩上，横向水平推力由侧墙支承，纵向水平推力由两个半圆穹顶抵抗。半圆穹顶的侧推力分别由两端柱墩、半圆拱以及斜角上的小半圆拱承担，再传到两侧更矮的拱顶上去。这一整套结构体系思独特、层次井然、受力合理、传力明确，显示出当时的工程师们对拱式结构的受力特点及传力方式具有相当高的认知水平。

哥特式建筑的最大特点是采用拱肋和飞券的拱式结构。拱肋不仅是装饰线条，同时还是结构的组成部分。哥特式建筑中厅拱肋的拱脚一般很高，靠凌空腾越的飞券，把水平推力自上而下地传给较低的扶壁，或将拱脚传来的水平推力传给垂直于主轴线的横墙。这些横墙上方再砌成砖拱，构成顺次排列、面朝主教堂大厅的一个个小教堂。主教堂屋顶采用"礼花式"拱肋，将拱顶上部荷载传到拱脚。结构技术与建筑艺术的如此结合，形成上下左右归顺统一和天光四射壮丽辉煌的神奇效果，充分显示出运用力学原理、材料性能和结构造型能力所赋予建筑的艺术魅力。

2. 中国古建筑的结构特点

我国古代劳动人民也创造了辉煌的建筑艺术。驰名中外的河北赵州桥横跨洨河，跨长 37.37m，为利用石材抗压性能好的优点而规避其抗拉性能差的缺点，特采用拱结构，把受弯转化成受压。赵州桥"坦拱敞肩"的结构形式便于马车和行人在桥面上通行，同时又在拱的两肩上各设两个小拱，兼顾了减轻荷载和利于泄洪的功能。整个石桥结构合理，其造型也十分优美，1400 多年来，经多次地震仍傲然挺立，是举世公认的结构造型艺术杰作。此外，河南登封县嵩山寺塔（7 层，高约 40m）、陕西西安大雁塔（7 层，高约 60m）、河北定县料敌塔（11 层，高约 70m）等均为砖砌结构，也因采用合理的筒体结构抵御大风和地震，至今千余年仍安然无恙。

我国古代木结构建筑历史悠久，在世界建筑史上独树一帜，从六七千年以前就有的榫卯技术逐渐演化、发展成大型模式化的木结构宫殿式建筑。例如，抬梁式木结构建筑基本上采用简支梁和轴心受压柱的结构体系，还有常用的枋和斗拱，乃是我国古代建筑特有的结构构件。

柱，多采用圆形断面的优质原木制作，由于各节点使用榫卯结合，基本上属于铰接节点，柱网布置匀称，外柱常有较大的挑檐荷载，这些均有利于轴心受压，可以充分利用木材的抗压强度。

梁，多采用仅承受对称集中荷载的作用方式，除承托脊瓜柱的小跨三架梁外，成对集中荷载分别靠近两端支座。这种受力状态的主要优点：一是跨中无剪力，可防止木梁劈裂；二是跨中弯矩小，可提高抗弯能力，减小跨中挠度。

枋，相当于柱与柱上端的连系梁，是抵抗水平力作用的重要承重构件，起到加强梁柱连接、提高节点刚度的作用，从而增强整个建筑的空间刚度，减少水平侧移。

斗拱，出现时也是重要的结构构件，后来逐渐演化出装饰功能。其具体作用：一是相当于悬臂梁，承受挑檐屋面荷载，扩大梁的支承范围或增加支承点；二是将大面积屋面荷载传到柱子上，减小梁的计算跨度和挠度，加强节点连接，增强节点刚度和延性。

综上所述，古代建筑的所有构件和有特征性的细部，都源于结构或建造工艺所需。在漫长的岁月中，这些构件变得日益完善和丰富，最终演化成一种精确的艺术形式，这就是结构技术与建筑艺术的完美融合。特别是中国的古代建筑，无论是砖石建筑还是木结构建筑，都是深厚历史文化积淀的成果，无不带给我们文化自信与自豪。

1.1 建筑的概念与分类

1.1.1 建筑的概念

建筑是建筑物与构筑物的总称。

建筑物即房屋，是供人们居住、工作、学习、生产、经营、娱乐、储藏物品以及进行其他社会活动的工程建筑。如住宅供人们居住，厂房供人们在其中观影，电影院供人们在其中观影，教堂供人们在其中从事宗教活动，医院供人们在其中救治伤病，等等。

构筑物指房屋以外的工程建筑，如围墙、道路、水坝、水井、隧道、水塔、桥梁和烟囱等。

广义的建筑还包括人造景观，园林中的亭台水榭、假山雕塑等。

在古代，人们用泥土、砖、瓦、石材、木材等材料建造建筑，建筑多为砖墙、土墙或石墙，木柱、木梁、木檩和木椽，瓦顶、片石顶、茅草屋顶，石梁和石柱等。在近现代，随着冶炼技术、化工技术的发展，逐步有了钢材、钢筋、混凝土、铝合金、玻璃、塑料等建筑材料。随着科学技术的发展，建筑也从低矮窄小朝着高大宽敞的方向发展，建筑造型和外观也变得多姿多彩。

1.1.2 建筑的分类

1. 按功能分类

（1）居住建筑。指供人们日常居住生活使用的建筑物，包括住宅、宿舍、公寓、别墅等，如图1.1～图1.4所示。

资源1.1
国内外乡村
居住建筑

图1.1　乡村民居（居住建筑）

图1.2　城市住宅建筑（居住建筑）

图1.3　学生宿舍建筑（居住建筑）

图1.4　乡村别墅建筑（居住建筑）

（2）公共建筑。指供人们进行各种公共活动的建筑，包括办公建筑（图1.5）、文教建筑（图1.6）、科研建筑、医疗建筑、商业建筑、观览建筑（图1.7）、体育建筑（图1.8和图1.9）、旅馆建筑、交通建筑（图1.10和图1.11）、园林建筑、纪念性建筑、宗教建筑（图1.12和图1.13）等。

（3）工业建筑。指供人们进行各类工业生产活动以及辅助生产活动的建筑物，包括生产车间、辅助车间、动力用房、仓库、工机具库等，如图1.14～图1.16所示。

图 1.5 办公楼、写字楼（办公建筑）

图 1.6 教学楼（文教建筑）

图 1.7 剧院（观览建筑）

图 1.8 体育场（体育建筑）

图 1.9 体育馆（体育建筑）

图 1.10 机场候机楼（交通建筑）

图 1.11 高铁车站（交通建筑）

图 1.12 佛教寺庙（宗教建筑）

图 1.13 教堂（宗教建筑）

图 1.14 多层厂房（工业建筑）

图 1.15 单层厂房（工业建筑）内部

图 1.16 仓库与装卸平台
（工业建筑，用于农产品储运时属农业建筑）

　（4）农业建筑。指供人们进行农业生产及相关活动的建筑，包括动物养殖建筑、植物栽培建筑、农产品贮藏保鲜及其他库房建筑、农副产品加工建筑、农机具维修建筑、农村能源建筑，如图1.17～图1.23所示。

　（5）其他建筑。其他建筑也称为其他设施，包括水利设施、能源设施、交通设施、物流设施、通信设施等，如图1.24～图1.26所示。

图 1.17　连栋塑料大棚（农业建筑）

图 1.18　单栋塑料大棚（农业建筑）

图 1.19　连栋玻璃温室（农业建筑）

图 1.20　日光温室（农业建筑）

图 1.21　工厂化鸡舍（农业建筑）

图 1.22　工厂化牛舍（农业建筑）

图 1.23　粮仓（农业建筑）

图 1.24　泵站（水利设施）

图1.25 水坝+水电站（水利设施）

图1.26 压力罐、筒仓（能源设施）

（6）构筑物。前已述及，如围墙、道路、水坝、水井、隧道、水塔、管廊和烟囱等，如图1.27~图1.30所示。其特点是不具备、不包含或不提供人们在其内部生活和进行生产活动的空间。

图1.27 化工管廊（构筑物）

图1.28 电厂的烟囱和凉水塔（构筑物）

图1.29 人行立交桥（构筑物）

图1.30 公路桥（构筑物）

资源1.6
钢结构超大
屋顶建筑
（深圳市民中心）

2. 按主要材料分类

按建筑的主要结构材料及其形式，我们可以把建筑分为木结构建筑、砖石结构建筑、土结构建筑、钢筋混凝土结构建筑、钢结构建筑、玻璃结构建筑、膜结构建筑等。

资源1.7
生土建筑

3. 按高度和层数分类

居住建筑：1～3 层为低层；4～9 为多层；10 层及以上或高度大于 28m 为高层。

公共建筑：1～3 层为低层；4～6 为多层；7 层及以上或高度大于 24m 为高层。

高度大于 100m 的居住建筑和公共建筑为超高层建筑。

工业建筑中，生产车间以单层厂房居多，辅助车间有的为 2～3 层的低层厂房，轻工业车间也可以建成多层工业厂房。

农业建筑中的温室、畜禽舍、存贮与加工厂等，大多为单层建筑。随着土地资源的紧缺，多层温室和多层畜禽舍将成为农业建筑的一个发展方向。

1.2 建筑构造

从大的尺度说，建筑的组成是建筑构造；从小的尺度来说，建筑细部的组成也是建筑构造。

一般来说，民用建筑由基础、墙或柱、楼板和地坪、屋顶、门窗和楼梯等主要部分构成，这些主要部分构成了建筑的空间，承担了建筑的基本使用功能。此外，还有台阶、坡道、勒脚、散水、挑檐、女儿墙、雨篷、阳台等附属部分，它们进一步完善了建筑的使用功能。

1.2.1 建筑构造的六大主要部分

1. 基础

建筑物最下边的部分，承受建筑物的全部荷载并传给下面的土层，同时它还起到隔绝建筑与下部土层的作用，防止上部墙体或立柱受到地下水、地下腐蚀等各种不利因素的影响。

2. 墙、柱

墙是建筑物的承重构件和围护构件。作为承重构件，墙承受着建筑物由屋顶和楼板层传来的荷载，并将这些荷载传给基础，墙要有足够的承载能力和稳定性。作为围护构件，外墙起着抵御自然界各种因素对室内侵袭的作用；内墙起分隔房间和创造室内舒适环境的作用，墙要有隔热、保温、隔声、防水及防潮、防火等性能。

柱在建筑中起着承重的作用。当建筑需要空间较大且灵活布局时，往往以柱代替一部分或全部墙承重。此时墙只起分隔和围合空间的作用，柱承担起承重的任务，和承重墙一样承受着屋顶和楼板层传来的荷载，因此柱必须具有足够的承载能力和稳定性。

3. 楼板、地坪

楼板是建筑水平方向的承重和分隔构件，它承受着家具、设备和人群荷载以及楼板本身的自重，并将这些荷载传给墙或柱。同时，通过楼板将建筑物分为若干层，并对墙体起着水平支撑的作用。为此楼板应有足够的承载能力和隔声、防水、防潮、防火等能力。

地坪是底层房间与土壤层相接触的部分，它承受着底层房间内部的荷载。地坪应具有坚固、耐磨、防潮、防水和保温等性能。

4. 屋顶

屋顶是建筑物最上部的外围护和承重构件。屋顶抵御着各种自然因素（风、雨、雪霜、冰雹、日晒、低温等）对顶层房间的侵袭；屋顶同时又承受风雪荷载及施工、检修等屋顶荷载，并将这些荷载传给墙和柱。因此，屋顶应有足够的承载能力及隔热、防水、保温等性能。

5. 门窗

门与窗均属非承重构件，门的主要作用是交通，同时还兼有采光、通风及分隔房间的作用；窗的主要作用是采光和通风，在立面造型中也起着重要的作用。门与窗均应有保温、隔热、隔声、防火排烟等功能。

6. 楼梯与电梯

楼梯与电梯都是建筑的垂直交通构件，供人们上下楼层和紧急疏散之用。楼梯应有足够的通行能力以及防水、防滑的功能。随着现代建筑业的发展，电梯、电动扶梯等已成为建筑中使用得越来越多的垂直交通构件，它通过各种电动装置实现人们上下楼的目的，也方便了货物在建筑物内部的上下转运。

1.2.2 建筑构造的其他附属部分

1. 台阶

用砖、石、混凝土等筑成的一级一级供人们上下的建筑物组成部分，多在建筑的大门前或室内、室外高度有变化之处。

2. 坡道

坡道的作用与台阶相同，它是有一定坡度的交通通道。无法建造台阶或台阶使用不便时，采用坡道来应对高度的变化。公共建筑通常都需要无障碍通道，坡道乃是必不可少的要素。坡道是使行人在楼面与地面上进行高度转化的重要构造。

3. 勒脚

建筑物外墙的墙脚，即外墙与室外地面或散水部分接触部位的加厚部分。其作用是防止雨水反溅到墙面，对墙面造成侵蚀破坏。

4. 散水

房屋外墙四周的勒脚下（室外地坪上），用片石砌筑或用混凝土浇筑的有一定坡度的散水坡。其作用是迅速排走勒脚附近的雨水，避免雨水冲刷或渗透到地基，防止基础下沉，以保证房屋的巩固耐久。

5. 挑檐

屋面（楼面）挑出外墙的部分，其作用是为了方便做屋面排水，对外墙也起到保护作用。

6. 女儿墙

突出于建筑物屋顶周围的矮墙，在女儿墙的根部处施作防水压砖收头，以避免防水层渗水或屋顶雨水漫流。上人屋顶的女儿墙还起到保护人员的安全的作用。

7. 雨篷

设在建筑物出入口或顶部阳台上方，用来挡雨、挡风、防高空落物砸伤的一种建筑构件。

8. 阳台

设在建筑物楼板高度处，向室外延伸的构件。人们可以通过阳台接受光照、吸收新鲜空气、进行户外锻炼、赏景、纳凉、晾晒衣物。阳台如果布置得好，还可以变成宜人的小花园。

民用建筑的构造组成如图 1.31 所示。

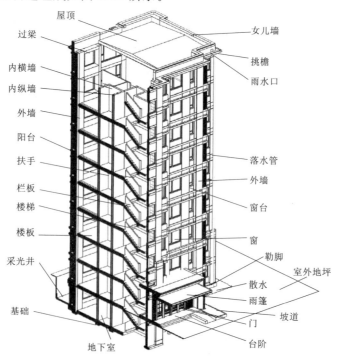

图 1.31　民用建筑的构造组成

1.2.3 建筑细部构造与工程做法

建筑的各大构造部分起着不同的作用，为完成各自承担的不同任务，各部分所采用的材料也有所不同，工程做法也不同。同一个构造部分，因建筑的使用功能、装饰装修标准不同，采用的材料和工程做法也不同。这里所说的材料与详细工程做法即为细部构造，主要包括地面构造、楼屋面构造、墙体构造等如图1.32~图1.35所示。

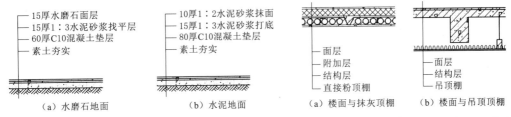

（a）水磨石地面　　　　（b）水泥地面

图1.32　底层地面细部构造与工程做法

（a）楼面与抹灰顶棚　　（b）楼面与吊顶顶棚

图1.33　楼面与顶棚细部构造与工程做法

建筑物的各组成部分即为建筑构造，各部分的位置、材料、工程做法不同，在建筑中承担的任务不同，基本任务有承重、围合、抵御不利的自然条件等，此外还有交通、采光、通风、保温、隔热、装饰等任务。其中，屋顶、楼板、墙体、柱子等既是围护构件，

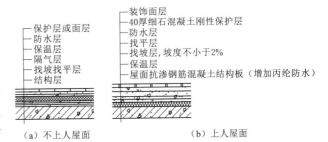

（a）不上人屋面　　　　（b）上人屋面

图1.34　屋面细部构造与工程做法

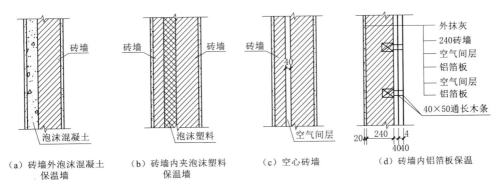

（a）砖墙外泡沫混凝土　（b）砖墙内夹泡沫塑料　（c）空心砖墙　（d）砖墙内铝箔板保温
保温墙　　　　　　　　　保温墙

图1.35　墙体细部构造与工程做法

又是承重构件，它们不仅起到围护的作用，更起到承受并传递各种荷载的作用。这些承重构件既承受自身的重力荷载，又承受风、雪、检修等外部荷载，同时还承担了其他装饰构件的重力荷载。这些构件有机地组合在一起构成了建筑结构，称为结构构件。而其他附着于结构构件的构造构件则称为非结构构件。

在进行建筑设计时，不但要解决空间的划分和组合、外观造型等问题，而且还必须考虑建筑构造上的可行性。为此，就要研究能否满足建筑物各组成部分的使用功能，在构造设计中综合考虑结构选型、材料的选用、施工的方法、构配件的制造工艺，以及技术经济、艺术处理等问题。因此出现了建筑构造这门学科，专门研究建筑物各组成部分的构造原理和构造方法。其主要任务是根据建筑物的使用功能、艺术造型、经济的构造方案，作为建筑设计中综合解决技术问题及进行施工图设计的依据。

1.3 结构的概念与分类

1.3.1 结构的概念

结构的概念非常宽泛，小到分子，大到宇宙，结构无所不在。而我们这里所说的结构是指建筑结构。

建筑结构是构成建筑物并为使用功能提供空间环境的支承体，承担着建筑物在重力、风力、撞击、振动等作用下所产生的各种荷载；同时又是影响建筑构造、建筑经济和建筑整体造型的基本因素。作为一门学科，建筑结构专门研究的内容主要包括：①建筑物的结构体系和构造形式的选择；②影响建筑刚度、强度、稳定性和耐久性的因素；③结构与各组成部分的构造关系等。

建筑结构是由板、梁、柱、墙、基础等基本构件形成的具有围合和营造一定空间的功能，并能安全承受建筑物各种正常荷载作用的骨架结构。如果类比于人体，则建筑结构相当于人体的骨骼和筋肉，起到支撑和维持人体形状的作用；而建筑中的电力系统可以类比人体的神经系统；给排水系统则可以类比人体的消化系统；采暖通风系统可以类比人体的呼吸系统等。

1.3.2 结构的分类

1. 按主要材料分类

按照主要材料进行分类，建筑结构可分为混凝土结构、钢结构、砌体结构、木结构、竹结构等。

（1）混凝土结构。混凝土结构（图 1.36）是以混凝土为主要建筑材料的结构，包括素混凝土结构、钢筋混凝土结构和预应力混凝土结构。混凝土产生于古罗马时期，现代混凝土的广泛应用开始于 19 世纪中期。随着生产发展、理论研究的深入以及施工技术的改进，混凝土结构逐步提升及完善，得到迅速发展。其缺点是构件尺寸较大、自重较大，给大跨度和高层建筑带来一定制约。

（2）砌体结构。砌体结构是由块体（如砖、石和混凝土砌块）及砂浆经砌筑而成的结构，大量用于居住建筑和其他多层民用房屋（如办公楼、教学楼、商店、旅馆等）中。其中，砖砌体（图 1.37）的应用最为广泛。砖、石、砂等材料具有就地取材、成本低等优点，结构的耐久性和耐腐蚀性也很好。砌体结构的缺点是材料强度较低、结构自重大、施工砌筑速度慢、现场作业量大等，且烧砖要占用大量土地。

图 1.36 混凝土结构

图 1.37 砌体结构

资源 1.9
砌体与木结构
建筑（颐和园
的桥及其结构）

（3）钢结构。钢结构是以钢材为主的结构（图 1.38），主要用于大跨度的建筑屋盖（如体育馆、剧院等）、吊车吨位很大或跨度很大的工业厂房骨架和吊车梁，以及超高层建筑的房屋骨架等。钢结构材料质量均匀、强度高，构件截面小、质量轻，可焊性好，制造工艺比较简单，便于工业化施工。缺点是钢材易锈蚀，耐火性较差，价格较贵。

（4）木结构。木结构是以木材为主制作的结构（图 1.39），可以采用原木直接做结构构件，也可以采用工业木材（经过工业加工后的复合材料）。受自然条件的限制，我国木材相对缺乏，因此木结构仅在山区、林区和农村有一定的采用，主要应用于单层结构。

图 1.38 钢结构

图 1.39 木结构

（5）竹结构。竹结构是以竹材为主制作的结构（图 1.40），可以采用原竹直接做结构构件，也可以采用工业竹材（经过工业加工后的复合材料）。在我国南方，竹材相当丰富，不少南方民居采用了竹结构。竹成材较快，属于可再生材料，竹结构应鼓励使用。

2. 按承重体系分类

按结构承重体系分类，建筑结构可分为墙承重结构、排架结构、框架结构、剪力墙结构、框架-剪力墙结构、筒体结构、大跨度结构、其他类型结构。

（1）墙承重结构。用墙体来承受由屋顶、楼板传来的荷载的建筑，称为墙承重受力建筑，如砖混结构的住宅、办公楼、宿舍等。墙承重结构（图 1.41）适用于多层建筑。

图 1.40　竹结构

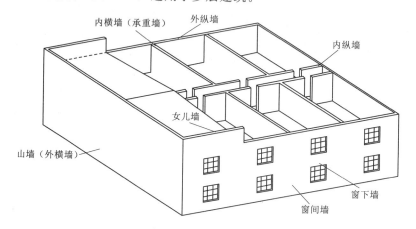

图 1.41　墙承重结构

（2）排架结构。排架结构采用柱和屋架构成的排架作为其承重骨架，外墙起围护作用，如图 1.42 所示。单层厂房是典型的排架结构。

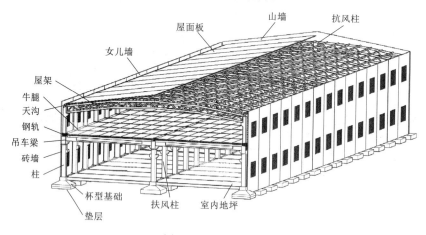

图 1.42　排架结构

（3）框架结构。框架结构以柱和梁组成的空间结构体系作为骨架，如图 1.43 所示。常见的框架结构多为钢筋混凝土建造，多用于 10 层以下建筑。

（4）剪力墙结构。剪力墙结构（图 1.44）的楼板与墙体均为现浇或预制钢筋混凝土结构，多用于高层住宅楼和公寓建筑。

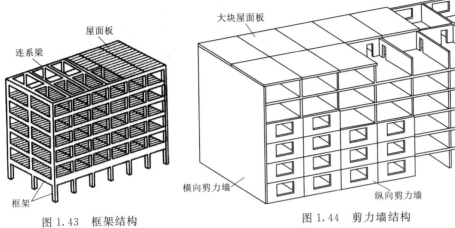

图 1.43 框架结构　　　　　　图 1.44 剪力墙结构

（5）框架-剪力墙结构。在框架结构中设置部分剪力墙，将框架和剪力墙二者结合起来，共同抵抗水平荷载的空间结构，称为框架-剪力墙结构（图 1.45）。它充分发挥了剪力墙和框架各自的优点。在高层建筑中，采用框架-剪力墙结构比框架结构更经济合理。

（6）筒体结构。筒体结构采用钢筋混凝土墙围成侧向刚度很大的筒体（图 1.46），其受力特点与一个固定于基础上的筒形悬臂构件相似。常见的筒体结构有框架内单筒结构

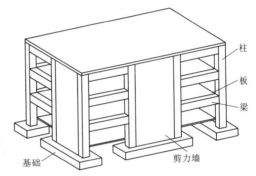

图 1.45 框架-剪力墙结构

（图 1.47）、单筒外移式框架外单筒结构、框架外筒结构、筒中筒结构和成组筒结构。

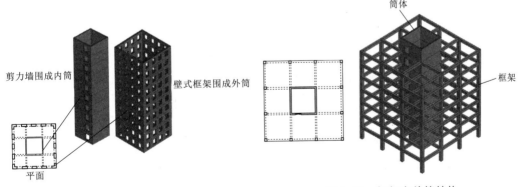

图 1.46 筒体结构　　　　　　图 1.47 框架内单筒结构

（7）大跨度结构。大跨度结构建筑（如体育馆、游泳馆、大剧场等）往往中间没有柱子，而是通过网架等空间结构把荷载传到建筑四周的墙、柱上去（图 1.48）。

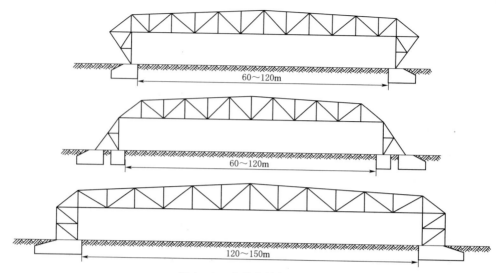

图 1.48　大跨度结构示意图

（8）其他类型结构。其他类型结构包括拱结构（图 1.49）、索结构（图 1.50）、膜结构、张弦梁结构（图 1.51）等各种杂交结构体系。

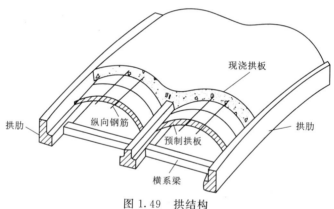

图 1.49　拱结构

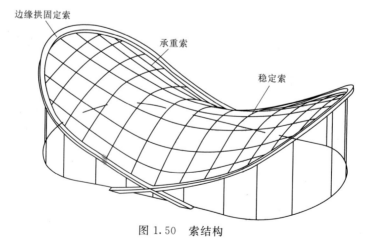

图 1.50　索结构

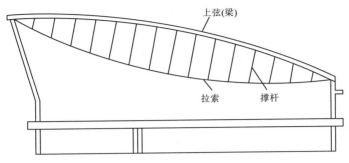

图 1.51 张弦梁结构

1.4 结构的任务与功能

1.4.1 结构应承担的任务

1. 服务于建筑空间要求

建筑是人们生活和生产必要的场所（空间）条件，结构是建筑空间的组织者，如各种主要用途的房间、辅助空间（门厅、阳台）、交通空间（走廊、楼梯间、电梯间）等。建筑结构存在的目的是营造建筑空间，所营造的空间应能保证人们舒适、便捷地开展居住、工作、学习、生产、经营、娱乐等各种正常活动。比如各种房间、楼梯间和走廊需要保证适当的宽度和净空高度以便人们舒适地活动，再如工业厂房需要保证足够的三维空间以便设备运行和工人生产活动。

2. 服务于建筑美观要求

建筑是历史、文化、艺术的产物，建筑不仅要满足人们的物质需求，还要满足人们的精神需求。建筑造型、线条、色彩不同，反映了不同历史、不同地域、不同文化，建筑艺术是人们在精神层面对建筑的需求。建筑艺术要靠结构来实现，服务于人们对美观的要求也是建筑结构存在的根本目的，很多世界著名建筑的结构都很好地实现和体现了建筑艺术。

3. 承受各种荷载和作用

作为人们生产生活的空间，建筑要给人们提供一个不受自然界各种不利影响的环境，保护人们不受风、雪、雨、洪、高低温、沉降、地震等自然界的不利因素的影响。因此，建筑结构就需要能够承受自然界的各种作用，还要能够同时承受人们生产、生活活动所引起的各种荷载或作用。建筑结构就是这些荷载或作用的支承者，它要确保建筑物在这些作用力的施加下不破坏、不倒塌，并且要使建筑物持久地保持良好的使用状态。可见，建筑结构存在的根本目的是承受和支承各种荷载或作用，这是建筑结构最核心的任务。

4. 充分发挥材料的作用

建筑结构的物质基础是建筑材料，结构是由各种建筑材料组成的，如用钢材做成的结构称为钢结构，用钢筋和混凝土做成的结构称为钢筋混凝土结构，用砖（或砌块）和砂浆做成的结构称为砌体结构。建筑结构要把组成其的各种材料的作用很好地发挥。例如，砌块的受压性能优于其受拉和受剪性能，建筑结构中就应让砌块主要承受压力，避免承受拉力。除了建筑材料的力学性能外，还要综合考虑和利用其保温、隔热、隔声、隔潮、防水等性能。

1.4.2 结构应具备的功能

建筑结构所需承担的任务，要求建筑结构具备可靠性，具体包括安全性、适用性、耐久性和抗连续倒塌四个方面的功能。

1. 安全性

建筑结构整体和所有构件能承受建筑的全寿命过程中可能出现的各种作用（如荷载、地基沉降、温度收缩、地震、爆炸等），保持必要的整体稳定性，不致发生倒塌。

2. 适用性

建筑结构整体和所有构件使用阶段，不会产生过大的变形、裂缝或振动等现象而影响建筑的正常使用。

3. 耐久性

建筑结构具有规定的耐久性能，能保持建筑的各项功能直至达到设计使用年限。建筑结构构件不能发生材料的严重锈蚀、腐蚀、风化、保护层剥落、裂缝过宽等现象。

4. 抗连续倒塌

偶然发生的较大荷载作用可能会引起建筑结构的局部遭受破坏失效，应避免建筑结构中与失效破坏构件相连的构件连续破坏以及更大范围的破坏和倒塌。

任何建筑工程都受到当时当地的政治、经济、社会、文化、科技、法规等因素的制约，任何建筑结构都是靠科学合理的工程技术来实现的。因此，建筑结构除具备上述基本功能外，还必须适应当时当地的环境，并与施工方法有机结合。好的建筑结构应具有以下特点：

（1）在使用上，满足建筑空间和建筑功能的需求。

（2）在安全上，满足建筑结构功能的安全性、适用性、耐久性、抗连续倒塌的要求。

（3）在技术上，体现现代科学技术的发展，体现工程材料和工程技术的新发展。

（4）在造型上，为建筑造型服务，与建筑艺术融为一体。

（5）在建造上，合理地选择工程材料，与施工实际相结合。

（6）在经济上，节省材料，节约施工时间，节约投资。

1.5 案例分析："冰丝带"的建筑艺术与结构技术

近年来，优秀的建筑在我国层出不穷，充分体现了我国建筑艺术与结构技术的快速发展与进步。国家速滑馆雅称"冰丝带"，于 2020 年 12 月建成，是北京 2022 年冬奥会标志性建筑。国家速滑馆的建筑构思源自老北京传统冬季冰上游戏——"冰尜"（又称"冰陀螺"），速滑运动员在冰上的身影就像一条轻灵的飘带，旋转的陀螺和飘动的丝带巧妙地合而为一，演变成包裹外墙的 22 条"冰丝带"（图 1.52）。这是一座世界建筑史上由中国方案、中国设计、中国技术、中国材料、中国建造的经典建筑，在项目规划、施工设计、主体结构建设中，多方面体现出科技含量和绿色理念。

图 1.52 国家速滑馆"冰丝带"外观

国家速滑馆首次把二氧化碳跨临界直冷制冰技术用于滑冰馆，接近于零碳排放，制冰能效大幅提升，体现了绿色可持续的设计理念。冰面可进行分区制冷，对每块冰单独控温，分区控制更有利于节约能源。在混凝土楼板层（冰板层）施工完成后，水平高差仅 4mm，使得国家速滑馆冰面成为"最快的冰"。2022 年北京冬奥会上，各国运动员在这块场地上共 13 次刷新奥运会纪录，其中 1 次打破世界纪录，追平 2002 年盐湖城冬奥会诞生的 10 项速度滑冰奥运会纪录，"最快的冰"实至名归。

国家速滑馆的屋面结构体系为单层双向正交马鞍形索网，规模居世界之首，用钢量仅为传统屋面的 1/4。通过 49 对承重索和 30 对稳定索编织成长跨 198m、短跨 124m 的索网状屋面，再铺设 1080 块 4m×4m 的单元屋面板组装而成。

通过采用国产高钒封闭索，"冰丝带"破解了屋顶索网结构高钒密闭索"卡脖子"技术，建成国内首条生产线，打破了进口索的垄断地位，填补了国产索在国内大型场馆的应用空白。在吊装过程中，建设团队通过自主技术创新，采用钢结构环桁架"南北分区直接吊装＋东西两侧滑移安装"的施工方法。东西两侧的环桁架滑移施工首创了国内先地面滑移后高空滑移的分段式滑移技术，实现了高效、高精度施工。

国家速滑馆地下结构呈椭圆弧形，积水坑多、设备管廊多、钢结构劲性柱和预埋件多，标高复杂，且工期紧张。在地下结构施工中，仅用 23 天就完成了 654 根基础桩的施工任务。仅用 8 个月，主体结构施工完成，创造出令人惊叹的"中国速度"。

为营造出轻盈飘逸的丝带效果，外立面由 3360 块曲面玻璃单元拼装而成。曲面幕墙所使用的玻璃，每块尺寸曲面弧度都不相同，全部通过 BIM 技术在工厂定制、现场安装，通过机械配合工人操作，严丝合缝地嵌入 160 根 S 形钢龙骨打造的框架中（图 1.53）。

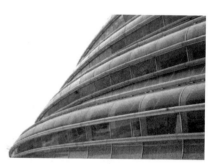

图 1.53 曲面玻璃与 S 形龙骨

在建设阶段，应用 BIM 技术、机器人技术保障硬件设施竣工投用，实现了智慧建造。在运行阶段，"冰丝带"通过智慧集成和数字孪生平台实现智慧运行，不仅能为观众、赛事组织和参与者提供优质的观赛体验和完备的服务保障，还能降低能耗，为场馆长期可持续经营提供强力科技支撑。

国家速滑馆的科研、设计和施工团队，把一丝不苟、精益求精的"大国工匠"精神应用到每个环节，值得土木工程后起之秀们学习。

思 考 题

1. 如何根据建筑的外观判断建筑的用途？
2. 建筑构造与建筑结构有何不同？
3. 建筑结构承担哪些任务？应具备哪些功能？
4. 按承重体系把建筑结构分为哪些类？
5. 用于建筑结构的工程材料有哪些？
6. 优秀的建筑与优秀的结构之间有什么关联？
7. 你所了解的世界优秀建筑与优秀结构有哪些？

第 2 章
建筑设计与结构设计的程序及分工协作

建筑工程项目的建设基本程序主要包括策划决策、勘察设计、采购施工与验收移交四个阶段，如图1所示。在整个过程中，各阶段遵循先后工作次序，才能保证工程项目建设的科学决策、顺利建成并正常使用。建筑工程项目建设程序是建设过程客观规律的反映，是人们在长期的建筑工程项目建设实践中得出来的经验总结，不能缺失，也不能颠倒，但有时可以合理交叉，同步进行。

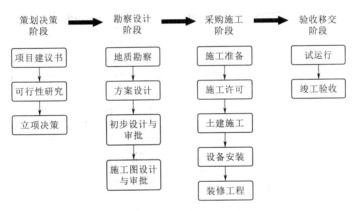

资源 2.1
某小区工程
建设全过程

图1 建筑工程建设基本程序

1. 策划决策阶段

策划决策是项目"从无到有"的初始阶段，在这个阶段，通过对建设的必要性、投资的动机与时机、工程的可行性、实施路径等进行综合分析、科学论证和多方案比较，以便进行项目评估和投资决策，这个阶段主要回答"要不要建设、何时建设、由谁来建、建成啥样"等一系列问题。这个阶段的工作十分重要，它决定了建筑工程在社会经济发展中是否能发挥应有的作用。一般建筑工程项目的策划决策阶段包括项目建议书阶段和可行性研究阶段。

资源 2.2
建设项目的
规划许可
证示意

2. 勘察设计阶段

勘察设计在建筑工程建设中起到龙头作用，作为保证建筑工程安全可靠，实现建筑工程的项目的经济效益、社会效益以及生态效益的重要阶段，其作用十分重大，从程序上必须安排在工程施工之前，并保证充足合理的时间。长期的建筑工程建设实践表明，很多"三边工程"（边勘测，边设计，边施工）并不能够如愿地缩短工期，却会导致施工阶段的大量返工重建，既造成工程投资的巨大浪费，又带来工程质量的安全隐患，引发一系列不良后果。勘察为设计提供技术依据，一般情况下，勘察先于设计，有时为了节省时间，设计与勘察同步进行。

建筑工程建设项目完成立项和选址，在任务书确定的情况下，建筑工程是否能做到技术上先进和经济上合理，设计起着决定作用。建筑工程设计在项目建议书及可行性研究报告中的建设方案概略描述的基础上，按照逐步深化和细化的过程开展。

建筑工程设计一般划分为三个阶段，即方案设计阶段、初步设计阶段和施工图设计阶段。对于大型复杂项目，可根据不同行业的特点和需要，在初步设计之后增加专项设计阶段。

资源 2.3
建设项目的
施工许可
证示意

3. 采购施工阶段

建筑施工是指工程建设实施阶段的生产活动，是各类建筑物的建造过程，也可以说是把设计图纸上的各种线条，在指定的地点，变成实物的过程。人们利用各种建筑材料、机械设备按照特定的设计蓝图在一定的空间、时间内进行的为建造各式各样的建筑产品而进行的生产活动。它包括从施工准备、破土动工到工程竣工验收的全部生产过程。这个过程中将要进行施工准备、施工组织设计与管理、土方工程、爆破工程、基础工程、钢筋工程、模板工程、脚手架工程、混凝土工程、预应力混凝土工程、砌体工程、钢结构工程、木结构工程、结构安装工程等工作。也可以简单地划分为基础工程施工、主体结构施工、屋面工程施工、装饰工程施工等几个主要阶段。

采购施工阶段又可以分为前期准备阶段和施工安装阶段。其中，施工安装阶段进一步细分为地基基础工程、建筑主体工程、设备安装工程、装饰装修工程等阶段。

资源 2.4
建设项目
竣工验收
文件示意

4. 验收移交阶段

施工完成后，进入验收移交阶段。竣工验收遵循三级验收的基本程序，即施工单位自检→监理单位组织初验→建设单位组织竣工验收，最后移交备案。

2.1　建筑设计的程序

建筑设计程序一般可分为方案设计（概念设计）、初步设计（技术设计）、施工图设计三个阶段。这个过程是由粗到细、由宏观到细节、由朦胧到清晰的过程，逐步深入和细化，直到最后达到可以具体指导施工的程度。

2.1.1　方案设计阶段

资源 2.5
建筑方案
设计阶段的
方案图

方案设计又称为"概念设计"，这个阶段是最初的创造性构思阶段。设计师面对一张白纸，运用自己的常识和经验，形成最初的"设计构思"。当设计对象是一栋建筑时，方案设计就是在综合分析规划、建筑、结构、设备、施工等诸方面关系后形成总体设计方案。这个总体设计方案最基本的要素包括建筑整体形状、空间布局、结构的主要支承构件类型及其位置。

方案设计又可以分为任务分析、方案构思和方案完善三步,其顺序过程不是单向的,也不是一次性的,需要多次循环往复才能完成。

方案设计阶段的主要工作是建筑专业设计,但结构专业设计应同步跟进,配合建筑专业设计,才能保证建筑方案的可行性和合理性,为后续结构设计打下一个良好的基础,避免出现建筑方案已经细化但结构上不可行(或不合理)不得不大幅度调整设计方案的被动局面。此阶段,建筑师构思出建筑空间构成的雏形并应控制好整体长宽比和高宽比,结构师介入工作需解决的问题是:确定合理的结构体系和结构类型、大致的结构平面布局,主要抗侧力构件的位置和数量,恰当的层高以及结构单元的划分。

结构师运用结构概念设计的基本理论,从大的方向保证建筑师构思的方案是可行的,宏观上是合理的,不必拘泥于局部的细节。切忌对建筑师提出过多过细的限制而堵塞建筑师的思路,完美的介入应该是合理必要的结构建议毫不张扬地隐含在天马行空的建筑创作中。总之一句话,结构专业是为建筑专业服务的,切不可喧宾夺主。

2.1.2 初步设计阶段

初步设计是承前启后的阶段,是方案设计成果的细化,又是施工图设计工作的前身。初步设计工作内容依建筑工程的类型不同而有所变化,一般来说,初步设计的主要工作仍为建筑专业工种的工作,同步跟进配合的其他专业设计包括结构、给水排水、电气(强电、弱电)、采暖与通风空调、消防、人防、环境、工程概算等。

初步设计基于方案设计的成果,依据设计任务书,结合各种内外部条件,进一步优化建筑的功能布局,计算平面、立面和剖面,走廊、楼梯和电梯、地下室、屋面、楼面、墙体、门窗等部位的尺寸与构造措施,计算技术经济指标(总用地面积、建筑面积、建筑占地面积、容积率、覆盖率、绿化率等)。

由于进入技术设计阶段,结构专业的工作量所占比例有所增加。结构初步设计包括:结构设计依据分析、工程地质概况、设计使用年限、荷载重现期、荷载取值与统计、抗震设防烈度、结构安全等级及抗震等级、材料选用、结构初步选型、基础形式、主要构件截面尺寸的确定、结构分析方法与内容的确定、初步进行结构计算与分析、结构安全性评价、特殊结构分析处理、新技术与新材料的应用、基坑支护方案、人防工程结构设计等。

其他设备专业工种的初步设计工作内容包括:提出各设备专业工种的系统构成与选型、主要参数、主要设备与材料、特殊工程问题等。以给排水专业工种为例,初步设计的内容包括:给水系统(水源、用水量、室外管网、室内管路系统)的组成与大致布局;消防系统(消防水源的位置与需水量、消火栓系统、自动喷水灭火系统等);排水系统(室外市政排水系统与污水排放量,雨水排放系统与排放量,餐厅、厨房、卫生间的污水处理与排放系统,卫生洁具的初步选型等);节能环保措施、主要设备与材料等。

2.1.3 施工图设计阶段

施工图设计是建筑工程设计的最后阶段,它是设计和施工工作开展的桥梁,这一阶段工作主要是各专业施工图的设计及绘制,其成果是全套施工图纸与设计说明书。

施工图纸是把设计意图更全面、更具体、更确切地表达出来，绘成能据以进行施工的蓝图。因为施工图纸是直接用于现场施工实施的技术文件，必须符合完整性、科学性与设计深度的要求。

施工图设计的任务是，在初步设计的基础上，对所有比较粗略的尺寸进行调整，使之细化、完善；把所有部分的构造做法进一步明确，并用图纸表达清楚；协调各工种，使之相互配合。

资源 2.6
建筑施工图
设计阶段的
建筑图

施工图设计包括建筑工程所涉及的各专业施工图设计［建筑、结构、给水排水、电气（强电、弱电）、采暖与空调通风、消防、人防、环境］，主要内容是各部分工程的详图、零部件结构明细表、验收标准和方法、施工图预算等，为设备材料采购、非标准设备制作和工程施工提供依据。

施工图具有图纸齐全、表达准确、要求具体的特点，是进行工程施工、编制施工图预算和施工组织设计的依据，也是进行技术管理的重要技术文件。一套完整的施工图一般包括建筑施工图、结构施工图、给排水施工图、采暖通风施工图及电气施工图等专业图纸。给排水、采暖通风和电气施工图也可组合在一起绘制，称为设备施工图。

施工图阶段的结构设计主要内容为结构的再计算与构造设计。建筑与设备专业工种在进入施工图设计阶段后，往往在初步设计基础上有所修改，结构师应保证建筑的安全，需在建筑与设备修改后再重新全面细化计算，最后确定所有构件与构造措施以及所有节点的尺寸与连接措施，保证结构的承载力与刚度，达到承受各种荷载、控制变形与振动、保证耐久性的目标等。

2.2　结构设计的程序

在建筑设计的所有专业中，结构师与建筑师之间是结合最密切的，二者的协同工作也贯穿了建筑设计的全过程，并且还贯穿了工程施工与验收的全过程。结构设计随着建筑设计的逐步深入和细化，也可以大致分为方案设计、初步设计（计算设计）、施工图设计三个阶段。

2.2.1　方案设计阶段

结构方案设计开始于建筑方案设计阶段。建筑师构思出既造型新颖又安全经济的建筑方案后，结构师应配合提出受力合理、简洁的结构思路。世界上所有的优秀建筑无一不是建筑师与结构师完美协同设计的结果，合理简洁的传力结构，其建筑外形也是优美的。

在建筑方案设计阶段，结构师重点考虑结构体系与分体系的构成、结构分体系的分工与协同。首先，根据建筑造型、层数、总体高宽比、长宽比等进行结构选型，具体就是选择承重体系和抗侧力体系；其次，从总体上估算结构的竖向荷载和水平作用，根据总体竖向荷载和总体水平作用确定结构分体系的数量与布局；再次，考虑结构的整体稳定性、整体刚度与变形；然后，考虑结构体系平面与立面的规则性、对称性、均匀性、连续性等，可以形成多个备选方案进行比选优化；最后，形成结构方案设计成果。

结构的方案设计，不仅要适应建筑方案和使用功能，还需要具备结构传力和刚度的概念，运用结构概念设计的方法，从整体上把握影响结构方案的各因素之间相互影响，相互制约甚至相互妥协。此外，还需要有经济性、技术先进性、绿色可持续等方面的考虑。

结构方案设计的主要成果包括：主体结构体系，相应的楼盖、屋盖、承重结构和基础结构系统，主要的结构用材料，结构关键部位的构造措施，拟采用的先进施工技术等。

结构方案设计的主要方法是概念设计而不是计算设计。主要包括结构体系与分体系的概念、可靠度的概念、力学估算的概念、材料的概念、荷载分析的概念、抗震减震的概念、优化施工的概念、便于使用的概念。在概念设计阶段，要从宏观层面综合考虑这些概念，并贯彻到具体的结构方案中。概念设计主要是从定性的角度对结构进行设计。

2.2.2 初步设计阶段

结构初步设计阶段主要进行计算设计，即在确定结构体系与选型、结构平面布置以及主要构件尺寸，选定材料类型与强度等级的基础上，进行定量分析与计算。主要内容包括：绘制结构整体计算简图、结构局部计算简图；进行结构荷载统计计算，计算各种荷载作用下结构的内力、变形与位移，根据各种荷载同时出现并达到一定数值的可能性，进行荷载效应组合；进行结构构件的截面设计与连接节点的传力计算。

1. 结构计算简图

不同的荷载在结构上的作用位置和方式不同，在结构内部的传力路径也不同，结构计算设计的第一步，是从具体的结构体系中抽象出各种荷载作用下结构的计算简图。实际结构往往很复杂，完全根据实际结构进行计算很困难，有时甚至不可能。工程中常将实际结构进行简化，略去不重要的细节，抓住基本特点，用一个简化的图形来代替实际结构，这种图形称为结构计算简图。也就是说，结构计算简图是在结构计算中用来代替实际结构的力学模型。抽象出计算简图的过程实际上就是一个简化的过程，要经过支座简化、节点简化、构件简化和荷载简化四个简化过程。结构计算简图既要基本上反映实际结构的主要性能，又要便于计算，因此要分清主次、略去细节。

2. 荷载的汇集计算

荷载包括外部荷载（如风荷载、雪荷载、施工荷载、地下水的荷载、地震荷载、人防荷载等）和内部荷载（如结构的自重荷载、使用荷载、装修荷载等），上述荷载的计算要考虑荷载出现的可能性，根据荷载规范的要求和规定，采用不同的组合值系数和准永久值系数等来进行不同工况下的组合计算。

重点是荷载的作用位置、作用方式，以及不同极限状态设计时荷载的取值。相同性质、相同作用位置和作用方式的荷载应汇集在一起，简化为一个荷载。

3. 荷载效应的计算

荷载效应是指荷载作用引起的结构整体和局部的效应，主要包括变形、位移、内力、应力与应变。其中，内力包括拉力、压力、弯矩、剪力、扭矩等，应力包括正应力与剪应力，应变与应力相对应。

根据计算简图中的荷载值以及作用方式，根据确定的构件截面和材料的弹性模量等计算出构件的各种刚度，再根据刚度、荷载、支座条件等进行结构的计算分析，得出结构总体的变形与位移、组成结构的各构件的内力与变形以及各构件之间连接节点所需要传递的内力。

4. 构件与节点的计算

根据计算出的结构内力及规范对构件的要求和限制（如轴压比、剪跨比、跨高比、裂缝和挠度等）来复核结构试算的构件是否符合规范规定和要求。如不满足要求，则要调整构件的截面或布置，直到满足要求为止。

构件之间的节点分为整体式和装配式，无论哪种节点都应该能可靠地传递构件之间的力，根据所传递的力进行节点的计算设计。

2.2.3　施工图设计阶段

结构施工图指的是关于承重构件的布置、使用的材料、形状、大小及内部构造的工程图样，是承重构件以及其他受力构件施工的依据。

为了绘制详细的结构构件、构件内部构造、构件间的节点构造等图样，先进行结构的构造设计。构造设计是区别于计算设计的，主要是局部与细部设计，为了保证结构的实际工作状态合理并与计算简图相一致，结构的支座和节点需采取相应的构造措施来形成约束和保证传力，如钢筋的搭接与锚固、钢结构的焊缝与螺栓、构件节点的锚栓与锚板等。

施工图是设计与施工的桥梁，施工图是工程师的"语言"，是设计者设计意图的体现，也是施工、监理、经济核算的重要依据。结构施工图更是施工过程中必须严格遵照施工的文件，在整个建筑工程建设过程中起到举足轻重的作用。

结构施工图的主要内容和基本要求是：图面清楚整洁、标注齐全、构造合理、符合国家制图标准及行业规范，能很好地表达设计意图，并与计算书一致。

结构施工图应包括图纸目录、设计说明、设计图纸、计算书。

（1）图纸目录应按图纸序号排列，先列新绘制图纸，后列选用的重复利用图和标准图。

（2）结构设计总说明主要说明工程概况、设计依据、图例说明、荷载取值、计算方法与程序、结构材料、施工要求、注意事项等。

（3）结构施工图包含以下内容：结构设计总说明、基础布置图、承台配筋图、地梁布置图、各层柱布置图、各层柱配筋图、各层梁配筋图、屋面梁配筋图、楼梯屋面梁配筋图、各层板配筋图、屋面板配筋图、楼梯大样、节点大样。

（4）结构计算书应给出构件平面布置图和计算简图，内容宜完整、清楚，计算步骤要条理分明，引用数据有可靠依据，采用计算图表及不常用的计算公式应注明其来源出处，构件编号、计算结果应与图纸一致。

综上所述，结构设计过程是由总体到细部、由粗浅到深入、由抽象到具体的逐步深入和递进的过程。各阶段设计的内容和目的不同，各有侧重。设计各阶段在最终设计成果中发挥不同的作用，各阶段不可替代。每个阶段设计不完善都会造成资金浪费、返工，甚至引发工程事故。反之，每个阶段的优化设计都会带来适用、安全、经济的效果，其中，方案与概念设计阶段的优化比计算与构造设计阶段的优化效果更明显。

建筑设计与结构设计的阶段划分及主要工作内容如图 2.1 所示。

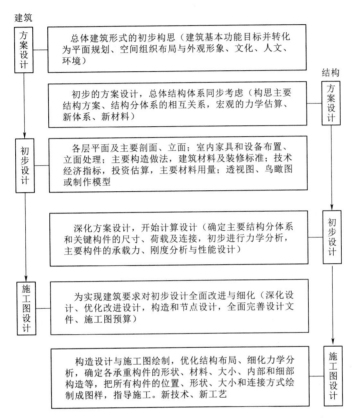

资源 2.7
建筑施工图
设计阶段的
结构图

资源 2.8
建筑设计
参与配合
的工程师

图 2.1　建筑设计与结构设计的阶段划分及主要工作内容

2.3　建筑师与结构师的分工协作

建筑是由建筑构造、结构体系、给排水系统、采暖与通风空调系统、电气系统、智能信息化系统等有机结合形成的整体，各系统分别承担不同的任务，使建筑满足不同的使用功能，各系统又是紧密配合、互相依赖和支撑的。

建筑工程设计是一项需要由多个专业的工程师一起完成的系统任务，参与建筑工程设计的工程师可以分为建筑师，结构工程师，设备工程师（主要有给排水、采暖、通风空调、电气、网络），造价工程师等几类，建筑工程设计的过程就是这些专业工程师们共同合作的多边复杂过程。各专业工程师承担各自专业的职责，负责解决自己的专业需要解决的问题。建筑师与结构师是建筑工程设计中的两类最主要的工程师，下面简要介绍他们之间的分工与协作。

2.3.1　建筑师与结构师的分工

1. 建筑师的职责

（1）建筑的体型外观与周围环境的设计。
（2）合理的布置和组织建筑的房间与室内空间。
（3）解决好采光、通风、照明、隔热、隔声等建筑技术问题。
（4）建筑艺术设计和室内外的装饰等。
（5）建筑艺术的创新。

2. 结构师的职责

（1）选择适宜的结构体系、结构形式与结构材料。
（2）分析与计算房屋结构承受的荷载和作用。
（3）解决好结构承载力、变形、稳定、耐久性技术问题。
（4）解决好结构的连接构造、施工等方面的技术问题。
（5）与建筑、设备专业相协调。
（6）结构技术创新与结构优化设计。

2.3.2　建筑师与结构师的协作

在所有专业工程师中，建筑师和结构师的工作是建筑工程设计最主要的部分，他们是配合最密切的两类工程师。从最初的方案设计到最后的施工图设计，一直到采购施工和验收移交阶段，都需要各专业工程师互相协作。其中建筑师是龙头，整个建筑工程设计都是由建筑师引领，其他专业紧密配合完成的。

由于结构本身的功能与任务是承担各种荷载并保证建筑的安全与稳定，因此在各专业工程师中，与建筑师关系最紧密的是结构师。建筑师与结构师之间往往是既对立又协作的关系，有时甚至是合而为一的。

1. 建筑师与结构师的"对立"

"自打有了建筑师与结构师两个职业，地球上就多了一对欢喜冤家"，一幢造型新颖美观的建筑，人们总是归功于建筑师，而没人会想到终生为之"提心吊胆"的结构师。

建筑师总是关注建筑的外观、造型、功能与空间，他们总是希望不受限制地发挥想象力，构思出新鲜离奇的建筑造型，而不太关心建筑的安全与经济。而结构师则总是关注结构体系，关心结构的荷载、承载力、安全、耐久与经济。因此，结构师总是希望建筑的造型中规中矩，似乎这样才能实现经济和安全的和谐。这使得建筑和结构的配合与碰撞贯穿了建筑设计与施工的全过程，他们的意见似乎很难达成一致，建筑师与结构师之间似乎是"对立"的。

2. 建筑师与结构师的协同

事实上，建筑与结构是同源的。在古代，并不区分建筑师和结构师，他们都是"泥瓦匠"或"木匠"，他们既负责设计，又负责施工，还负责指挥；既要考虑建筑造型和功能，又要考虑结构安全、耐久与经济。纵观世界建筑发展的历程，建筑的造型一直在不断地向前发展，是结构一直在保证着这些建筑的安全。

其实，人们对建筑的基本要求就是给人提供一个安全、舒适、具有一定功能的活动场所。这个场所应该是既适用、美观、经济，又结构简单、施工方便，从这个角度看，建筑与结构应该是统一的。世界上很多著名的建筑，如果不是在工程设计前期，就有结构师凭借自身的结构设计概念、悟性、判断力和创造力参与建筑方案的构思，建筑师的设计灵感根本无法实现。

建筑与结构是相互融合的，很多建筑的美是通过结构的美体现的，一幢外形优美的建筑，必然也是传力简洁、力感十足的结构体系。例如，巴黎圣母院内部的扶壁式结构造就了哥特式建筑的外在美；再如，中国古建大屋顶的外在美又是内部木结构体系的外在表现。

建筑与结构是互相促进发展的，建筑师一个个天马行空的构思，给结构师带来了需要克服的难题，同时也促进了结构体系与技术的一次次突破；而结构体系与技术的一次次突破，为建筑艺术的发展提供了保障。两者共同促进，协同发展。

3. 建筑师与结构师的统一

实际上，建筑师与结构师的工作目标是统一的，所有已建成的建筑都是二者达成了一致、形成了统一后的成果，优秀的建筑作品来自于二者的高度统一。建筑师应该是懂建筑的结构师，而结构师应该是懂结构的建筑师，二者的"统一"造就了人类建筑文化的艺术大师，这是21世纪对建筑和结构工程师提出的最高要求。

1974年建成的美国西尔斯大厦（2009年更名为威利斯大厦）就是一个典型的案例，大厦的结构工程师是美籍建筑师F.卡恩，他为解决结构抗风的关键性问题提出了束筒结构体系的概念并付诸实践。整幢大厦由9个高低不一的方形空心筒子集束在一起，挺拔利索，简洁稳定。其外形的特点是逐渐上收的，即1~50层为9个宽度为23.86m的方形筒组成的正方形平面；51~66层截去一对对角方筒单元；67~90层再截去另一对对角方筒单元，形成十字形；91~110层由两个方筒单元直升到顶。这样，既可减小风压，又取得外部造型的变化效果。不同方向的立面形态各不相同，突破了一般高层建筑呆板对称的造型手法（图2.2）。

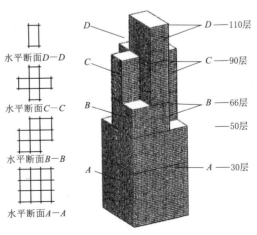

图 2.2 美国西尔斯大厦（现威利斯大厦）体型分析

大厦顶部的设计风压为 3kPa，容许位移为建筑物高度的 1/500 (0.9m)，建成后在最大风速下的实测位移为 0.46m。这种束筒结构体系是建筑设计与结构创新相结合的成果，也是结构师与建筑师高度统一的成果。

2.4 结构师应具备的职业要求

2.4.1 结构师的知识要求

结构师应具备人文社会科学与自然科学基础知识，还应具备土建类学科及相邻学科专业基础知识，以及土木工程专业知识。具体而言，结构师主要应具备建筑学、房屋建筑构造、建筑给排水、建筑采暖、通风空调、电气设备、网络与智能化设备等方面的知识，以及建筑结构工程、工程材料、建筑施工技术与组织管理、建筑设备等专业知识；应掌握建筑设计相关知识；应了解相关的新技术、新工艺、新材料和新设备；应掌握设计制图、结构计算等软件相关知识。

2.4.2 结构师的能力要求

（1）工程能力。是指应用工程技术知识和技能进行建筑结构设计的能力，包括：熟悉建筑工程相关理论知识、设计规范与标准；掌握施工工艺及工程造价的预决算方法；能够独立或合作完成建筑结构方案与概念设计、计算与构造设计；具有绘制图纸的能力和计算机操作技能，能熟练使用绘图软件和结构计算软件等。

（2）组织能力。是指为了有效地实现目标，灵活地运用各种方法，把各种力量合理地组织和有效地协调起来的能力，包括：组织各种参与者协作完成任务的能力，处理各种技术交流、经济交往的能力，协调关系的能力，等等。建筑工程的设计工作往往需要多人的协作才能完成，结构工程师应具有必要的组织管理能力。

（3）创新能力。是指在现有的设计方法和施工技术的基础上，对设计方法和施工技术提出改进设想并予以实施的能力。有句名言说："科学家发现已有的世界，工程师创造还没有的世界。"这句话已经说明了工程师的基本责任。在自然科学知识方面，结构师应能了解当代科学技术发展的主要方向，学会用科学思维的方法，合理地对事情做出正确的判断。在专业方面，结构师要有正确的设计思想和创新意识，能够在设计中充分体现上述要求；要有深入实践的愿望和本领，逐渐提高自身思考问题和研究问题的深度和广度。

（4）规划能力。建筑结构在技术上、经济上和建筑艺术上具有统一性。工程的经济性首先表现在工程选址、总体规划上，然后是在设计和施工技术上。衡量工程经济性的指标主要是工程建设总投资额、工程建成后的经济效益和使用期间的维护费用。这就要求结构工程师具备一定的分析评估规划的能力，使工程在经济上更合理。

（5）其他能力。结构工程师打交道的对象不仅是"物"（即建筑物），还有"人"（即建设者），这就要求结构工程师具有良好的沟通表达能力和公关能力。

2.4.3　结构师的素养要求

（1）哲学素养。作为新一代结构师，需要具备必要的哲学素养，以先进的技术哲学为指导，健康、绿色、和谐地开展建筑工程设计与建设。结构工程师思考问题的指导思想应该是"人与自然和谐共生"，在对自然环境的保护和生态失衡的恢复上，健康、绿色的建筑工程技术可以做出重要贡献。

（2）道德素养。结构师必须具备良好的道德素养以及思想认识，在工作和生活中的行为规则与行为程序要始终体现个人的宏观视野、家国情怀、职业担当、道德修养。

（3）政治素养。未来的结构师是国家建设与发展的主力军，是社会主义建设的接班人，肩负着中华民族伟大复兴的重任。优秀的结构师理应践行正确的世界观、人生观、价值观，心怀"国之大者"，能够把握大势，敢于担当，善于作为，为国家富强、民族复兴、人民幸福贡献力量。

2.5　案例分析：罗马小体育宫与皮埃尔·奈尔维

皮埃尔·奈尔维（Pier Nervi，1891—1979）是意大利工程师（结构师兼建筑师），1891 年 6 月 1 日生于意大利北部小镇桑德利奥，1913 年从波仑亚大学土木工程系毕业后在波仑亚市混凝土学会工作两年，1915—1918 年在意大利工程兵部队服役，1920 年同奈比渥西合伙组建工程公司，1932 年起同巴托利合作，组建了奈尔维-巴托利工程公司，1947 年起任罗马大学教授。

皮埃尔·奈尔维既是优秀的结构师，同时又是优秀的建筑师，具有把结构技术转化为美丽建筑艺术的本领。他的主要成在于发挥钢筋混凝土在创造建筑形态与空间方面的潜力，常通过新的结构方案而形成他的建筑构思。他擅长用钢筋混凝土建造大跨度结构，造型美观，结构合理，造价低廉，施工简便。

罗马小体育宫（图 2.3）是皮埃尔·奈尔维和建筑师 A. 维特罗奇为 1960 年罗马奥运会设计的练习馆，并兼作篮球、网球、拳击等比赛场馆。该体育馆可容纳 6000 名观众，加活动看台可容纳 8000 名观众。这座被很多建筑师推崇的优秀建筑，也是优秀的结构设计作品。

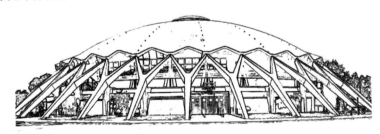

图 2.3　罗马小体育宫外观

下面分析建筑大师是如何充分利用结构，将其作为建筑设计中的美学元素的。罗马小体育宫的平面是直径 60m 的圆，屋顶是一个球形穹顶，宛如一张反扣的荷叶，由沿圆周均匀分布的 36 个 Y 形斜撑承托，把荷载传到埋在地下的环形地梁上。从建筑角度看，朴素优美的曲线外形在结构上是极其合理的：首先，球形穹顶是一个双曲面薄壳结构，具有良好的空间工作特性；其次，60m 跨度的屋盖薄壳结构所产生的推力经与球形穹顶屋盖的曲线方向相切的斜撑，传给其下部连接的环形地梁，以最佳角度解决了巨形屋盖传来的巨大的推力问题。

穹顶的下缘由斜撑支承，沿周圈共有 36 个支承点，每两点间的球形穹顶的下缘均向上拱起（图 2.4）。这一处理手法十分巧妙：从建筑角度看，可使建筑轮廓富于变化；从结构角度看，可使两点间的球形穹顶下缘直接传递压力，避免结构受弯。在 Y 形斜撑的中部设计了一圈白色的钢筋混凝土"腰带"，从建筑立面上看，这一条"腰带"从高度上将屋盖与斜撑之间的比例调整，使其立面关系更加恰当和协调了；而从结构上看，这一圈白色的钢筋混凝土"腰带"既是附属用房的屋顶，又是起加强 Y 形斜撑稳定性作用的必不可少的联系梁（图 2.5）。

图 2.4　罗马小体育宫剖面图

图 2.5　罗马小体育宫的白色钢筋混凝土"腰带"

优美的穹顶天花也是皮埃尔·奈尔维的匠心独创，他把结构构件组织起来，用 1620 块预制钢丝网水泥菱形槽板构成了穹顶天花的精美图案（图 2.6）。穹顶中心的板块尺度最小，越往边缘，板块的尺度也逐渐加大，与 Y 形斜撑相接处的板块尺度最大。整个穹顶天花犹如盛开的菊花，又像是向日葵的葵花，极富美感。这一著名的穹顶天花设计同样是建筑设计与结构设计巧妙结合的优秀艺术品。其设计还同时考虑了施工的便捷和可行性等技术问题，在组成穹顶的各预制槽板之间的接缝处，采用现浇钢筋混凝土的节点连接处理，自然形成了球形穹顶的"肋"，这既减轻了屋顶结构层的自重，又保证了结构的承载能力和刚度要求。预制槽板的大小是根据建筑尺度、结构要求和施工机具的起吊能力决定的，反映出皮埃尔·奈尔维驾驭建筑设计、结构设计及施工处理的综合能力达到了炉火纯青的地步。

图 2.6　精美的穹顶图案来自于结构板块

罗马小体育宫的 Y 形斜撑完全暴露在外，混凝土表面不加装饰，显示出体育建筑的力量和活力。整个建筑给人以强烈的感受，具有独特的意境。

皮埃尔·奈尔维将建筑设计和结构设计相结合的成功作品还有很多，如佛罗伦萨运动场带有大悬挑结构雨篷的看台，曼图亚布尔哥纸厂 250m 跨度的悬索结构厂房，以及 40m 跨度的由 6 根三角形拱形柱支承的预制肋形钢筋混凝土桁架形成的拱顶结构的飞机库等。这些都是世界建筑史上的传世之作。

皮埃尔·奈尔维在结构设计上精益求精的态度和精神值得我们学习，他曾说："在建筑艺术效果和结构、施工的要求或者方案之间存在着某种充分的、内在的契合。一个结构物如果不遵从最简洁和最有效的结构形式，或者在构造细部上不考虑建筑所用材料的各自特点，就很难达到良好的建筑艺术效果。"让我们以此共勉。

思 考 题

1. 土木工程专业毕业生可能会从事建筑工程建设过程中的哪些工作？
2. 在建筑设计工程中，结构工程师应当承担哪些责任？
3. 如何理解结构概念设计的重要性？
4. 结构计算设计与构造设计的作用有何不同？
5. 结构施工图的绘制有何重要性？
6. 为什么说建筑师与结构师是"对立"统一的？

第3章
力与结构

知识拓展：经典力学的时空观与局限性

经典力学是以牛顿运动定律为基础的一个力学分支，适用于宏观世界和低速状态下的物体运动。在物理学中，经典力学最早被确认为力学基础。经典力学又分为静力学（描述静止物体）、运动学（描述物体运动）和动力学（描述物体受力作用下的运动）。经典力学有两个基本假定：其一是假定时间和空间是绝对的，长度和时间间隔的测量与观测者的运动无关，物质间相互作用的传递是瞬时到达的；其二是一切可观测的物理量在原则上可以无限精确地加以测定。

经典力学涉及最基本的三个运动定律：

（1）牛顿运动第一定律。一切物体在没有受到力或合力为零的作用时，总保持静止状态或匀速直线运动状态。

（2）牛顿运动第二定律。物体在受到合外力的作用会产生加速度，加速度的方向和合外力的方向相同，加速度的大小与合外力的大小成正比，与物体的惯性质量成反比。公式为 $F=ma$，其中 F 为合外力。

（3）牛顿运动第三定律。两个物体之间的作用力和反作用力，在同一条直线上，大小相等，方向相反。作用力和反作用力不分主次，同时产生、同时消失；作用在不同物体上，不可能抵消；是同一性质的力；与参照系无关。

那么，牛顿定律所述的运动以什么为参照系呢？牛顿声称他所研究的运动是在"绝对空间"和"绝对时间"中进行的"绝对运动"。他写道："绝对的、真正的数学时间自身地流逝着，而且由于其本性而均匀地与任何其他外界事物无关地流逝着。"当然这是形而上学的观点。

那么以形而上学的时空观研究得出的定律是否就是错误的呢？事实上，牛顿定律所述的运动是对惯性参照系而言的，其定义为"使牛顿第一定律成立的参照系叫作惯性参照系或惯性系"。显然，这个关于惯性参照系定义依赖于第一运动定律，陷入了逻辑循环。然而，这种逻辑上的循环，并不影响它的科学性。实际上，惯性系是近似地存在着的，如地面以及相对地面静止或匀速直线运动的物体都是近似程度相当好的惯性系。正是在这些近似程度相当好的惯性参照系上的无数次科学实验活动，证实了牛顿力学的相对正确性，从而间接地验证了牛顿力学出发点的第一定律的正确性。

第一定律揭示了物质的一个普遍的基本的属性——惯性，定义了惯性参照系，明确了力是改变物体运动状态的原因；第二定律揭示了力、质量、加速度三者的定量关系，明确了力是使物体获得加速度的原因，但这两个有关力的定义都有一定的局限性，都不是力的本质意义，只有牛顿第三定律揭示了力的本质是物体对物体的相互作用。可见，牛顿三定律各自具有独特的本质意义。牛顿运动三定律一起构成了整个经典力学的理论基础。

自爱因斯坦创立狭义相对论以来，人们已经彻底认识到脱离物质存在的"绝对时间""绝对空间""绝对运动"只不过是一些形而上学的概念。在"绝对时空观"指引下的经典力学理论是有局限性的，它只能适用于宏观物体的低速运动，对于微观世界和高速运动的情况则无能为力了。

微观粒子遵从量子力学规律，高速运动遵从相对论力学规律，是以相对论的时空观为指导的。相对论力学具有更广泛的实际意义，它把经典力学作为物体运动速度远小于光速的一种特例包括在内，所以相对论力学与经典力学是相辅相成的，而不是相互矛盾的。相对论时空观较普遍，而经典力学的绝对时空观只是一种特殊情况下的近似观念。然而，在经典力学时空观指导下的牛顿力学理论在一般生产和生活实践中，仍然有着重大的实际应用价值，也是不可忽视的理论基础。

3.1 力的基本概念

建筑结构起支承作用，任何与建筑结构发生直接作用（或发生间接作用）的物体（例如车辆、家具、人等）以及建筑结构本身的重力，都会以某种方式作用于建筑结构。建筑所处的自然环境也会以各种形式影响建筑结构，如风以表面压力或吸力的形式影响建筑结构，雪堆积在建筑上给建筑屋顶施加向下的压力，温度导致建筑热胀冷缩从而产生变形或内力，地震通过地面摇晃和颠簸引起建筑结构的振动等。

力是结构设计的最基本概念，也是维系建筑结构体系的最根本的要素，结构体系的各部分之间是通过力的传递与平衡联系起来的，材料形成构件依靠黏结力、摩擦力等微观力的维系，可以说没有力的存在，结构就不称其为结构。

3.1.1 作用力与反作用力

力是物体间的相互作用，甲对乙有作用力，同时乙对甲也有作用力。比如我们去推建筑物墙体的时候，手掌对墙体是有推力的，同时墙体对手掌也有反方向的推力，如图 3.1 所示。此处存在一对儿作用力与反作用力，其一是手掌对墙体的推力，此时手掌是施力物体，墙体是受力物体；其二是墙体对手掌的反向推力，此时墙体是施力物体，手掌是受力物体。

在相互作用的两个物体中，每个物体同时扮演两个角色——施力体和受力体，表明相互作用伴随一对力出现。常将施力体主动施加的力称为作用力，而受力体被动施加给施力体的力称为反作用力，这一对力是作用在不同物体上，各自产生效果，不可能相互抵消。当人推墙时，人是施力体，墙是受力体；墙在受到推力作用时会给人一

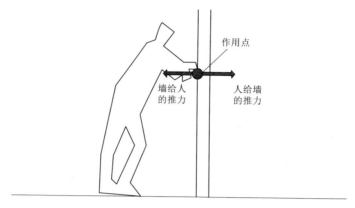

图 3.1　作用力与反作用力示意图

个反作用力，这时墙是施力体，人是受力体。

力的作用是相互的，任何力都存在反作用力，这是力的普遍性特点。根据牛顿第三定律，作用力与反作用力有三个特征：

（1）相互性。作用于两个物体上，互为施力体和受力体，两者互相依赖、互为依存，均以对方存在为自己存在的前提，没有反作用力的作用力是不存在的。

（2）同时性。两者没有主次、先后之分，同时出现，同时消失，永远是成对的，作用力发生变化，反作用力随之发生同样的变化。

（3）同一性。作用力与反作用力必须是同一性质的力，即作用力若为推力则反作用力也一定是推力，反之亦然。

用 F 和 F' 分别为作用力与反作用力，则 $F = -F'$，但作用力与反作用力不能求和，不可写成 $F + F' = 0$，原因是作用力和反作用力虽然大小相同，但并不意味着各自产生的作用效果一定相同，两者分别作用在两个不同的物体上，不能相互抵消，即表示两者的作用效果不同。

牛顿第三定律研究的是物体之间相互制约联系的机制，研究的对象是两个物体。多于两个以上的物体构成复杂的体系时，可以把它们区分成若干两两相互作用的物体对。此外，不管相互作用的物体处于何种运动状态，例如静止、匀速直线或加速运动等，物体之间的作用力与反作用力都是大小相等的。

3.1.2　相互平衡的力

处于静止或匀速直线运动状态的物体，受到的所有力的合力为 0。作用在同一物体上的两个力，如果大小相等，方向相反，且作用在一条直线上，那么这两个力的合力为 0，是一对平衡力。如果多个力作用在同一物体上，在这些力的作用下，这个物体处于静止或匀速直线运动状态，那么这些力的合力为 0，这些力相互平衡，物体处于平衡状态。

作用力与反作用力和相互平衡力之间的区别可以从作用对象、力的性质、作用效果和作用时间四个方面予以判断：

（1）作用对象。作用力与反作用力是分别作用在两个物体上；而平衡力是作用在同一物体上的。

（2）力的性质。作用力与反作用力一定是同种性质的力，要么都是引力，要么都是摩擦力等等；而二力平衡则不然，只要二力满足作用在同一物体上，大小相等，方向相反，作用在同一直线上，使物体处于平衡状态就是平衡力，不管力的性质如何。

（3）作用效果。作用力与反作用力分别作用在不同的物体上，作用效果不能相互抵消；而一对平衡力是作用在同一个物体上，两者的作用效果可以相互抵消，即体现两者之间的平衡效果。

（4）作用时间。作用力与反作用力是同时产生、同时消失、同时变化；而二力平衡的两者之间不一定要存在这种关系，其中一个力消失另一个力仍可独立存在，同时两者不一定会随对方的变化而变化。

为了说明问题，我们看一个实例。图 3.2 所示的一个钢筋混凝土构件，两个滚轴支承与地面。我们分析图 3.2（a）所示的构件，它的自重 G 是地球施加的重力，作用点在构件的重心。当两个滚轴对称放置，则每个滚轴对构件的支承力均为 $G/2$，这样形成一组平衡力，维持构件静止状态。我们分析图 3.2（b）所示的滚轴与构件的两个接触点处，则分别存在滚轴与构件之间的一对作用力与反作用力，大小都是 $G/2$，方向相反，均作用于接触点。

进一步分析图 3.2 所示实例，如果把滚轴视为分析物体，则每个滚轴都受到地面施加的向上的支承力和构件施加的向下的压力，大小都是 $G/2$，滚轴处于平衡状态。如果我们分析两个滚轴与地面的接触点，同样可以找出两对作用力与反作用力，同样是大小为 $G/2$，方向相反，均作用于接触点。

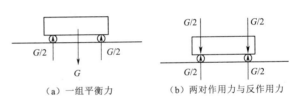

（a）一组平衡力　　　（b）两对作用力与反作用力

图 3.2　平衡力、作用力与反作用力对比

无论相互作用的两个物体处于静止状态或者是匀速运动状态，或者是变速运动状态，作用力与反作用力之间总是满足等大、反向、共线、同性质、异体等关系。例如河边的湿地很松软，人在其上行走容易下陷，在下陷过程中，人对地面的压力和地面对人的支持力是一对作用力与反作用力，两者大小相等、方向相反，这与下陷过程快慢即运动状态无关，但人下陷的快慢变化则由人自身重力与地面支持力共同决定。

此处所说的地面下陷，实际就是地面受到人的压力而产生的变形。在结构设计中，我们需要时刻关注变形的问题。

3.1.3　物体的"惯性力"

在静止的火车里，有一张光滑的桌子，桌子上静止放置一物体。此时坐在火车车厢里的人会观察到桌子上的物体处在静止状态。在这个人看起来，桌子上的物体会受到重力和支持力，两个力的合力为 0，物体恰好处在静止状态。某一时刻火车突然加速，车厢里的人就会观察到物体在加速向后运动。而这个物体仍然只受到重力和支持力，两个力的合力仍然为 0。合力为 0 的物体却在加速运动，这与牛顿运动定律相矛盾吗？

上面的例子涉及两种参考系——惯性系和非惯性系。车厢静止时，合力为 0 的物体处在静止状态，此时符合牛顿运动定律，这时车厢就是一个惯性参考系。车厢加速运动时，合力为 0 的物体在乘客看起来是加速向后运动的，这是因为此时车厢已不再是惯性参考系，而是非惯性参考系。牛顿运动定律在非惯性系中不成立。

为了将牛顿运动定律拓展到非惯性系中，于是有了惯性力这个概念。物体在非惯性系中可以假想它受到一个惯性力。在刚才的例子中，可以假设桌子上的物体受到一个水平方向的惯性力，有了这个惯性力，物体受到的合力便不再是 0，这样非惯性系中的观察者就不会对物体的运动感到困惑了。

就牛顿力学范畴而言，在惯性系中只能观测到物体间的相互作用力，而不能观测到惯性力。在非惯性系中则能同时观测到惯性力和相互作用力。在非惯性系中，引入"惯性力"的概念，可以使得牛顿第二定律在形式上成立，即

$$\sum F_i + f^* = ma^*$$

其中

$$f^* = -ma$$

式中 F_i——物体受到的除惯性力外的作用力；

    f^*——惯性力；

    a——非惯性系本身（相对于惯性系）的加速度；

    a^*——物体相对于非惯性系的加速度，且 $a^* = -a$。

需要指出的是，引入惯性力只是为了使牛顿第二定律在非惯性系中形式上成立，惯性力并不是一种真实的力，它是非惯性系中源于参考系本身相对于惯性系的加速运动而导致的虚拟力。惯性力不存在施力物体，因而不是相互作用，也不受牛顿第三定律规范，即惯性力不存在相应的反作用力。

在结构动力学中，我们需要研究结构振动状态以及振动过程中的受力问题，届时我们会大量用到惯性力的概念。

3.2 建筑结构的力学模型

3.2.1 力学模型基本概念

力学模型是指根据所研究建筑结构的几何特性、材料特性、构造特性、荷载与作用等因素，抽象出来的力学关系的一种表达。进行建筑结构的分析与设计时，需要先从研究的对象抽象出力学模型，利用力学知识研究的是抽象的力学模型而不是具体的建筑结构。

所有的建筑结构都是承受并传递力的一个系统，荷载和作用施加到建筑结构的不同部位，再通过一定的路径传递给基础，通过基础再传递给地基。力的传递是结构师思考的永恒主题，准确地把握力的传递路径、针对性地采取构造处理是结构师的重要职责。而在掌握基本结构受力特点的基础上实现结构整体的经济合理，则是对结构师的更高要求。实际工程中会遇到各种各样的结构形式，为了对结构有一种更理性的认

识，就必须从力的传递的角度去认识结构。

如果从力传递的角度去认识结构，很多结构形式复杂的建筑就可以建立彼此沟通的语言，使结构师对自己设计的结构有更深入的认识：对既有成熟的结构分析，可以从受力角度去认识其合理性；对不熟悉的结构，则可以分析其宏观受力特点，从而提出合理的构造处理方案。从力传递的角度去认识结构，很难用语言表述，我们只有从一些已经熟悉的结构出发，进行系统梳理，才能够从力的传递的角度对结构的脉络有清晰的把握，继而对我们理解不熟悉的结构的传力机制有所帮助。所以，从"力的传递"的角度去认识结构是十分必要的。

不同构件之间，力的传递就是通过一系列的作用力与反作用力完成的。构件内部不同部分力的传递，也是通过一系列的作用力与反作用力来完成的。

3.2.2 力学模型简化原则

力在结构中传递是肉眼所不可见的，对于复杂的建筑而言，其结构也是复杂的，力的传递也很复杂。在考虑力的传递路径时，常将复杂的结构体系进行简化，以便找到更容易理解和计算的力传递的路径，得到力学模型。

从实际结构到力学模型的简化，应抓大放小，遵循两个基本原则：

（1）正确反映结构的实际受力情况，使简化后的计算结果尽可能与实际相符。

（2）忽略对结构的内力和变形影响较小的次要因素，使结构力学分析简化。

3.2.3 力学模型简化过程

力学模型具体简化过程分为三个层次，即结构体系的简化、结构构件的简化、约束与节点的简化。

1. 结构体系的简化

将复杂的空间结构体系简化或分解为若干个平面结构分体系，这些平面分体系协同工作共同承担荷载并保证其平面内的刚度。如图 3.3 所示，复杂的空间框架结构可以简化为横向的若干平面框架结构分体系和与之垂直的纵向平面框架结构分体系，空间结构承受的

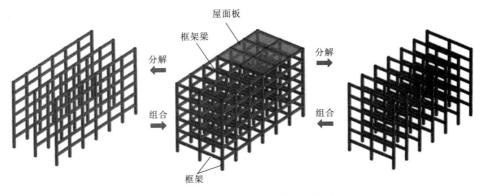

图 3.3 空间结构体系的分解与组合

外力包括竖向力和纵横两个方向的水平力。一方面，这些外力都由这些分体系分担，不同平面分体系分担一定的竖向力和水平力，并把这些力传到基础下的地基。另一方面，这些平面结构分体系靠水平的楼盖联系在一起之间，它们之间互相支撑，协同受力。

2. 结构构件的简化

梁、柱等构件的截面尺寸比长度小得多，可按照平截面假定根据截面内力来计算截面应力，所以简化时可以用杆件纵向轴线代替杆件，忽略截面形状和尺寸的影响，即工程中绝大部分构件仍简化为梁构件来进行内力分析与结构设计。如图 3.4 所示，钢柱和钢梁的截面形状均为 H 形截面，在进行结构体系分析时，忽略柱梁的截面形状和横向尺寸，视为沿其纵轴形心的一条线状杆件，赋予其截面积和平面内、外的惯性矩等截面参数，梁端部和柱端部交汇于一点，保持垂直 90° 的夹角不变，这样便把具备空间特征的实体结构简化为平面杆系结构，便于进行内力分析和变形计算。板、墙等构件不宜直接简化为杆件，这里不做讨论。

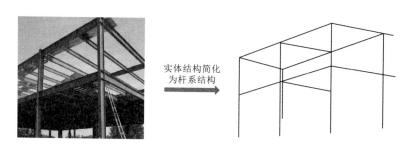

图 3.4 钢框架结构简化为杆系结构示意图

3. 约束与节点的简化

构件之间的连接方式不同，力的传递也大不相同，大体可以理想化为以下两种：①如图 3.5（a）所示，两个构件之间通过一个铰链连接，则这两个构件相互不可脱开，但可以自由地转动，换言之，两个构件之间相互约束了平动，而不约束转动，简化为铰结点；②如图 3.5（b）所示，钢结构焊接在一起、钢筋混凝土结构整体浇筑在一起，两个构件之间既不可脱开，也不可自由转动，它们相互约束了平动，也约束了转动，简化为刚结点。

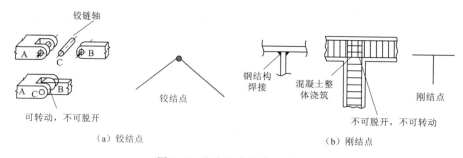

（a）铰结点　　　　　　　　（b）刚结点

图 3.5 节点约束简化示意图

结构与地基之间的连接方式可以理想化为以下三类：①如图 3.6（a）所示的支座，上部结构可以沿着水平方向移动也可以绕着铰链轴转动，但是不能发生竖向的平动，称为可动铰支座，荷载作用下，这个支座将可以提供竖向的支座反力；②如图 3.6（b）所示的支座，上部结构可以绕着铰链轴转动，但是不能发生水平平动也不能发生竖向平动，称为固定铰支座，荷载作用下，这个支座将可以提供水平和竖向两个方向的支座反力；③如图 3.6（c）所示的支座，立柱被基础牢固地约束，不能发生水平平动、不能发生竖向平动，也不能转动，称为固定端支座，荷载作用下，这个支座将可以提供水平和竖向两个方向的支座反力，同时还可以提供约束转动的力矩。

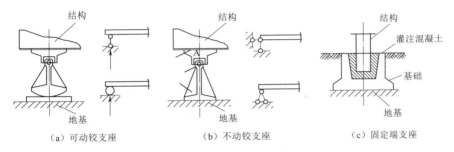

（a）可动铰支座　　　　　（b）不动铰支座　　　　　（c）固定端支座

图 3.6　支座约束简化示意图

上述复杂结构简化的过程中，"层次一"是利用了多数结构几何和主要受力构件的可复制性与对称性，近似将空间受力的结构简化为纵横两个平面内若干独立的平面结构体系进行设计；"层次二"则是忽略了结构中截面形状与尺寸等不影响结构整体的受力和变形的次要因素，把各种不同截面形状的构件视为沿构件纵轴的一根细杆，从而把实际结构简化为杆系结构；"层次三"的简化关键则是关注了构件与构件之间可产生何种相对运动，忽略了摩擦、间隙以及相对较小的变形等因素，从而理想化的几种模型。

资源 3.2
节点与支座
的简化分析

绝大部分结构分析在遵循两个基本原则的前提下，采用上述简化方法可以达到与实际受力非常接近的程度，满足结构设计的准确度与精度需求。但需要注意的是，在将整体空间结构体系简化为平面结构分体系时，还需要最终将两个平面的受力重新组合为空间结构体系进行审视和核准，特别关注空间模型简化过程中被忽略的局部构造或细节，是否存在"传力"缺陷，确保"力"按照预先设定的路径进行传递。

3.3　力在结构中的传递

3.3.1　力在构件之间的传递

建筑结构都是由若干构件组成的，如刚架、桁架、框架结构等，结构所承受的荷载作用于其中某些构件的某些部位，最终通过一系列构件传至基础，并通过基础传递给其下的地基。力在不同构件之间传递时，要通过构件之间的连接节点，力会发生转向、变性或大小变化。如图 3.7 所示，墙壁上伸出的悬臂梁通过一个铰链连接一根杆件，其下悬挂一个重力为 P 的物体。物体施加外力 P 于杆件 1 的下端，力沿杆件 1

的纵轴方向作用；力传过节点 1 后作用于杆件 2 左端，垂直于杆件 2 的纵轴；力从杆件 2 的左端传至右端节点 2；过节点后，作用于墙壁的力变为两个：向下的力 P 和使墙壁（局部）产生转动趋势的力矩 $M = PL$。当我们设计这个结构时，预先分析力的传递路径，计算该路径上各杆件和节点受到与传过的力来设计这些杆件与节点，以保证力能顺利地传至墙壁，并保证墙壁能承受所传来的力。

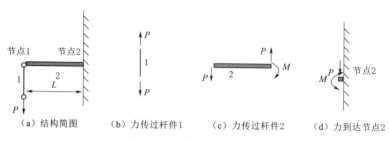

图 3.7　力通过悬臂梁传递

　　如果想要力按照设想的途径传递，则构件之间的刚度匹配必须满足相应的条件。在这个过程中，不能凭感性的认识去判断构件结构刚度的强弱和荷载的传递路径，需要靠完备系统的力学知识。如图 3.8 所示，在上例结构上附加一根 45°的绳索 3 后，则力 P 传过节点 1 后，会"兵分二路"，一路通过杆件 2 传至墙壁节点 2 处，另一路通过绳索 3 传至节点 3 处。那么具体哪路分担的"力"更大一些？此时就需要考虑杆件 2 和绳索 3 的刚度以及墙壁对杆件 2 的约束程度等问题。如果不提供结构各构件的刚度参数，我们仅可以判断绳索承受使其绷直的拉力，且拉力 N_3 介于 $0 \sim \sqrt{2}P$ 之间；杆件 2 的受力更为复杂一些，垂直于纵轴的剪力 Q_2 则介于 $0 \sim P$ 之间，使墙壁转动趋势的力矩 $M_2 = Q_2 L$，沿纵轴方向作用的压力 N_2 也介于 $0 \sim P$ 之间。这些力的具体大小受到各构件刚度和节点约束程度的影响。我们可以想象一下，绳索 3 如果采用较细的橡皮筋，而杆件 2 采用钢梁，则轴力 N_3 是不是会很小，力主要通过杆件 2 传递；反之，如果绳索 3 改成较粗的钢丝绳，轴力 N_3 又会多大？实际工程结构中存在多条路径分担的时候，总是遵循"路径短的分担较多，刚度大的分段较多"的规律。

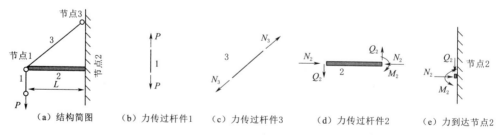

图 3.8　力通过三角架传递

　　力在从一个构件传到另一个构件时，可以理解为前一个构件对后一个构件施加了作用力，而同时，后一个构件必然对前一个构件施加反作用力。这对作用力和反作用力都是通过节点传递的，可以理解为节点对构件的约束反力。结构与地基之间的传力同理，力在从结构传到地基时，结构对地基施加了作用力，同时，地基必然对结构施加反作用力。这对作用力和反作用力都是通过支座节点传递的，可以理解为地基对构件的支座反力。

图 3.7 和图 3.8 的例子中，不同的杆件之间形成了相互约束，它们对彼此提供约束反力。如果把墙壁视为不可动的地基，则节点 2 和节点 3 就可以理解为支座，它们给结构的反作用力就是支座反力。

3.3.2 力在构件内部的传递

图 3.7 示例中，物体悬挂于杆件 1 的下端，而连接杆件 1 上端的节点也受到了力的作用，这就说明力从杆件 1 的下端传到杆件 1 的上端；通过节点 1 把力传给杆件 2 的右端，力又传到杆件 2 的左端，这都是力在构件内部的传递。

通常来说，把构件内部传递的力称为内力，主要有轴力（分为拉力和压力）、剪力、弯矩和扭矩。

把一个构件假想为可以用任意部位任意角度的截面切割为两个或多个构件，就可以用理解"力在构件之间传递"的思路来理解"力在构件内传递"。如图 3.9 所示，假想用如图 3.9（a）所示的虚线把一根完整的悬臂梁切割为两段 2 和 2′，则力从 2 传至 2′ 的过程即可理解为"力在构件间传递"。此时，杆件 2 右端的弯矩和剪力分别等于杆件 2′ 左端的弯矩和剪力，而杆件 2′ 右端的弯矩和剪力又分别等于节点 2 的弯矩和剪力。根据理论力学知识：无论从任何地方的任何截面切开结构，取出一部分分离体（可以是一个完整的构件、构件的一部分、一个节点等），这个分离体都应该保持平衡状态。依据这个力学知识，我们就可以"顺藤摸瓜"找出力传递路径上各个部位的"内力"。

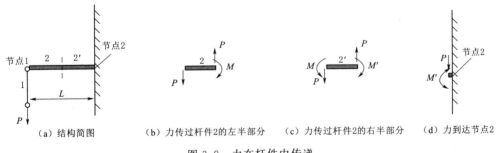

图 3.9 力在杆件内传递

考虑一种较为复杂的情况：当构件由不同的材料组合而成时（这是十分普遍的），比如钢筋混凝土结构，当确定的"力"传至构件的某一截面时，这个"力"是由钢筋和混凝土两种材料共同传递的。混凝土和钢筋的力学性能有较大差别，在共同传递"力"的过程中，混凝土应该和钢筋变形一致是前提条件，钢筋作用的发挥必须通过附近截面的混凝土提供有效锚固才能实现，某种意义上说钢筋与混凝土之间的黏结是钢筋混凝土结构的核心，故而如何合理的布置构造措施，使钢筋的锚固更有效，是使

资源 3.3
力在结构中的传递分析

43

"力"的传递更简单明了的必要手段。

再从较微观的尺度看，考虑构件由若干板件组成，如 T 形截面、H 形截面、箱形截面等，即使在同一截面，"力"的传递问题依然存在，此时"力"会在不同的板件之间传递。比如，H 形截面构件，剪力主要靠腹板传递，弯矩主要靠翼缘传递，而腹板和翼缘又协同工作，"力"会在腹板和翼缘之间来回传递。

这实际上已经进入到"局部力"的尺度，工程上称之为"应力"，仍属于"力"的范畴。材料力学和弹性力学中重点介绍"应力"。

外部环境施加在结构体系上的荷载称为外力，地基反作用于结构的力既可称为支座反力，也可理解为地基施加于结构的外力。

在构件内部不同部位（或截面）之间传递的力，统称为内力。

在构件之间传递的力，对单个构件而言，是由其他构件通过节点传递的节点约束力，也可称为外力，而对于整个结构体系而言，全部称为内力。

3.4　力在结构上的作用效应

3.4.1　力的作用方式

结构中的力包括拉力、压力、剪力、弯矩和扭矩等。

1. 拉力

拉力可以是内力，也可以是外力。作为内力是指构件受到的使之有伸长趋势的力，作为外力是指构件之间传递的使它们有相向趋势的力。例如，对于悬索桥的锚索而言，索本身承受的拉力是内力，索与锚碇之间、索与桥塔之间传递的拉力均为外力。再如，晾衣绳本身受到的是拉力，晾衣绳与其固定点之间的力也是拉力。

2. 压力

压力既可以是内力，也可是外力。作为内力是指构件受到的使之有缩短趋势的力，作为外力是指构件之间传递的使它们有相背趋势的力。如图 3.10 所示，桥塔内部承受的力有使之缩短的作用，是压力，也是内力；桥塔与基础之间传递的压力，压力使二者间趋向更为紧密，这压力对桥塔而言是外力（也可称支座反力或约束反力）。

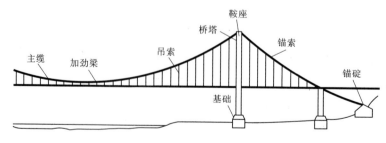

图 3.10　斜拉桥的结构示意

3. 剪力

剪切变形是在一对相距很近、大小相同、方向相反的横向外力（即垂直于作用面的力）作用下，材料的横截面沿该外力作用方向发生的相对错动的变形现象。按力的效果定义，能够使材料产生剪切变形的力称为剪力。发生剪切变形的截面为剪切面，图 3.11 所示的节点传力中，螺栓与连接板之间相互挤压，传递的是压力，螺杆因剪切面上下分别受到两个连接板传来方向相反的压力而承受了剪力，同时也产生了相对错动的剪切变形。剪力是成对出现的。

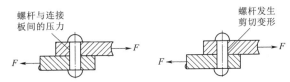

图 3.11 螺栓受剪力作用产生剪切变形

4. 弯矩

弯矩是一种受力构件截面上内力，是让构件产生弯曲变形的一种力矩。受到弯矩作用的构件，其一侧受到拉伸而产生的拉伸变形，另一侧受到压缩产生压缩变形，从而是构件整体产生弯曲变形。建筑工地上常需要把钢筋弯折，图 3.12 所示的一种便携式弯钢筋工具，给钢筋施加交汇于一点的三个力，钢筋受到弯矩作用产生弯曲变形。

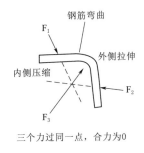

图 3.12 钢筋受到弯矩作用产生弯曲变形

5. 扭矩

扭矩是使物体发生转动或扭转变形的一种特殊的力矩。外部的扭矩叫转矩，内部的叫扭矩。比如我们手握扭力棒的两端，双手向相反方向施加扭矩，扭力棒会在扭矩的作用下产生扭转变形，如图 3.13 所示。

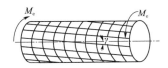

图 3.13 扭转荷载作用下的变形

3.4.2　力的作用效应

当力作用于结构构件，构件就会产生相应的变形，连接构件的节点发生相应的位移。力作用于结构体系，则结构的各部分发生相应的位移和变形，某些地方还会出现裂缝或其他损伤，这种由力引起的效果，称为力的作用效应，一般分为变形效应和运动效应两种。

1. 力的变形效应

是指建筑结构各组成部分在力的作用下，产生应力和变形，使其大小、形状发生了改变。如钢梁构件在均布力作用下可由直变弯（图 3.14）等。若把受力构件或物体视为刚体，则表明忽略力的内效应。力的内效应包括：应力（正应力和剪应力）、应变（正应变、剪应变）、变形（拉伸、压缩、剪切、弯曲、扭转）等。

2. 力的运动效应

是指物体在力的作用下运动状态发生了改变。其又可分为移动效应和转动效应。如人推车使车前进，就是移动效应（图 3.15）；拧螺母，螺母转动，则为转动效应。

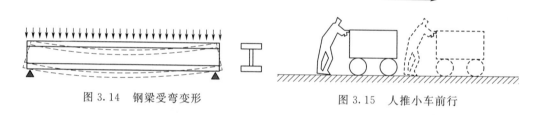

图 3.14　钢梁受弯变形　　　　　　　图 3.15　人推小车前行

力作用于物体所产生的效应，取决于力的三要素，即力的作用点、大小和方向。在力学的范畴中，所谓的变形是指物体的形状或体积的变化；所谓运动状态的变化指的是物体的速度变化，包括速度大小或方向的变化，即产生加速度。不论物体发生的是变形还是运动状态的变化，都与作用于物体上的力的三要素相关，比如物体发生压缩或拉伸变形时，主要与力作用于物体上的方向相关，讨论变形量的多少时，则与力的大小相关；物体运动的快慢，即速度的大小，与作用于物体上的力的大小密切相关。

平常所说，物体受到了力，而没指明施力物体，但施力物体一定是存在的。不管是直接接触物体间的力，还是间接接触的物体间的力作用；也不管是宏观物体间的力作用，还是微观物体间的力作用，都不能离开物体而单独存在的。力的作用与物质的运动一样要通过时间和空间来实现。而且，物体的运动状态的变化量或物体形态的变化量，取决于力对时间和空间的累积效应。根据力的定义，对任何一个物体，力与它产生的加速度方向相同，它的大小与物体所产生的加速度成正比。且两力作用于同一物体所产生的加速度，是该两力分别作用于该物体所产生的加速度的矢量和。

3. 力的振动效应

当结构受到力的作用时，会产生相应的变形，当力消失时，结构的变形会部分恢复、完全恢复或过量恢复。研究结构中各质点的运动轨迹，则各质点可能不会正好停留在原始（平衡）位置，而可能由于惯性的作用，越过原始位置，在相反的方向产生一定的位移，然后再次向原始（平衡）位置运动，如此往复运动，即所谓的振动。那么结构会不会一直振动下去呢？答案是不会，这是因为结构中的总能量随着结构振动而耗散，使得每次往复振动的位移逐渐减小，最终静止下来。

3.4.3 不连续区域力的作用效应

下面考虑力传递路径上的不连续和突变的问题。对于受力、变形不连续区域的分析，根据圣维南原理，作用在弹性体某一小块面积（或体积）上的荷载的合力和合力矩都等于零，则在远离荷载区域的地方，应力几乎等于零，可忽略该区域的荷载对较远区域的效应。实际的结构设计中常遇到受力、变形不连续的区域，比如集中荷载作用点、预应力箱梁的锯齿板、预应力筋锚固点到全截面受力的区段、横隔墙、框架结构或箱形桥的节点、拱桥的拱座、斜拉桥的拉索锚固区等。概括而言，其成因有三点：一是集中荷载的作用；二是几何构造上的不连续，如尺寸突变的部位；三是不同结构材料相连接的部位。

1. 集中荷载作用

集中荷载是相对而言的，当荷载作用的范围相对于构件的面积或轴线而言在一个相对较小的范围时，我们可以把荷载视为集中于一点，也就是集中力。集中力的作用效应往往与同等大小合力的分布力的作用效应相差较大，这是需要引起结构设计者注意的。图 3.16（a）和（b）所示跨度相同的简支梁，总荷载相同，（a）为集中力 P 作用于跨中，其最大弯矩 $M = PL/4$，（b）为合力为 P 的力分布于跨中部 $L/2$ 的范围，其最大弯矩 $M = 3PL/16$，二者相差 $PL/16$。工程上常遇到集中力的作用，一般需要采取相应的构造将集中荷载分布到较大的范围，以减小集中力的作用效应，习惯称之为转换结构。例如图 3.17 所示的整个吊车系统的重力包括卷扬机、吊车桥架、吊车轨道、吊挂的重物等所受的重力，这些重力通过固定在钢筋混凝土的梁侧面的吊车轨道（黑色部分）固定件传递给钢筋混凝土梁。在分析钢筋混凝土梁的时候，吊车系统所传来的力作用在梁上，视为一个集中的点，作用力视为集中力。单层工业厂房中的桥式吊车的轮子与吊车梁接触的面积很小（近似点接触），轮压对于吊车梁而言就是集中力，此时在吊车梁顶面铺设钢轨，可以使集中力分散面积较广，既减小了吊车梁顶面局部压应力，同时可以减小集中力引起的弯矩。

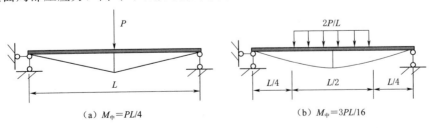

（a）$M_{\text{中}} = PL/4$ （b）$M_{\text{中}} = 3PL/16$

图 3.16　简支梁集中力与分布力弯矩对比

图 3.17　吊车集中力示意图

2．尺寸发生突变

建筑结构中存在尺寸的突变是常见的，构件之间连接节点往往就是尺寸突变之处，有时构件本身也会存在尺寸突变的现象。例如，上部柱与下部的独立基础之间都是尺寸突变区域，框架梁和框架柱连接处，桥梁与桥墩连接处。如图 3.18（a）、（b）、（c）所示，这些尺寸突变区域往往会引起应力集中，从而易于在此区域发生局部破坏，而影响力的传递。此时，为了减小局部应力的集中，保证"力的传递"的可靠，一般需设置刚度转换的构造，其主要是尽可能较小突变所带来的局部破坏。比如钢筋混凝土柱钢筋伸入基础中，使得柱传来的力能够扩散至基础中较深范围，同时在基础设计时进行基础抗冲切的验算与设计。再如，为提高局部抗压强度，桥墩中靠近顶面的区域会配置较密的钢筋网片，避免桥墩顶面局部受压破坏。

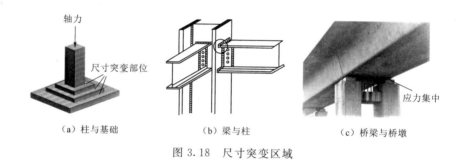

（a）柱与基础　　　　　　　（b）梁与柱　　　　　　　（c）桥梁与桥墩

图 3.18　尺寸突变区域

3．材料发生变化

建筑结构常见相互连接的构件采用不同的材料，此时往往发生不同材料相互传力的情况，这也是一种不连续的情况。由于材料强度与弹性模量的差异，使得不同材料间传力时产生局部应力和应变差异较大，而强度较低的一侧就容易发生局部破坏，应当引起重视。如图 3.19（a）所示的钢筋混凝土梁搭接于砖墙顶面，混凝土抗压强度明显高于砖墙，此时就容易发生砖墙局部受压破坏的现象，而砖墙破坏后混凝土梁也失去了稳定的支座约束，传力路径就会断掉。工程上，在混凝土梁下加设混凝土垫块或垫梁，使钢筋混凝土梁传给砖墙的集中力分散至较大的面积上，减小局部压应力。再如，钢柱下方的钢筋混凝土基础，由于混凝土抗压强度远低于钢材，钢柱会引起基础顶面局部压应力集中，易于发生基础顶面混凝土局部受压破坏，为此钢柱脚设置较大较厚的底板，使柱传来的压力扩散到较大面积，如图 3.19（b）所示。

（a）钢筋混凝土梁与砖墙　　（b）钢柱与钢筋混凝土基础

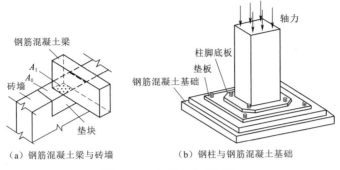

图 3.19　材料变化的区域

3.5　案例分析：力在结构中的传递分析

3.5.1　风荷载在指示牌结构中的传递

图 3.20 所示的指示牌由面板、上下横梁、左右立柱及其下方基础构成，风荷载以垂直于面板的方向均匀作用于面板上，最终传递给立柱下方的基础。

（1）力在结构体系中的传递路径为：面板→横梁→立柱→基础。具体分析如下：

1）风荷载作用于面板，属于面荷载，如图 3.20（a）所示。

2）面荷载往上下横梁传递，因对称，上下横梁各承担一半由面板传来的力，力传至上下横梁后转化为沿横梁（视为一条线）纵向均匀分布的力，属于线荷载，如图 3.20（b）所示。

3）横梁上的线荷载往左右立柱传递，因对称，左右立柱各承担一半由横梁传来的力，力传至左右立柱后转化为作用于横梁与立柱交点的集中力（视为一点），属于点荷载（集中力），如图 3.20（c）所示。

4）立柱上的点荷载全部往下传递给基础，每个基础承担由立柱传来的全部力，并给立柱提供支座反力，使其处于平衡状态，如图 3.20（d）所示。

（2）结构整体和各部分维持平衡，分析各部分的平衡如下：

1）横梁传给立柱的点荷载与基础提供给立柱的反力（水平反力与反力矩）共同维持了立柱的平衡。

2）面板传给横梁的线荷载与立柱提供给横梁的（点）反力共同维持了横梁的平衡。

3）均匀分布的风荷载与横梁提供给面板的均匀分布的（线）反力共同维持了面板的平衡。

4）从总体来看，面板承受的均布风荷载、基础提供的水平反力与反力矩维持了整个结构体系的平衡。

3.5.2　人群荷载在楼梯结构中的传递

图 3.21 所示的悬挑式楼梯，由两个楼梯段（上跑、下跑）与休息平台构成，楼

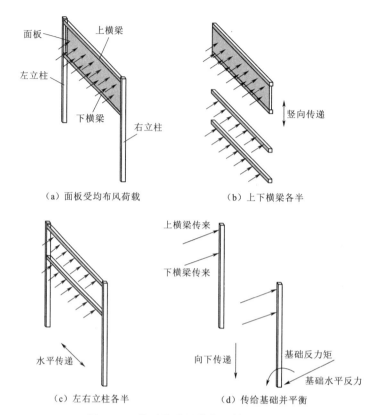

（a）面板受均布风荷载　　　（b）上下横梁各半

（c）左右立柱各半　　　　（d）传给基础并平衡

图 3.20　指示牌受风荷载及传力分析图

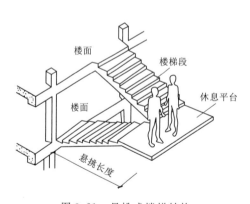

图 3.21　悬挑式楼梯结构

梯通过上下跑楼梯段固定在上下层的楼面板上，与楼面板之间可靠连接，保持不动。其主要承受结构的自重、楼梯上的人群重力以及搬运物品时物品的重力，最终这些荷载通过楼梯段传给上下层的楼面板。人群站在楼梯休息平台靠外侧的地方，那么人的重力视为施加在楼梯休息平台上的力，下面分析人群的重力是如何传递的。

（1）当人群相对集中时，重力以集中力的方式作用于休息平台，水平传递，传给上下梯段。此时休息平台受到人群施加的集中力和上下梯段共同提供的反力与反力矩，这些力保持了休息平台的平衡，如图 3.22（a）和（b）所示。

（2）重力继续向斜上和斜下方传递至上下楼层板。上梯段受到休息平台传来的力与力矩，以及上层楼板提供的反力与反力矩，这些力和力矩共同维持了上梯段的平衡；下梯段受到休息平台传来的力与力矩，以及下层楼板提供的反力与反力矩，这些力和力矩共同维持了下梯段的平衡，如图 3.22（c）所示。

50

（3）楼梯作为整体的平衡，则是由楼层板施加的反力和反力矩以及人群施加的竖向集中力维持平衡的，如图3.22（d）所示。

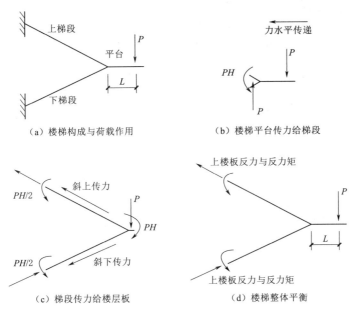

图 3.22　悬挑式楼梯结构传力分析

需要说明的是，集中力传至休息平台与梯段连接处时，转化成了沿着平台与梯段的连接面分布的力和力矩，继续传递至上下楼层板时也是以梯段与楼层板的连接面上的分布力和力矩的形式作用于楼层板的。当然，反力和反力矩也是分布力的形式。

还要说明，楼梯的自重是一直存在的，其作用方式与人群的重力略有不同，传力路径也略有不同。

3.5.3　重力荷载在雨篷结构中的传递

如图3.23（a）所示的某高铁站台雨篷结构，其主要构件有柱下基础、钢管混凝土柱、型钢梁、压型钢板。其中，型钢梁分为主梁、连系梁、边梁、次梁等四种。我们定义图3.23（b）所示的纵横两个方向，主梁为横向，直接连接于柱顶；连系梁为纵向，起到连接立柱顶端的作用；边梁为纵向，连接各主梁的端部；次梁为横向，一端连接于连系梁，另一端连接于边梁。

这里我们仅分析阴影板块上均匀分布重力荷载的传力路径：

（1）板面受均布向下的竖向荷载，往两边支承板的次梁传递，如图3.24（a）所示。

（2）力到达次梁后转化为沿次梁纵向分布的线荷载，再往支承次梁的边梁和连系梁传递，如图3.24（b）所示。

（3）力到达边梁和连系梁后转化为（点荷载）集中力，作用于边梁的集中力沿纵向往两主梁传递，作用于连系梁的集中力沿纵向往两立柱传递，如图3.24（c）所示。

（a）结构实景

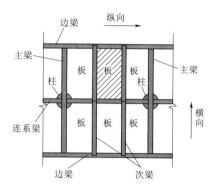
（b）结构平面布局图

图 3.23 某高铁站台雨篷结构

（4）到达主梁的力继续传递，沿横向传递给立柱［图 3.24（d）］，与之前由连系梁传来的力"集合"后，竖向往下传递至基础［图 3.24（e）］。

（5）在传递的过程中，产生一系列的力和反力（力矩和反力矩），维持结构的各部分以及整体的平衡状态，此处不再详述。

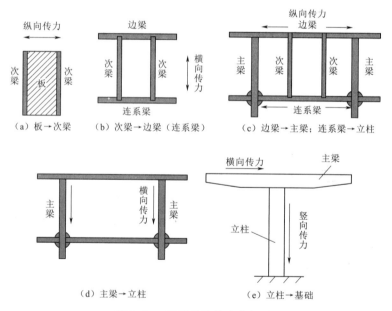

（a）板→次梁　（b）次梁→边梁（连系梁）　（c）边梁→主梁；连系梁→立柱

（d）主梁→立柱　　　　（e）立柱→基础

图 3.24 雨篷结构传力分析图

需要注意的是，除了顶板的重力荷载外，这个雨篷结构还可能承受风荷载、雪荷载、检修和施工荷载等。每种荷载的作用位置和作用方式不同，传力路径也不同。在上述案例分析中，我们运用了逐一解决问题、抓主要矛盾、复杂问题简单化处理的思维方法。对于结构师来说，更应该注重这方面的能力培养，否则容易陷入迷局。当我们看到较为复杂的社会现象时，理清脉络、顺藤摸瓜、抓住主要矛盾、层层剖析、就能够透过现象看到本质，能够坚定自己的信念，从容应对复杂的问题。

思　考　题

1. 一组平衡力和一对作用力与反作用力的区别是什么？
2. 惯性力是通过什么方式施加的？
3. 构件之间的节点有哪几种传力方式？
4. 如何理解构件之间的相互约束？
5. 支座反力与结构外力之间有何关系？
6. 约束反力与构件内力之间有何关系？
7. 力的作用效应有哪些？

第4章
荷载与作用

空气的流动形成了风。地球的转动和地表受太阳加热程度的差别引起了空气的流动。风的大小用风速来衡量，风速是表征空气流动快慢的物理量。空气流动越快，风速越大，风的力量自然也就越大，也就意味着风力的等级越大。我国风力等级划分见表1。

表1 我国风力等级划分

风力等级	海岸船只征象	陆地地面征象	风速（相当于空旷平地上标准高度10m处的风速）/(m/s)
0	静	静，烟直上	0～0.2
1	平常渔船略觉摇动	烟能表示方向，但风向标不能动	0.3～1.5
2	渔船张帆时，每小时可随风移行2～3km	人面感觉有风，树叶微响，风向标能转动	1.6～3.3
3	渔船渐觉颠簸，每小时可随风移行5～6km	树叶及微枝摇动不息，旌旗展开	3.4～5.4
4	渔船满帆时，可使船身倾向一侧	能吹起地面灰尘和纸张，树的小枝摇动	5.5～7.9
5	渔船缩帆（即收去帆之一部）	有叶的小树摇摆，内陆的水面有小波	8.0～10.7
6	渔船加倍缩帆，捕鱼须注意风险	大树枝摇动，电线呼呼有声，举伞困难	10.8～13.8
7	渔船停泊港中，在海者下锚	全树摇动，迎风步行感觉不便	13.9～17.1
8	进港的渔船皆停留不出	微枝折毁，人行向前感觉阻力甚大	17.2～20.7
9	汽船航行困难	建筑物有小损（烟囱顶部及平屋摇动）	20.8～24.4
10	汽船航行颇危险	陆上少见，见时可使树木拔起或使建筑物损坏严重	24.5～28.4
11	汽船遇之极危险	陆上很少见，有则必有广泛损坏	28.5～32.6

风力等级	海岸船只征象	陆地地面征象	风速（相当于空旷平地上标准高度10m处的风速）/(m/s)
12	海浪滔天	陆上绝少见，摧毁力极大	32.7～36.9
13	—	—	37.0～41.4
14	—	—	41.5～46.1
15	—	—	46.2～50.9
16	—	—	51.0～56.0
17	—	—	56.1～61.2

结构设计考虑风荷载时，常需要把风力等级换算成风速，也就是单位时间内空气流动的距离，其单位为 m/s。为便于记忆，下面给出风力等级与风速大致关系的记忆口诀：

二是二来一是一，三是三上加个一；

四到九级最常见，减去二来乘以三；

十到十二不多见，记住十级就简单；

十级风速二十七，每增一级加个四。

风是一种自然能源，能促使干冷和暖湿空气发生交换。可以借风力吹动风车来抽水和加工粮食，现在人们还利用风车来发电。在晴朗的白天，山谷风把温暖的空气向山上输送，使山上气温升高，促使山前坡岗区的植物发芽、开花、结果、成熟。

但是，当风速和风力超过一定限度时，它也可以给人类带来巨大灾害。风灾是指因暴风、台风或飓风过境而造成的灾害。

暴风是指大而急的风，高出地面 10m，平均风速为 28.5～32.6m/s。暴风往往与雨相伴，一次时间较为短促。

台风是指发生在太平洋西部海洋和南海海上的热带空气旋涡，是一种极猛烈的风暴，风力常达十级以上，同时伴有暴雨，夏秋两季常侵袭我国。

龙卷风是指风力极强而范围不大的旋风，系自积雨云中下伸的漏斗状云体。形状像一个大漏斗，轴线一般垂直于地面，在发展的后期因上下层风速相差较大可成倾斜状或弯曲状。其下部直径最小的只有几米，一般为数百米，最大可达千米以上；上部直径一般为数千米，最大可达 10km。龙卷风的尺度很小，中心气压很低，造成很大的水平气压梯度，从而导致强烈的风速，往往达到每秒一百多米，破坏力非常大。在陆地上，能把大树连根拔起来，毁坏各种建筑物和农作物，甚至把人、畜一并升起；在海洋上，可以把海水吸到空中，形成水柱。这种风少见，范围小，但造成的灾情却很严重。

飓风是指发生在大西洋西部的热带空气旋涡，是一种极强烈的风暴，相当于西太平洋上的台风。高出地面 10m 平均风速大于 32.7m/s。

大体积建筑、轻型建筑以及高层建筑，经常因对风荷载的估计不足，抗风设计不当而导致结构的破坏，给人们的生命和财产安全造成了巨大的损失，应该引起结构师的重视。

此外，风灾形成的原因除各种自然因素以外，还常与人类对自然环境的破坏有关。如滥采地下水，破坏地表植被，汽车尾气等大量温室气体排放形成温室效应等。作为结构师，我们要有环保和可持续发展的意识，在结构设计工作中，充分考虑建筑结构对环境的影响，做到人与自然和谐相处。

4.1　荷载与作用的概念

作用是引起结构变形、位移、运动、振动、失去平衡或乃至破坏的原因。作用分为两类：直接作用和间接作用。

直接作用是指直接施加在结构上的集中力或分布力，习惯上称为荷载，例如结构自重（恒载）、活荷载、积灰荷载、雪荷载、风荷载等。

间接作用指引起结构外加变形或约束变形的原因，间接作用不以力的形式出现在结构上，例如地震、基础沉降、温度变化作用等。由于工程师们的习惯，一些间接作用也被称为荷载。例如地震作用本来是通过地面振动引起结构的振动，习惯上则称为地震荷载。再如，温度作用称为温度荷载等。

从定义来看，作用的含义更广，它包含了荷载。在实践中无需刻意区分荷载和作用的称谓，本教材中为了尊重工程师的习惯，把直接作用称为荷载。

无论是直接作用还是间接作用，都将使结构产生作用效应，诸如应力、内力、变形、裂缝等，作用效应也可称为荷载效应。

常见建筑结构荷载如图 4.1 所示。

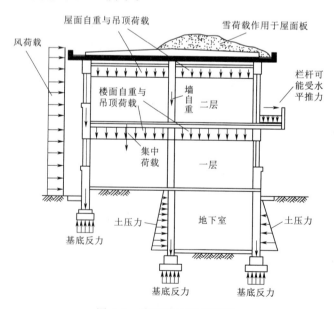

图 4.1　常见建筑结构荷载

4.2　荷载的分类

4.2.1　根据时间的变化分类

1. 永久荷载

永久荷载基本不随时间变化（或其变化与平均值相比可以忽略不计），如土压力、水压力等荷载。所有结构构件的自重荷载属于永久荷载。此外，地面、屋面等面层，顶棚、墙面上的抹灰层等装饰和门窗等围护构件的自重荷载都是永久荷载。固定设备（包括电梯及自动扶梯，采暖、空调及给排水设备，电器设备，管道、电缆及其支架等）的自重荷载属于永久荷载。

2. 可变荷载

施加在结构上的由人群、可移动物料、可移动设备或交通工具引起的荷载和自然环境导致的自然荷载，称为可变荷载，主要包括楼面活荷载、屋面活荷载、屋面积灰荷载、车辆荷载、吊车荷载、风荷载、雪荷载、裹冰荷载、波浪荷载等。

3. 偶然荷载（特殊荷载或偶然作用）

偶然荷载在设计基准期可能出现也可能不出现，一旦出现，其值很大且持续时间较短，如爆炸力、撞击力等。

4. 地震作用

由于地震波传至地面，引起地面剧烈振动使得建筑结构振动的作用，称为地震作用。地震的成因大致可以分为四种：一是地下某处岩层断裂释放大量弹性变形能，能量以地震波的形式传至地面，引起地面振动；二是火山喷发时释放大量的能量，引起的附近地面剧烈振动；三是因为古矿坑、矿井等的陷落引起的地面振动；四是水库蓄水、深井注水等其他原因诱发的地质突变而产生的地面振动。地震作用也称为地震荷载，属于偶然作用，此处单列，强调其重要性。

4.2.2　根据空间的变化分类

1. 固定荷载

在结构上具有固定空间分布的荷载为固定荷载。当固定荷载在结构某一点上的大小和方向确定后，则整个结构上的荷载即得以确定。

2. 移动荷载

在结构上给定的范围内具有任意空间分布的作用为移动荷载。

4.2.3　根据结构的响应分类

1. 静态作用

静态作用不使结构或构件产生加速度，或产生的加速度可以忽略不计，例如住宅或办公楼的楼面荷载等。

2. 动态作用

动态作用使结构和构件产生不可忽略的加速度，从而导致破坏程度比静态作用严重，例如吊车设备振动、高空坠落物冲击作用等。不难理解，从高处坠下的物体，对较矮建筑屋面的破坏作用显然大于缓慢施加的同等大小的荷载，而且高度越高，冲击作用越大，这是结构设计中需要时刻注意的。

4.2.4　根据荷载作用面大小分类

1. 面荷载

荷载分散在某个较大的面积上，该荷载称为面荷载。例如建筑楼面上铺设的木地板、地砖、花岗石、大理石面层等重量引起的荷载，在楼面上是均匀分布的。此时，楼面均布面荷载 q 值的计算，可用材料单位体积的重度 g 乘以面层材料的厚度 d，得出增加的均匀布面荷载值，即 $q=gd$。当然还有不均匀分布的面荷载，例如蓄水池的侧壁受到水的侧压力、挡土墙受到土的侧压力都是不均匀分布的面荷载。

2. 线荷载

荷载均匀分散在某个较长且窄的面积上，可简化为单位长度上的分布荷载，称为线荷载。例如，楼面均布荷载传递到梁上时，可以近似认为荷载是沿着梁的中心线均匀分布的，这样引起的梁或墙的荷载效应，与把荷载视为均匀分布在梁上几乎相同。与面荷载同理，线荷载也有均匀分布与不均匀分布之分。

3. 集中荷载

荷载的分布面积远小于结构受荷时，为简化计算，可近似地将荷载看成作用在一点上。例如次梁传给主梁的荷载可近似地看成一个集中荷载，屋架传给柱顶的压力、吊车的轮子对吊车梁的压力都是集中荷载。

总量相同的荷载，作用面大小不同，最终产生的荷载效应是不同的；不同的作用面的荷载，进行结构分析时的方法和难易程度也是不同的。因此，在结构设计中区别对待是必要的。

4.2.5　根据荷载作用方向分类

1. 竖向荷载

一般由重力引起的荷载，作用方向竖直向下，如结构自重、雪荷载等。

2. 水平荷载

作用方向是水平方向的荷载，如风荷载、水平地震作用等。

在结构体系分析时，要分别考虑专门针对竖向荷载和水平荷载的传力路径，因此区分竖向荷载和水平荷载对结构设计时非常必要的。

4.3 荷载的作用方式与计算方法

4.3.1 永久荷载

结构自重的标准值可按结构构件的设计尺寸与材料单位体积的自重计算确定。一般材料和构件的单位自重可取其平均值作为荷载标准值；对于自重变异较大的材料和构件，自重的标准值应根据对结构的不利或有利状态，分别取上限值或下限值。

永久荷载习惯上也称为恒荷载，是由重力引起的荷载，其作用方向为竖直向下，作用点为材料或构件的重心。设计时应酌情考虑对结构构件的施力位置。

永久荷载即为重力荷载，计算公式为

$$G = \gamma V \tag{4.1}$$

式中　γ——平均容重，参考表 4.1；

　　　V——体积，据实计算。

当计算楼屋面、墙面等面状建筑与结构构件的永久荷载时，可采用单位面积上的重力荷载 g 进行计算，参考表 4.2。

表 4.1　　　　部分常见材料的容重

编号	材料名称	容重/(kN/m³)	备　注
1	腐殖土、种植土	15～16	含水量增大，容重增大
2	黏土、砂土	13.5～20	含水量和密实度增大，容重增大
3	岩石	28	花岗岩、大理石、页岩、砂岩
4	混凝土、钢筋混凝土	22～24、24～25	混凝土构件
5	泡沫混凝土、加气混凝土	4～6、5.5～7.5	砌块
6	水泥砂浆	20	
7	钢材、钢筋	78.5	
8	木材	4～9	
9	铝合金	28	
10	普通砖、机制砖	18～19	机制砖稍重
11	瓷砖	23～25	
12	普通玻璃、钢丝玻璃	25.6、26	

注　本表摘自《建筑结构荷载规范》(GB 50009—2012)。

表 4.2　　　　　　　　　　　　部分常见建筑与结构构件容重

编号	建筑与结构构件	容重/(kN/m²)	备　　注
1	120mm 厚实心砖墙	2.86	双侧水泥砂浆抹灰各 20mm 厚
2	240mm 厚实心砖墙	5.24	双侧水泥砂浆抹灰各 20mm 厚
3	360mm 厚实心砖墙	7.62	双侧水泥砂浆抹灰各 20mm 厚
4	200mm 厚空心陶粒砌块墙	2.38	双侧水泥砂浆抹灰各 20mm 厚
5	钢丝网岩棉夹芯复合板	1.1	总厚 100mm，岩棉夹芯 50mm
6	彩色岩棉夹芯板	0.25	总厚 120mm，双侧彩色钢板
7	轻钢龙骨隔墙	0.27～0.54	2～4 层纸面石膏板，无或有保温
8	玻璃幕墙	1～1.5	
9	木屋架	$0.07+0.007l$	l 为木屋架跨度
10	钢屋架	$0.12+0.011l$	l 为钢屋架跨度，包括支撑
11	小青瓦屋面	0.9～1.1	按斜坡实际面积计算
12	水泥平瓦屋面	0.55	按斜坡实际面积计算
13	轻钢龙骨吊顶	0.12～0.25	无或有保温层
14	木地板	0.4	厚 25mm，包括其下木格栅自重
15	水磨石地面	0.65	面层 10mm，20mm 厚水泥砂浆打底

注　本表摘自《建筑结构荷载规范》(GB 50009—2012)。

4.3.2　楼面与屋面活荷载

1. 楼面活荷载

楼面活荷载是由楼面上的人群、家具、设备、物料和交通工具的重力引起的荷载，如图 4.2 所示。随着人群和物品的增减或移动，楼面活荷载随时间变化幅度较大，空间位置变化也较大。

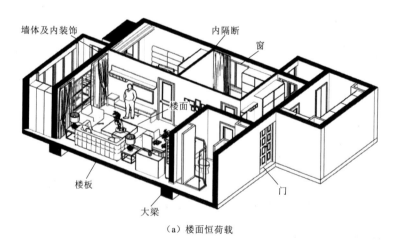

（a）楼面恒荷载

图 4.2（一）　楼面恒荷载与活荷载

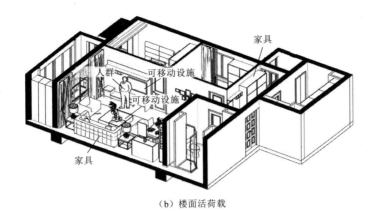

（b）楼面活荷载

图 4.2（二）　楼面恒荷载与活荷载

楼面与屋面活荷载都是由于活动的人或物品材料的重力所引起的，因此其作用位置是人或物品材料所处的位置，作用方向为竖直向下。需要注意的是，活荷载在楼面和屋面上的具体位置无法确定，工程设计时一般考虑整个楼、屋面均承受活荷载，同时还应按照对结构的最不利位置来考虑。

事先无法预知楼层结构上可能出现的具体活荷载的大小，而设计时必须按照某一给定的荷载值进行设计。为了给出结构工程师可采取的荷载值，科学家统计和分析了不同用途建筑楼面活荷载的分布和变化情况，得出了活荷载服从极值 I 型概率随机模型的结论，然后根据一定的保证概率给出了各种使用用途房间的楼面活荷载标准值。

表 4.3 节选自《建筑结构荷载规范》（GB 50009—2012），其中可见使用用途不同，楼面活荷载标准值差别也很大，比如普通住宅和办公楼的活荷载标准值为 2kN/m²，书库和档案库活荷载标准值为 5kN/m²。其中，办公楼楼面活荷载标准值保证概率约为 99%，住宅楼楼面活荷载标准值保证概率约为 97%。

由表 4.3 可知，所谓规定的活荷载并不能真正精确地代表某一时刻的真实情况。尽管建筑规范对活荷载取值作了规定，但是在实际工程结构设计中，不能盲目、僵化地加以使用。结构设计时，应当根据实际情况对荷载进行适当地放大或折减。《建筑结构荷载规范》（GB 50009—2012）明确指出表 4.3 所给各项活荷载适用于一般使用条件，当使用荷载较大、情况特殊或有专门要求时，应按实际情况采用。例如，当书架高度大于 2m 时，书库活荷载应按每米书架高度不小于 2.5kN/m² 计算。此外，民用建筑楼面活荷载是按照在楼板上均匀分布考虑的，这与实际情况并不相符，设计时应尽可能地考虑实际可能发生的情况，考虑活荷载对结构最不利影响的分布情况。

而工业建筑楼面活荷载更为复杂，除了生产人员、家具外，还有设备、管道、运输工具、堆放原料或成品以及可能拆移的隔墙等，均属于楼面活荷载。这些活荷载较大，且有可能较为集中，也有可能在楼面上移动。设计时，除了按照一般金工车间、仪器仪表生产车间、半导体器件车间、棉纺织车间、轮胎厂准备车间和粮食加工车间等分类给出的楼面等效均布活荷载外，还应考虑设备、管道、运输工具、堆放原料或成品以及可能拆移的隔墙所产生的局部活荷载。

表 4.3　　　　　　　　　　常见民用建筑楼面活荷载标准值

项次	类　别		标准值 /(kN/m²)	项次	类　别		标准值 /(kN/m²)
1	（1）住宅、宿舍、旅馆、办公楼、医院病房、托儿所、幼儿园		2.0	8	厨房	（1）餐厅	4.0
						（2）其他	2.0
	（2）试验室、阅览室、会议室、医院门诊室		2.0	9	浴室、卫生间、盥洗室		2.5
2	教室、食堂、餐厅、一般资料档案室		2.5	10	走廊、门厅	（1）宿舍、旅馆、医院病房、托儿所、幼儿园、住宅	2.0
3	（1）礼堂、剧场、影院、有固定座位的看台		3.0			（2）办公楼、餐厅、医院门诊部	2.5
	（2）公共洗衣房		3.0				
4	（1）商店、展览厅、车站、港口、机场大厅及其旅客等候室		3.5			（3）教学楼及其他可能出现人员密集的情况	3.5
	（2）无固定座位的看台		3.5	11	楼梯	（1）多层住宅	2.0
5	（1）健身房、演出舞台		4.0			（2）其他	3.5
	（2）运动场、舞厅		4.0	12	阳台	（1）可能出现人员密集的情况	3.5
6	（1）书库、档案库、贮藏室		5.0				
	（2）密集柜书库		12.0			（2）其他	2.5
7	通风机房、电梯机房		7.0				

注　本表节选自《建筑结构荷载规范》（GB 50009—2012）。

　　需要注意的是，活荷载可能会造成对结构的冲击荷载，由于活荷载移动或设备运行而引起的附加冲击荷载往往并不按冲击荷载计算。通常，建筑中活荷载引起的正常冲击效应已经包括在针对这一特定使用类型所规定的等效静力荷载中。例如，车库中汽车引起的冲击荷载，已经包括在所规定的均布荷载中了，因为均布荷载是车库的主要使用荷载，但是在一些特殊使用情况下，就不包括在内了。例如，那些有运动部件的重型机器，或者是固定在楼面或屋面上会产生振动的机器，以及在仓库楼面上移动的运输工具，需要根据工程经验，采用冲击荷载公式来考虑动力效应，也就是在静态活荷载基础上，再增加了一个百分数。

　　2. 屋面活荷载

　　屋面分为上人屋面和不上人屋面，不上人屋面的活荷载一般只是由有限的几个工人或用于维修屋顶的轻型施工机具引起的；上人屋面一般为特殊用途的屋面，屋面应考虑特殊的工程做法、较多设备、甚至有停车要求。屋面活荷载标准值见表 4.4。

表 4.4　　　　　　　　　　屋　面　活　荷　载　标　准　值

屋面类型	不上人屋面	上人屋面	屋顶花园	屋顶运动场地
活荷载标准值/(kN/m²)	0.5	2.0	3.0	3.0

注　本表节选自《建筑结构荷载规范》（GB 50009—2012）。

4.3.3 屋面雪荷载

屋面还承受环境荷载，我国大多数地区的建筑屋面要考虑积雪荷载，对于平屋顶还要考虑承受一定的积水荷载。起控制作用的可能是雪荷载，尤其是压实的雪和冰堆。

基本雪压是雪荷载的基准压力，一般按建筑所在城市或地区空旷平坦地面上积雪自重的观测数据，经概率统计得出 50 年一遇最大值确定，基本雪压取决于当地降雪以及雪堆积的情况。屋面积雪分布系数反映了屋面上雪荷载的分布情况，取决于屋面形状、坡度、平整度、光滑度、室内是否有采暖等实际情况。

屋面雪荷载是由积雪的重力所引起，其作用位置显然就是积雪堆积之处，作用方向竖直朝下，作用于屋面结构上。屋面水平投影面上的雪荷载标准值为基本雪压与屋面积雪分布系数的乘积，计算公式如下：

$$S_k = \mu_r S_0 \tag{4.2}$$

式中　S_k——雪荷载标准值，kN/m^2；

　　　μ_r——屋面积雪分布系数；

　　　S_0——基本雪压，kN/m^2。

一般建筑结构的基本雪压考虑 50 年重现期，通俗地说就是考虑 50 年一遇的大雪导致的雪荷载；对雪荷载敏感的建筑结构，考虑 100 年重现期的基本雪压。

我国现行《建筑结构荷载规范》（GB 50009—2012）中给出的我国部分城市的雪压、风压和基本气温见表 4.5。《建筑结构荷载规范》（GB 50009—2012）中规定的几种屋面形式的积雪分布系数见表 4.6。

表 4.5　　　　　我国部分城市的雪压、风压和基本气温

直辖市名	城市名	海拔高度/m	风压/(kN/m^2)			雪压/(kN/m^2)			基本气温/℃		雪荷载准永久值系数分区
			$R=10$	$R=50$	$R=100$	$R=10$	$R=50$	$R=100$	最低	最高	
北京	北京市	54.0	0.30	0.45	0.50	0.25	0.40	0.45	−13	36	Ⅱ
天津	天津市	3.3	0.30	0.50	0.60	0.25	0.40	0.45	−12	35	Ⅱ
	塘沽	3.2	0.40	0.55	0.65	0.20	0.35	0.40	−12	35	Ⅱ
上海	上海市	2.8	0.40	0.55	0.60	0.10	0.20	0.25	−4	36	Ⅲ
重庆	重庆市	259.1	0.25	0.40	0.45	—	—	—	1	37	
	奉节	607.3	0.25	0.35	0.45	0.20	0.35	0.40	−1	35	Ⅲ
	梁平	454.6	0.20	0.30	0.35	—	—	—	−1	36	
	万州	186.7	0.20	0.35	0.45	—	—	—	0	38	
	涪陵	273.5	0.20	0.30	0.35	—	—	—	1	37	
	金佛山	1905.9	—	—	—	0.35	0.50	0.60	−10	25	Ⅱ

注　风压为基本风压；雪压为基本雪压；R 为荷载重现期，a。

表 4.6　　　　　　　　　　　几种屋面形式的积雪分布系数

项次	类别	屋面形式及积雪分布系数 μ_r	备　注
1	单跨单坡屋面	 α: ≤25° / 30° / 35° / 40° / 45° / 50° / 55° / ≥60° μ_r: 1.0 / 0.85 / 0.7 / 0.55 / 0.4 / 0.25 / 0.1 / 0	
2	单跨双坡屋面	均匀分布的情况 μ_r 不均匀分布的情况 $0.75\mu_r$ $1.25\mu_r$ 	μ_r 按本表第 1 项规定采用
3	单跨拱形屋面	均匀分布的情况 μ_r 不均匀分布的情况 $0.5\mu_{r,m}$ $\mu_{r,m}$ $l_e/4$ $l_e/4$ $l_e/4$ $l_e/4$ l_e $\mu_r = l/(8f)$ $(0.4 \leqslant \mu_r \leqslant 0.8)$ 60° 60° f l	
4	双跨双坡屋面	均匀分布情况 1.0 不均匀分布情况1 μ_r 1.4 μ_r 不均匀分布情况2 μ_r 2.0 μ_r 阳坡 α	1. μ_r 按本表第 1 项规定采用; 2. 仅 α 不大于 25°或 f/l 不大于 0.1 时,只采用均匀分布情况; 3. 多跨双坡屋面的积雪分布系数参照该规定采用

4.3.4　风荷载

我国夏季东南沿海多台风,内陆多雷暴及雹线大风;冬季北部地区多寒潮大风,其中沿海地区的台风往往是设计工程结构的主要控制荷载。台风造成的风灾事故较多,影响范围也较大,内陆雷暴大风引起小范围内的风灾事故也频繁发生,需要引起充分的重视。

风荷载是建筑结构必然遇到的主要荷载,风荷载也称风的动压力,是空气流动对工程结构所产生的压力。流动的空气遇到建筑就会绕着建筑流动,在建筑各个表面产生压力或吸力,一般迎风墙面受到风压力,背风墙面受到风吸力,两侧墙面受到风吸力,迎风屋面受到风压力或风吸力(坡度较小时为风吸力,坡度较大时为风压力),背风屋面受到风吸力,如图 4.3 所示。

风荷载的大小 ω 与基本风压、地形、地面粗糙度、距离地面高度,及建筑体型等诸因素有关。风荷载标准值的基本计算公式为

$$w_k = \beta_z \mu_z \mu_s w_0 \tag{4.3}$$

式中 w_k——风荷载标准值，kN/m^2；

μ_s——风荷载体型系数；

w_0——基本风压，kN/m^2；

β_z——风振系数；

μ_z——风压高度变化系数。

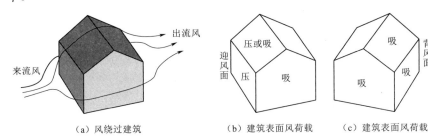

（a）风绕过建筑 （b）建筑表面风荷载 （c）建筑表面风荷载

图 4.3 风的绕流与建筑表面风荷载

由式（4.3）可见，风荷载标准值的核心是基本风压与风荷载体型系数的乘积。在此基础上，由于风速随着离地面高度而增加，当建筑物高度较高时，对风荷载标准值进行高度修正；同时，较高的建筑和高耸结构会因风的作用而产生的振动，需进行风振修正。

1. 基本风压

我国规定的基本风压 w_0 以一般空旷平坦地面、离地面 10m 高为标准，按结构类别考虑重现期（一般结构重现期为 50 年，特别重要的结构为 100 年），统计所得（96.67%分位值）10 分钟平均最大风速 v，用公式（4.4）计算而得的。

$$w_0 = \frac{\rho v^2}{2} \tag{4.4}$$

式中 ρ——空气密度；

v——风速。

我国基本风压的分布情况是：台湾和海南岛等沿海岛屿、东南沿海是最大风压区，由台风造成；东北、华北、西北的北部是风压次大区，主要与强冷气活动相联系；青藏高原为风压较大区，主要由海拔高度较高所造成；其他内陆地区风压都较小。

2. 风荷载体型系数

风荷载体型系数是指风作用在建筑物表面一定面积范围内所引起的平均压力（或吸力）与来流风的速度压的比值，它主要与建筑物的体型和尺度有关，也与周围环境和地面粗糙度有关。由于它涉及的是关于固体与流体相互作用的流体动力学问题，对于不规则形状的固体，问题尤为复杂，无法给出理论上的结果，一般均应由试验确定。鉴于原型实测的方法对结构设计的不现实性，目前只能根据相似性原理，在边界层风洞内对拟建的建筑物模型进行测试。

我国《建筑结构荷载规范》（GB 50009—2012）中根据国内外的试验资料和国外规范中的建议性规定整理给出了大多数建筑物的风载体型系数，可参考应用，详见表 4.7。但

表4.7　常见体型建筑的风荷载体型系数

项次	类别	体型及体型系数 μ_s	备注
1	封闭式落地双坡屋面	α: 0° → 0.0；30° → +0.2；≥60° → +0.8	中间值按线性插值
2	单跨落地拱形屋面	f/l: 0.1 → +0.1；0.2 → +0.2；0.5 → +0.6	中间值按线性插值
3	拱形屋面	f/l: 0.1 → −0.8；0.2 → 0.0；0.5 → +0.6	1. 中间值按线性插值；2. μ_s 绝对值不小于0.1
4	单跨双坡屋面	α: ≤15° → −0.6；30° → 0.0；≥60° → +0.8	1. 中间值按线性插值；2. μ_s 绝对值不小于0.1
5	单坡屋面		μ_s 按本表第1项规定采用
6	双跨双坡屋面		μ_s 按本表第2项规定采用

注　本表摘自《建筑结构可靠性设计统一标准》(GB 50068—2018)。

系数是有局限性的，对于重要且体型复杂的房屋和构筑物，应需要进行风洞试验确定各表面区域的平均压力（或吸力）。

3. 风压高度变化系数

在大气边界层内，风速随离地面高度增加而增大，这个风速竖向分布规律极其复杂，受到气压场、地面粗糙度和温度梯度的影响。对于建筑结构风荷载计算而言，在近地面范围，风速沿竖向分布的剖面基本符合指数律。不同类型区域平均风速随高度变化曲线如图 4.4 所示。

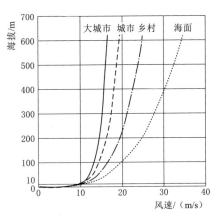

图 4.4　不同类型区域平均风速随高度变化曲线

考虑到不同地面粗糙度情况下的指数不同，将地面粗糙度类别划分为 A、B、C、D 四类（A 类指近海海面和海岛、海岸、湖岸及沙漠地区，B 类指田野、乡村、丛林、丘陵以及房屋比较稀疏的乡镇和城市郊区，C 类指有密集建筑群的城市市区，D 类指有密集建筑群且房屋较高的城市市区），指数分别取 0.12、0.16、0.22 和 0.30，风速剖面的表达式为

$$v_z = v_{10} \left(\frac{z}{10} \right)^a \tag{4.5}$$

式中　z——离地高度；

　　　a——相应指数；

　　　v_{10}——10m 处风速。

在计算风荷载时，根据地面粗糙度类型以及距地面高度，采用不同的风压高度变化系数调整单位面积上的风荷载。《建筑结构荷载规范》（GB 50009—2012）中规定的风压高度变化系数见表 4.8。

表 4.8　　　　　　　　　　风压高度变化系数 μ_z

离地面或海平面高度/m	地面粗糙度类别			
	A	B	C	D
5	1.09	1.00	0.65	0.51
10	1.28	1.00	0.65	0.51
15	1.42	1.13	0.65	0.51
20	1.52	1.23	0.74	0.51
30	1.67	1.39	0.88	0.51
40	1.79	1.52	1.00	0.60
50	1.89	1.62	1.10	0.69
60	1.97	1.71	1.20	0.77
70	2.05	1.79	1.28	0.84

续表

离地面或海平面高度/m	地面粗糙度类别			
	A	B	C	D
80	2.12	1.87	1.36	0.91
90	2.18	1.93	1.43	0.98
100	2.23	2.00	1.50	1.04

注　本表节选自《建筑结构荷载规范》(GB 50009—2012)。

4. 风振系数 β_z

当建筑物的高度超过 30m 且高宽比大于 1.5 时以及结构的自振周期大于 0.25s 时,风压的脉动对结构产生顺风向风振影响,增大了结构风风荷载。此时作为固体的建筑与作为流体的空气之间的存在耦合作用,结构的风荷载响应应按随机振动理论进行分析,这里不做介绍。

对于一般的竖向悬臂式建筑,如高层建筑,顺风向的风荷载可以近似地采用一个大于 1 的风振系数 β_z 适当放大,这其实是一种拟静力的方法,就是按等效的原则用静力荷载的放大近似代替结构的动力响应。关于风振系数的计算公式,读者可参考《建筑结构荷载规范》(GB 50009—2012)。

而对于风敏感的或跨度大于 36m 的柔性屋盖结构风压脉动的影响更为复杂,则应根据风洞试验结果结合随机振动理论进行细致地分析,以确保结构抗风的可靠性。

4.3.5　温度作用

温度作用是指结构或构件内温度的变化所引起的作用。结构构件的温度变化将导致各部位的膨胀与收缩,这将会导致轴向变形、弯曲变形或截面不均匀变形。在静定结构中,如果各构件的温度沿截面高度线性变化,则结构只发生变形,没有温度自应力;如果构件的温度沿截面高度呈现非线性变化,则构件内产生温度自应力。在超静定结构中,无论温度在构件截面上如何变化,构件都会发生变形与位移,而多余约束的存在都会使构件产生温度应力。当温度变化幅度较大或温差较大时,当构件多余约束限制了温度变形,当构件尺寸较大时,温度应力会很大甚至会超过材料的强度而出现裂缝。

对超大型结构、由不同材料部件组成的结构等特殊情况,尚需考虑不同结构部件之间的温度变化。对大体积混凝土结构,应特别预防温度裂缝,这是由混凝土内、外温度变化产生的裂缝。混凝土刚浇筑时,处于塑性流动状态,水泥在水化反应凝结过程中会产生大量的水化热,使体积自由膨胀,达到最高温度时,混凝土基本固结,其后混凝土开始降温并收缩产生裂缝。在与岩基接触部位,混凝土收缩受到岩基约束产生较大的拉应力,会出现基础贯穿裂缝和深层裂缝;若遇寒潮,内、外温差相对较大,变形受到内部混凝土约束,混凝土会出现表面裂缝。防止混凝土出现裂缝的措施除提高混凝土质量外,主要是混凝土温度控制。

建筑结构设计时,应首先采取有效构造措施来减少或消除温度作用效应,如设置结构的活动支座或节点、设置温度缝、采用隔热保温措施等。

图4.5所示为由于钢筋混凝土的线膨胀系数与填充墙的线膨胀系数不同，而在冬夏交替温度周期性变化过程中出现了墙体的水平裂缝。

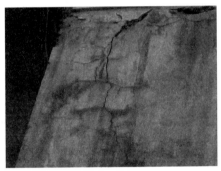

（a）外墙温度裂缝　　　　　　　　　　　（b）裂缝局部放大

图4.5　温度作用导致墙体裂缝

4.3.6　偶然荷载

产生偶然荷载的因素很多，如由炸药、燃气、粉尘、压力容器等引起的爆炸，机动车、飞行器、电梯等运动物体引起的撞击等。

1. 爆炸荷载

爆炸一般是指在极短时间内，释放出大量能量，产生高温，并放出大量气体，在周围介质中造成高压的化学反应或状态变化。爆炸的类型很多，例如炸药爆炸（常规武器爆炸、核爆炸）、煤气爆炸、粉尘爆炸、锅炉爆炸、矿井下瓦斯爆炸、汽车等物体燃烧时引起的爆炸等。爆炸对建筑物的破坏程度与爆炸类型、爆炸源能量大小、爆炸距离及周围环境、建筑物本身的振动特性等有关。

精确度量爆炸荷载的大小较为困难，比较简单地理解爆炸荷载的大小主要取决于爆炸当量和结构离爆炸源的距离。

爆炸荷载对建筑结构的作用主要有三种方式（图4.6）：

（1）结构外围竖向构件受到向内的推力。

（2）楼屋盖等水平构件受到向上的掀起力。

（3）结构内部形成负压，外围构件受到向内的压力作用。

爆炸属于冲击荷载，短时间有很大的荷载施加在结构上，往往会引起结构的动力响应，也就是结构振动以及结构构件内部的应力波。结构的动力响应需要用结构动力

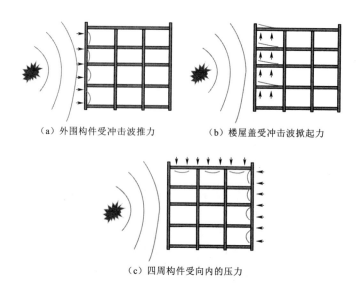

（a）外围构件受冲击波推力　　　　　　（b）楼屋盖受冲击波掀起力

（c）四周构件受向内的压力

图 4.6　爆炸荷载作用的三种方式

学与弹性力学的相关理论与方法，也可近似采用等效静荷载法进行分析。

2. 撞击荷载

当电梯运行超过正常速度一定比例后，安全钳首先作用，将轿厢卡在导轨上。安全钳作用瞬间，将轿厢传来的冲击荷载作用给导轨，再由导轨传至底坑。在安全钳失效的情况下，轿厢才有可能撞击缓冲器，缓冲器将吸收轿厢的动能，提供最后的保护。因此偶然情况下，电梯作用于底坑的撞击力存在两种情况：轿厢安全钳通过导轨传至底坑；轿厢通过缓冲器传至底坑。电梯的竖向撞击荷载标准值可在电梯总重力荷载的 4～6 倍范围内计算。

建筑结构可能承担的车辆撞击主要包括地下车库及通道的车辆撞击、路边建筑物车辆撞击等，由于所处环境不同，车辆质量、车速等情况复杂。行进方向的汽车撞击荷载与汽车质量、行进速度成正比，与撞击过程持续时间成反比。顺行方向的汽车撞击力标准值 P_k 可按下式计算：

$$P_k = \frac{mv}{t} \tag{4.6}$$

式中　m——汽车总质量，包括自重与载重；

　　　　v——车速；

　　　　t——撞击持续时间。

我们永远无法预测将来结构会遇到何种汽车的撞击，根据研究，可考虑计算参数 m、v、t 分别为 15t、22.2m/s、1.0s 时，则计算得撞击力为 333kN，小型车和大型车的撞击力荷载作用点位置可分别取位于路面以上 0.5m 和 1.5m 处。垂直行车方向的撞击力标准值可取顺行方向撞击力标准值的 0.5 倍，二者可不考虑同时作用。

很多高层建筑或特殊用途的建筑设有直升机停机平台，在结构设计时应考虑直升机可能对结构造成冲击荷载。直升机非正常着陆的撞击荷载可按 $3\sqrt{m}$ 计算，其中 m 为直升机的质量，竖向撞击力可能作用的范围考虑包括停机坪内任何区域以及停机坪边缘线 7m 之内的屋顶结构，撞击力的作用区域取 $2m×2m$，在 $4m^2$ 内均匀分布。

3. 地震作用

地震作用也是偶然作用，其发生概率极小，但一旦发生，破坏力确极强。地震作用是建筑结构设计需考虑的重要作用，地震作用是地面振动引起结构反应的一种作用，其大小及其对结构所造成的破坏程度，取决于地面振动的强弱程度、振动的持续时间以及结构对地面振动的"响应度"等因素。

地震作用的确定需要结合结构抗震动力学和地震工程学的原理，综合考虑根据实际地震、地质条件、场地、结构等诸多因素，是非常复杂的问题。19世纪至今，无数学者研究地震作用原理，形成的主要理论体系包括静力理论、反应谱理论和时程动态分析理论。由于涉及更为复杂的理论体系与系统的知识，本书不作介绍。

4.4 荷载的工况、代表值与组合

4.4.1 荷载工况

建筑结构的全寿命包括施工阶段、使用阶段乃至拆除阶段，在上述各阶段，结构处于多种不同的工作状况，与之对应，结构可能受到多种不同组合的荷载的作用。简而言之，结构处于不同的荷载工况。而对建筑结构的要求就是在各阶段都能够承受各荷载工况下的全部荷载。

资源 4.1
结构荷载的
输入与显示

设计时要考虑建筑结构可能遭遇的荷载组合的情况，对有可能同时出现的各种荷载，考虑它们在时间和空间上的相关关系，通过荷载组合来处理对结构效应的影响；对于不可能同时出现的荷载或者同时出现的可能性极低的荷载，则不考虑其同时出现的组合。比如，永久荷载是长期存在的，其他可变荷载出现时就和永久荷载组合；再如，楼屋面活荷载和风荷载可能同时出现，需要考虑组合后对结构的影响；又如，屋面活荷载是考虑屋面施工与检修过程中的人员、材料和工机具的荷载，而雪荷载则是50年一遇的最大积雪荷载，这两种荷载同时发生几乎是不可能的，因此不考虑它们的组合。

结构上的大部分荷载，各自出现与否以及出现时量值的大小，在时空分布上都是互相独立的，这种荷载在计算其结构效应和进行组合时，均可按单个荷载考虑。某些荷载在结构上的出现密切相关且有可能同时以最大值出现，例如桥梁上诸多单独的车辆荷载，可以将它们以车队形式作为单个荷载来考虑。以单个荷载为单位进行组合。

资源 4.2
结构荷载的
输入与组合

荷载工况可以分为正常使用的持久设计状况、临时情况的短暂设计状况、异常情况的偶然设计状况和遭遇地震时的地震设计状况。对不同的设计状况，采用相应的结构体系、可靠度水平、基本变量和荷载组合进行设计。

考虑结构是否能够承受各种工况的荷载组合作用，就需要先给出判定标准，也就是确定何种情况为能够承受，何种情况为不能承受。各国都是通过定义极限状态来规定结构是否能够承受的：当整个结构或结构的一部分超过某一特定状态，而不能满足设计规定的某一功能要求时，则称此特定状态为结构对该功能的极限状态。极限状态设计基于结构可靠度设计基本原理，本书第 8 章将详细介绍各种极限状态。

4.4.2　荷载代表值

所有的荷载都是随时间变化而变化的，按照可靠性设计方法的理论，就应该根据荷载的时空分布规律，以及抗力的时空分布规律，采用相应随机过程或随机变量的概率模型来描述，根据目标可靠度进行结构设计。但在现阶段还不可能直接引用反映荷载和抗力变异性的各种统计参数，通过复杂的概率运算进行具体设计。目前采用的方法是：针对不同荷载分别赋予一个规定的量值，针对不同荷载组合分别赋予不同的组合系数，针对不同荷载赋予不同的荷载分项系数，针对不同的结构赋予不同的结构重要性系数，针对不同构件（材料）赋予不同的抗力（承载力）分项系数。这种方法称为多系数表达式设计方法，这是符合工程师习惯和便于设计者使用的方法。

其中针对不同的组合，赋予荷载的规定的量值就称为荷载代表值。荷载代表值有四种：标准值、组合值、频遇值和准永久值。荷载标准值是荷载的基本代表值，而其他代表值都是在标准值的基础上乘以相应的系数后得出。永久荷载采用标准值作为代表值；可变荷载应根据设计要求分别采用标准值、组合值、频遇值或准永久值作为代表值；偶然荷载则按建筑结构使用的特点确定其代表值。

1. 标准值 Q_k

荷载标准值是指由设计基准期最大荷载概率分布的某个分位值来确定，设计基准期统一规定为 50 年，而对该分位值的百分位未作统一规定。按照这个确定方法，各种荷载标准值具有一定的保证概率，如永久荷载的标准值保证概率约为 50%，如楼面活荷载的保证概率约为 97%～99%，风荷载和雪荷载的保证概率约为 63.6%。

2. 组合值 $\psi_{ci}Q_k$

当作用在结构上有两种或者两种以上的可变荷载时，荷载不可能同时以其最大值出现，此时荷载的代表值可采用其组合值。组合时应保证结构具有统一规定的可靠指标，通过不同的荷载组合系数与标准值的乘积取得组合值。

3. 频遇值 $Q_{fi} = \psi_{fi}Q_k$

频遇值也是相对于可变荷载而言的，可变荷载在设计基准期内，其规定的超越频率（一般在 10% 以内）的荷载值。可变荷载频遇值可用可变荷载标准值乘以荷载频遇值系数得到。

4. 准永久值 $Q_{qi} = \psi_{qi}Q_k$

准永久值也是相对于可变荷载而言的，可变荷载在设计基准期内，其超越的总时间约为设计基准期一半的荷载值，准永久值可用荷载标准值乘以准永久值系数得到。

4.4.3 荷载组合

建筑结构可能同时承受多种多个荷载的作用，我们应当考虑可能同时发生的荷载共同作用所产生的效应来进行结构设计。当我们做结构的受力分析时，先分别按单个荷载作用进行结构受力分析，得到每一种荷载作用下的效应后，再把不同荷载的作用效应进行组合，得到荷载效应组合后的设计值。

1. 承载能力极限设计的组合

承载能力极限的设计表达式如下：

$$\gamma_0 S_d \leq R_d \tag{4.7}$$

式中　γ_0——结构重要性系数；

　　　S_d——荷载（作用）组合的效应设计值；

　　　R_d——结构构件抗力（承载力）的设计值。

承载力极限状态设计时，考虑基本组合（对应持久、短暂设计状况）和偶然组合（对应偶然设计状况）。

（1）基本组合的荷载组合效应设计值 S_d，从表4.9中取用最不利的效应设计值。

表 4.9　　　　　　　　基本组合的荷载组合效应设计值计算公式

荷载与荷载效应的关系	荷载基本组合的效应设计值计算公式	公式编号
非线性关系	$S_d = S(\sum_{i=1}^{m} \gamma_{G_i} G_{ik} + \gamma_P P + \gamma_{Q_1} \gamma_{L_1} Q_{1k} + \sum_{j=2}^{n} \gamma_{Q_j} \gamma_{L_j} \psi_{cj} Q_{jk})$	(4.8)
线性关系	$S_d \geq \sum_{i=1}^{m} \gamma_{G_i} S_{G_{ik}} + \gamma_P S_P + \sum_{j=1}^{n} \gamma_{Q_j} \gamma_{L_j} \psi_{cj} S_{Q_{jk}}$	(4.9)

式中　$S(\cdot)$——作用组合的效应函数；

　　　i——永久荷载（作用）的编号；

　　　j——可变荷载（作用）的编号；

　　　γ_{G_i}——第 i 个永久荷载分项系数；

　　　G_{ik}——第 i 个永久荷载标准值；

　　　$S_{G_{ik}}$——第 i 个永久荷载效应的标准值；

　　　γ_P——预应力作用的分项系数；

　　　P——预应力作用的代表值；

　　　S_P——预应力作用效应的代表值；

　　　γ_{Q_j}——第 j 个可变荷载的分项系数；

　　　ψ_{cj}——第 j 个可变荷载的组合系数，此系数为考虑到不同可变荷载同时达到标准值的小概率设置，应不大于1；

　　　Q_{jk}——第 j 个可变荷载的标准值；

$S_{Q_{jk}}$——第 j 个可变荷载效应的标准值；

γ_{L_j}——第 j 个可变荷载的设计使用年限调整系数。

（2）偶然组合的荷载组合效应值，从表 4.10 计算公式中选取计算确定。

表 4.10　　偶然组合的荷载组合效应设计值计算公式

荷载与荷载效应的关系	荷载组合值计算公式	公式编号
非线性关系	$S_d = S\left(\sum_{i=1}^{m} G_{ik} + P + A_d + \psi_{f1}(或\psi_{q1}) \cdot Q_{jk} + \sum_{j=2}^{n} \psi_{qj} Q_{jk}\right)$	(4.10)
线性关系	$S_d = \sum_{i=1}^{m} S_{G_{ik}} + S_P + S_{A_d} + \psi_{f1}(或\psi_{q1}) \cdot S_{Q_{jk}} + \sum_{j=2}^{n} \psi_{qj} S_{Q_{jk}}$	(4.11)

式中　S_{A_d}——偶然作用效应的设计值；

ψ_{f1}——第 1 个可变作用的频遇值系数；

ψ_{q1}，ψ_{qj}——第 1 个和第 j 个可变作用的准永久值系数。

2. 正常使用极限设计的组合

正常使用极限的设计表达式如下：

$$S_d \leqslant C \tag{4.12}$$

式中　C——结构或结构构件达到正常使用要求的规定限值，如变形、裂缝、振幅、加速度、应力等的限值。

正常使用极限状态设计考虑标准组合、频遇组合或准永久组合，从表 4.11 中选取公式求得荷载效应设计值。

表 4.11　　正常使用极限状态组合荷载效应设计值计算公式

组合	荷载组合值计算公式	公式编号
荷载标准组合	$S_d = \sum_{i=1}^{m} S_{G_{ik}} + S_P + S_{Q_{1k}} + \sum_{j=2}^{n} \psi_{qj} S_{Q_{jk}}$	(4.13)
荷载频遇组合	$S_d = \sum_{i=1}^{m} S_{G_{ik}} + S_P + \psi_{f_1} S_{Q_{1k}} + \sum_{j=2}^{n} \psi_{qj} S_{Q_{jk}}$	(4.14)
荷载准永久组合	$S_d = \sum_{i=1}^{m} S_{G_{ik}} + S_P + \sum_{j=1}^{n} \psi_{qj} S_{Q_{jk}}$	(4.15)

上述公式通过各种系数和参数调整各类效应组合值，其目的是保证在各种可能出现的荷载组合情况下，通过设计都能使结构维持在相同的可靠度水平上。

4.5　案例分析：某货运车间荷载统计与计算

拟在北京密云建设一栋货物物流转运车间，平面尺寸 30m×96m，檐口高 8m，双破屋面，坡度 1：10。拟采用 H 型钢柱＋梯形钢结构屋架构成的排架结构体系，屋盖上弦设水平支撑，下弦设水平支撑，屋架中部和端部分别设垂直支撑，设柱间支撑。钢屋架跨度 30m，开间 6m，屋面采用有檩体系，檩条间距 1.5m，屋面板为

120mm 厚彩色岩棉夹芯板，吊顶采用轻钢龙骨一层 9mm 纸面石膏板加保温层。试分析该建筑屋盖结构的荷载及荷载组合。建筑剖面示意如图 4.7 所示。

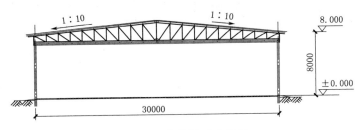

图 4.7　建筑剖面示意图

解：

（1）永久荷载（按水平投影面积计算）。

屋面板：　　　　　　$0.25 \times \dfrac{\sqrt{101}}{10} \approx 0.25 \text{kN/m}^2$　　（换算成水平投影面积）

檩条＋拉条：　　　　　　0.05kN/m^2　　（按水平投影面积）

钢屋架：　　　　　$0.12 + 0.011L = 0.45 \text{kN/m}^2$　　（包括支撑系统自重）

吊顶：　　　　　　0.17kN/m^2　　（V 型轻钢龙骨纸面石膏板）

合计：　　　　　　0.80kN/m^2

（2）屋面活荷载。

屋面活荷载：　　　　　　0.50kN/m^2　　（不上人屋面）

屋面活荷载的组合值系数、频遇值系数和准永久值系数可分别取 0.7、0.5 和 0.0。

（3）风荷载。

迎风屋面：　　　$0.45 \times 0.60 \times 1.0 = 0.27 \text{kN/m}^2$　　（垂直于屋面，吸力）

背风屋面：　　　$0.45 \times 0.50 \times 1.0 = 0.225 \text{kN/m}^2$　　（垂直于屋面，吸力）

基本风压 0.45，风压高度变化系数 1.0（房屋比较稀疏的乡镇，B 类地形），不考虑风振系数（因高度不大于 30m，跨度不超过 36m），风荷载体型系数迎风屋面 －0.6，背风屋面 －0.5。风荷载的组合值系数、频遇值系数和准永久值系数可分别取 0.6、0.4 和 0.0。

（4）雪荷载。

均匀分布：　　　　　$0.45 \times 1.0 = 0.45 \text{kN/m}^2$　　（满跨布置）

不均匀分布：　　　　$0.45 \times 0.75 = 0.34 \text{kN/m}^2$　　（阳坡面）

　　　　　　　　　　$0.45 \times 1.25 = 0.56 \text{kN/m}^2$　　（阴坡面）

屋面积雪分布考虑均匀分布（μ_r）和不均匀分布（阳坡 $0.75\mu_r$，阴坡 $1.25\mu_r$）两种情况。屋面坡度小于 25°，故 $\mu_r = 1.0$。雪荷载的组合值系数可取 0.7；频遇值系数可取 0.6；准永久值系数应按北京市准永久分区 II 取 0.2。

（5）偶然作用。

因屋面采用保温层，室内无热源，无爆炸易燃物品，不考虑温度作用和爆炸、撞击等偶然作用。

（6）荷载组合。

1）结构重要性系数为1.0，承载力极限状态设计时，设计表达式为 $S_d \leqslant R_d$，考虑基本组合：永久荷载控制，屋面活荷载不与雪荷载组合；风荷载控制，不考虑偶然组合。

a. 永久荷载控制（基本组合）。

恒荷载＋雪荷载：
$$S_d = 1.35S_G + 1.5S_s$$

其中，S_G 为永久荷载的作用效应；S_s 为雪荷载的作用效应，注意雪荷载按两种情况考虑。

恒荷载＋屋面活荷载：
$$S_d = 1.35S_G + 1.5S_Q$$

其中，S_G 为永久荷载的作用效应；S_Q 为屋面活荷载的作用效应。

b. 风荷载控制（基本组合）。

恒荷载＋风荷载：
$$S_d = 0.8S_G + 1.5S_w$$

2）正常使用极限状态设计时，设计表达式为 $S_d \leqslant C$，考虑标准组合、频遇组合与准永久组合，则有

标准组合（恒荷载＋雪荷载）：$\qquad S_d = S_G + S_w$

标准组合（恒荷载＋屋面活荷载）：$\qquad S_d = S_G + S_Q$

频遇组合（恒荷载＋雪荷载）：$\qquad S_d = S_G + 0.6S_w$

频遇组合（恒荷载＋屋面活荷载）：$\qquad S_d = S_G + 0.5S_Q$

准永久组合（恒荷载＋雪荷载）：$\qquad S_d = S_G + 0.2S_w$

屋面风荷载与屋面恒荷载效应互相抵消，因此不考虑恒荷载与风荷载的组合。

思　考　题

1. 荷载和作用的概念有何不同？

2. 荷载有哪些分类方法？

3. 常用建筑结构材料的容重分别是多少？

4. 120、240、360实心砖墙双面抹灰的单位面积自重分别是多少？

5. 屋面雪荷载如何计算？

6. 屋面风荷载如何计算？

7. 楼面活荷载如何计算？

第 5 章
结构材料的力学性能

知识拓展：超高性能混凝土

超高性能混凝土（ultra-high performance concrete，UHPC）是由水泥、细骨料、减水剂、高强短细纤维、矿物掺合料等加水搅拌合成，经过凝结硬化后形成的一种具有超高强度、高韧性、高耐久性能的水泥基复合材料。

与普通混凝土相比，UHPC 的超高力学性能主要表现在抗拉强度和韧性方面，钢纤维的掺入使其抗拉、弯曲性能以及混凝土的韧性方面都有显著提高；高效减水剂的添加，对于水胶比的降低、孔隙率的减少和混凝土耐久性能的提升也发挥了巨大作用。UHPC 超高的耐久性以及结构服役寿命的延长使其拥有非常高的应用潜力，UHPC 结构后期几乎不需要维护费用。

近年来，大量建设的超高层建筑、大跨度桥梁等工程对混凝土的耐久性、韧性等性能提出了更高的要求，UHPC 的研究、开发和应用受到进一步重视。

1. 在桥梁工程中的应用

UHPC 具有更高的拉伸强度、抗压性能、耐久性等优势，对其自重有较为明显的降低，同时也提高了承载能力，所以在桥梁工程上具有较为广阔的应用前景。1997年，加拿大建造了跨度为 60m 的世界上第一座采用 UHPC 材料的人行桥，当地冬天温度最低可达−30℃，采用 UHPC 材料可以大大减轻结构自重，且能有效地抵抗低温环境下的冻融侵蚀；2001 年法国建成了世界上最早的 UHPC 公路桥，UHPC 桥面板上没有额外铺设防水层以及沥青混凝土铺装层，箱梁顶板厚度为 14cm，它同时承担了桥面板以及行车道路面板的功能；2002 年，日本建成了一座主跨为 49.2m 的UHPC 人行桥，主梁截面为箱梁；2006 年在爱荷华州建成了美国第一座 UHPC 公路桥——火星山桥（Mars Hill Bridge），该桥 UHPC 主梁不配抗剪钢筋，而是充分利用UHPC 自身优良的抗拉性能，从而极大地简化了钢筋的构造。

我国于 2006 年建造了第一座 UHPC 桥梁，使用共计 12 榀跨径达到 20m 的超高性能混凝土 T 梁；2011 年，肇庆马房大桥首次采用钢箱梁和 UHPC 组合的形式建造了轻型组合桥面，桥面使用正交异性钢面板，轻松解决了铺装层严重破损、钢结构疲劳裂纹所带来的危害；2019 年广州华南大桥因投入使用时间过长，出现桥面铺装损坏现象，采用了 50mm 的 UHPC 和 50mm 沥青混凝土磨耗层的修补方式，最终不仅满足施工对各方面的要求，还减少了工期，较为迅速地完成了修补工作，自重也下降了 50%；2020 年通车的南京长江五桥，UHPC 用量高达 $6569m^3$，是目前世界上 UHPC 用量最多的桥梁工程，UHPC 大幅度地改善了桥梁的基本性能，使其耐久性和强度显著提高。

2. 在建筑结构中的应用

UHPC 的诞生使得普通混凝土的缺陷愈发明显，也使得普通混凝土在高层、大跨度结构中的应用受到了限制。UHPC 在法国的建筑行业被认可度较高，1998 年法国出现预制的预应力 UHPC 梁构件，UHPC 材料开始广泛地应用于建筑结构中的各个领域；我国也出现很多 UHPC 的应用案例，包括深圳京基金融中心、浙江余杭大剧院等建筑工程中都或多或少地采用了 UHPC。使用 UHPC 制作的建筑装饰构件轻巧美观，坚固耐久，深受建筑师的喜爱，主要应用在建筑工程外挂墙板，镂空幕墙，三明治保温墙板和遮阳板等装饰性构件以及预制阳台、飘窗、预制楼梯、轻型雨棚等小型构件。

随着我国建筑装配化程度的发展，装配式构件连接节点及与现浇混凝土结合面等部位节点构造复杂、套筒灌浆施工难度高，安装效率低的问题逐渐突显，在梁柱连接节点采用 UHPC 湿接缝，可有效解决这些问题，并能实现"强节点、弱构件"，使装配式建筑结构的抗震性能得到保证。

由于 UHPC 与砖墙、普混凝土梁柱等构件黏结性好，UHPC 用于结构加固具有明显的优势，主要可用于砖墙以及普通钢筋混凝土柱、梁等结构构件。

3. 在军事结构中的应用

UHPC 具有突出的抗冲击性能，能有效降低冲击荷载引起的损伤，所以在军事工程中具有较好的应用前景。目前研究主要集中在 UHPC 构件在不同冲击荷载（例如爆炸荷载、低速撞击、侵彻）作用下的性能，UHPC 在高应变率条件下的动态强度，UHPC 材料与构件的抗冲击性能，UHPC 在空气爆炸和接触爆炸工况下的性能。

UHPC 具有十分优异的性能，但由于相关配套技术发展的迟滞，UHPC 的优异性能没有得到充分发挥，在其实际应用过程中仍然存在制备工艺复杂、自收缩大、生产成本高、相关规范不完善等问题。

5.1 建筑结构材料的基本力学性能

建筑材料的物理性能包含很多，如密度、孔隙率、透水性、防水性、导热性能、蓄热性能等，材料的物理性能决定了它们是否适用于建筑用材以及如何使用。对用于建筑结构的材料而言，更关注它们的力学性能和耐久性能。常见的建筑结构材料如钢材、混凝土、砌块、木材等在承受荷载作用时呈现出不同的受力和变形规律，破坏形态也大不相同。如何来定义它们的力学性能呢？通常以弹性、塑性、脆性、延性等来定性描述它们的力学特点，以强度、弹性模量、剪切模量、应力-应变关系等来定量描述它们的力学性能。

5.1.1 弹性、塑性、脆性、延性

　　结构材料在承受较小应力的时候都具有弹性性质，此时随着应力增大应变增大，随着应力消失应变也随之消失，反映到构件上就是承受较小的内力时，变形随内力增大而增大，内力消失变形随之消失。建筑结构材料的应力-应变关系如图5.1所示，应力增大到某一极限值（b 点，应力为 σ_e），此时若把应力将为0，应变就不会完全消失了，存在残余应变，反映到构件上时就是内力消失而变形会残留一部分。这个极限值就是弹性极限（σ_e），材料从开始受力到应力达到弹性极限这段时间就称为弹性阶段。弹性阶段并不意味着应力与应变之间的关系是直线关系，事实上只有应力在很小的范围内时（a 点，应力为 σ_1），应力-应变关系才是直线关系，这种直线关系称为线弹性。

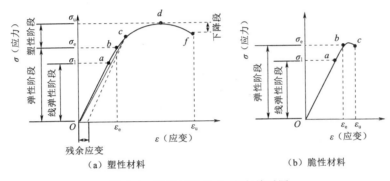

图5.1　建筑材料应力-应变关系图

　　随着应力逐渐增加，不同的材料可以有两种表现，一种是塑性，另一种是脆性。塑性材料的应力超过弹性极限后，应变仍会随着应力增大而增大，但应变增速明显大于应力增速，应力达到某一点（d 点，应力为 σ_u）后不增反减，应变一直增大直到应变达到一个极限值（f 点，应变为 ε_u），宣告材料破坏。脆性材料的应力和应变一直以直线或近似直线的关系增大，超过弹性极限后突然破坏。

　　对于塑性材料，应力所能达到的最大值即为强度极限，应变能达到的最大值称为极限应变。定义从弹性极限到强度极限这个阶段为塑性阶段；定义从应力最大值（极限强度）至应变最大值（极限应变）的阶段称为破坏阶段。

　　对于脆性材料，达到弹性极限后没有明显的应力增速减缓和应力下降段，破坏是没有预兆的。建筑上常用的玻璃就是脆性材料，很少直接用作建筑结构材料。

　　延性是指材料超越弹性极限后到破坏前的变形能力，一般以 $\varepsilon_u - \varepsilon_e$ 或 $\varepsilon_u / \varepsilon_e$ 来表示。极限应变与弹性应变之差（或之比）越大，说明材料在破坏前的塑性变形越大，反映到构件上就是在构件破坏之前的塑性变形越大，有明显的破坏预兆，可以提示人们结构可能会出问题，让人们有足够的时间采取措施。塑性材料都具备一定的延性，脆性材料则没有延性。在结构设计时，材料、构件、整体结构都需要有适当的延性。

5.1.2　强度、弹性模量、变形模量、剪切模量

1. 强度

材料在外力作用下抵抗破坏的能力称为材料的强度。当材料受外力作用时，其内部产生应力，外力增加，应力相应增大，直至材料内部质点间结合力不足以抵抗所作用的外力时，材料即发生破坏。材料破坏时应力达到的极限值称为材料的极限强度，常用 f 表示，单位为兆帕（MPa）。根据外力作用方式不同，材料会受到抗拉强度、抗压强度、抗剪强度、抗弯强度等。

由于材料的不均匀性，同一种材料的不同试样测得的失效应力并非一个定值，而是在某一个范围内变化，其数值具有随机性。

建筑结构设计规范给出了材料强度标准值的概念：具有一定保证率（如混凝土取 95%）的失效应力，用 f_k 表示。这个保证率的意思就是任意抽样检验一批材料，实测强度不低于 f_k 的概率。将材料强度标准值 f_k 除以材料分项系数 γ_M 作为材料强度设计值 f。建筑结构设计中，材料分项系数 γ_M 对于混凝土取 1.4、HRB400 级及以下的普通钢筋取 1.1、HRB500 级钢筋取 1.15，砌体取 1.6，碳素结构钢取 1.087。

2. 弹性模量

材料在弹性变形阶段，其应力和应变成正比例关系（即符合胡克定律），其比例系数称为弹性模量。弹性模量是描述物质弹性的一个物理量，是一个统称，表示方法可以是杨氏模量、剪切模量、体积模量等。弹性模量是结构材料重要的性能参数，从宏观角度来说，弹性模量是衡量构件抵抗弹性变形能力大小的尺度，从微观角度来说，则是材料应力和应变之间关系的反映。

图 5.1 (a) 中 Oa 线段为材料处于线弹性阶段，其斜率即为材料的弹性模量。弹性模量等于应力比应变：$E = \sigma_1 / \varepsilon_1$，线弹性阶段弹性模量为一常数。弹性模量可视为衡量材料产生弹性变形难易程度的指标，其值越大，使材料发生一定弹性变形的应力也越大，即材料刚度越大，亦即在一定应力作用下，发生弹性变形越小。

【例 5.1】如图 5.2 所示，对一根长 2m、直径 20mm 的细杆施加一个拉力 $F = 50kN$，

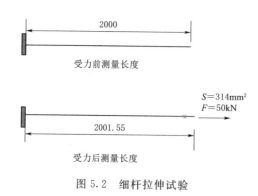

受力前测量长度

$S = 314mm^2$
$F = 50kN$

受力后测量长度

图 5.2　细杆拉伸试验

这个拉力除以杆的截面积 $S = 314mm^2$，得到应力为 $\sigma = 159.24N/mm^2$，此时测得细杆伸长量为 $dL = 1.55mm$，由于细杆截面面积处处相等，沿杆长度方向的轴向拉力不变，故细杆内应力处处相等，则应变处处相等，由此计算得到应变为 $\varepsilon = 0.000773$，根据应力-应变关系计算弹性模量 $E = \sigma / \varepsilon = 206 \times 10^3 N/mm^2$。

说明：根据弹性模量推测细杆的材料

可能是钢材；应变是无量纲物理量。

3. 变形模量

变形模量也是反映材料抵抗变形能力的一个力学性能参数，当材料应力大于弹性极限后，应力与应变的关系不再是直线关系。取应力-应变关系曲线上任一点 c 与原点 O 连线，该点应力比应变（即线段 Oc 的斜率）等于变形模量：$E' = \sigma_c/\varepsilon_c$，$E' < E$。变形模量也称为割线弹性模量，也可以把任一点 c 的切线斜率作为变形模量的，称为切线模量。无论割线模量还是切线模量都是随应力增加而逐渐减小的。

4. 剪切模量

剪切模量是材料在剪切应力作用下，在弹性变形比例极限范围内，切应力与切应变的比值，又称切变模量或刚性模量。如图 5.3 所示，对一块弹性体施加一个侧向的力 F（通常是摩擦力），弹性体会由方形变成菱形，这个形变的角度 α，对于微元就称为"剪切应变 γ"，相应的力 F 除以受力面积 S 称为"剪切应力 τ"。剪切应力除以剪切应变就等于剪切模量，即 $G = \tau/\gamma$。

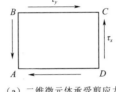 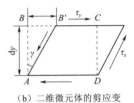

(a) 二维微元体承受剪应力　　(b) 二维微元体的剪应变

图 5.3　剪应力与剪应变示意图

弹性模量、变形模量与剪切模量都是反映材料刚度特性的，模量大则材料的刚度大。受到同等应力作用时，模量大的材料的应变小。在构件层面而言，同样内力作用时，材料模量大的构件的变形相对较小。

5.1.3 基本力学性能与构件反应的关系

构件受荷载作用下的反应（主要包括内力与变形）与制作构件的材料的力学性能密切相关。以图 5.4 简支梁为例，其一端为不动铰支座，另一端为可动铰支座，跨度为 L，跨中受力 F，则跨中弯矩最大值为：$M_z = FL/4$。

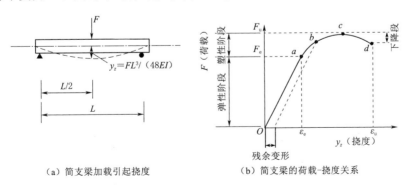

(a) 简支梁加载引起挠度　　　(b) 简支梁的荷载-挠度关系

图 5.4　简支梁集中荷载作用下的变形

1. 简支梁的挠度

简支梁的荷载与挠度的关系为

$$y_z = F \frac{L^3}{48EI} \qquad (5.1)$$

式中　y_z——挠度最大值，发生在跨中；

　　　E——弹性模量；

　　　I——截面惯性矩。

在给定梁截面和跨度的情况下，对比荷载-挠度关系式与应力-应变关系可见两者具备相同的比例关系，就是弹性模量。逐渐加大荷载的过程可得到图 5.4（b）所示的荷载-挠度关系曲线：荷载较小时荷载与挠度之间是线弹性关系，此时卸载挠度可完全消失；当荷载大于某一值后，荷载与挠度之间不再是线弹性关系，此时再卸载，会有残余挠度变形；继续加大荷载，荷载-挠度曲线区域水平，当荷载达到某一值时荷载不能继续增加出现自动卸载现象，而此时挠度继续增加，直至梁破坏。这说明结构变形反应与材料的应力-应变关系是密切相关的，规律也是一致的。

需要说明，大多数结构的荷载-变形关系曲线的规律与图 5.4（b）相类似。

2. 简支梁的强度和变形

设计这个简支梁主要有两方面：强度计算和变形计算。其强度计算（承载力极限状态设计）式为

$$\sigma_z = \frac{M_z}{\gamma_x W_x} \leqslant f \qquad (5.2)$$

式中　σ_z——跨中截面上应力最大值；

　　　γ_x——截面塑性发展系数；

　　　W_x——截面对中和轴的净模量（抵抗弯矩的矩）；

　　　f——材料的设计强度，是对构件中应力最大值的限值，介于材料的弹性极限和屈服极限之间。如 Q235 钢材，屈服极限约为 235N/mm²，规定的设计强度为 215N/mm²，其弹性极限约为 190N/mm²。

其变形计算（正常使用极限状态设计）式为

$$y_z \leqslant [y] \qquad (5.3)$$

式中　$[y]$——挠度允许值，对应结构正常使用极限状态。

综上所述，从材料的应力-应变关系图可以看出：极限应力反映了材料所能承受的应力最大值；极限应变则反映了材料破坏时的状态。材料的弹性、塑性、延性和模量反映了材料的变形特征。

力学性能好的建筑结构材料具备如下特征：

（1）强度高，即材料极限应力高（尤其是弹性极限高），制作成的构件承载力就高。

（2）模量大，包括弹性模量与剪切模量，意味着用它做成的构件弹性阶段变

形小。

（3）延性好，意味着构件破坏之前的塑性变形较大，破坏预兆明显，这一点非常重要。特别是对建筑抗震，塑性变形大可以减小地震作用，起到卸载的作用，同时变形能力强的结构耗能能力就强，结构的抗倒塌能力也强。

5.2 建筑钢材

5.2.1 建筑钢材概述

建筑钢材是高强度材料，主要是指用于钢结构的各种型钢（如角钢、工字钢、槽钢、H型钢和C型钢等）、钢板、钢管和用于钢筋混凝土结构中的钢筋、钢丝、钢绞线以及钢纤维等，如图5.5所示。结构用钢材一般制成型钢应用，型钢的截面形状是采用最优化的几何形状确定的，构件由宽而薄的板件组合而成。如工字形截面，用作受弯构件时，上下翼缘主要用于抗拉和抗压，腹板主要用于抗剪，各部分材料的强度都得到充分利用。这就使得稳定和刚度成为钢结构设计中的重要问题。此外，钢构件之间一般通过焊接或螺栓连接，也使得节点连接的传力与刚度成为钢结构设计中的重要问题。

角钢　　槽钢　　H型钢　　工字钢　　C型钢

钢板　　方钢管　　圆钢管　　螺纹钢筋　　光圆钢筋

异型钢管　　螺旋焊接钢管　　Z型钢　　压型钢板　　夹芯彩钢板

普通钢绞线　　镀锌钢绞线　　无粘结钢绞线　　铣削型钢纤维　　弯钩型钢纤维

图 5.5 常见建筑结构用钢材种类

资源 5.1
钢材的超声波探伤检测

资源 5.2
钢材钢筋试件直径与误差测量

（1）钢材的优点。钢材的承载力高而质量较轻；材质均匀、致密，可靠性高；塑性和韧性好；加工性能好，便于安装；耐热性较好。

（2）钢材的缺点。钢材易锈蚀，耐火性差，能耗大、成本高。

5.2.2 钢材的力学性能

1. 钢材抗拉性能

资源 5.3
低碳钢拉伸
试验

拉伸是钢材的主要受力形式，抗拉性能是钢材最主要的技术性能，可通过拉伸试验来测定，以屈服强度、抗拉强度和伸长率等指标来表征。拉伸试验得到的应力-应变曲线图如图 5.6 所示，从图中可以看出钢材受力的 4 个阶段及强度等几项性能指标。

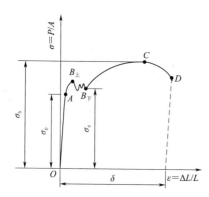

图 5.6　低碳钢受拉时的应力-应变关系

（1）弹性阶段 OA。随着荷载的增加，应力 σ 和应变 ε 成比例增加，如卸去荷载，试件将恢复原状，此阶段表现为弹性变形。与 A 点对应的应力为弹性极限，用 σ_p 表示。

（2）屈服阶段 AB。当荷载增大，试件应力超过 σ_p 时，应力与应变不再成比例，开始产生塑性变形。图中 $B_上$ 点是这一阶段应力最高点，称为屈服上限，$B_下$ 点称为屈服下限。由于 $B_下$ 比较稳定易测，故一般以 $B_下$ 点对应的应力作为屈服点，用 σ_s 表示屈服强度或屈服极限。当应力达到 σ_s 时，钢材抵抗外力的能力下降，发生"屈服"现象，变形迅速发展，尽管尚未破坏但已不能满足使用要求，故结构设计是一般以屈服强度作为强度取值的依据。

（3）强化阶段 BC。当荷载超过屈服点以后，由于材料微观组织结构发生变化，抵抗变形的能力又重新提高，称为强化阶段。对应于最高点 C 的应力，称为抗拉强度，用 σ_b 表示。抗拉强度 σ_b 是试件受拉时所能承受的最大应力值。屈服强度与抗拉强度的比值 σ_s/σ_b 称为屈强比，反映了钢材的安全可靠程度和利用率。屈强比越小，可靠性越高，安全性越高；但如果屈强比太小，利用率降低，浪费增大。

（4）颈缩阶段 CD。当试件强化达到最高点 C 后，其抵抗变形的能力明显降低，变形迅速发展，应力逐渐下降，试件继续拉长，在试件薄弱处的截面将显著缩小，产生"颈缩现象"，最后发生断裂。

2. 钢材伸长率

资源 5.4
钢筋的伸长
率测试

伸长率是衡量钢材塑性的一个重要指标，其值越大，表示钢材的塑性越好，可避免结构过早破坏。伸长率定义为：试件拉断试验过程中的塑性变形与原始长度之比。其计算公式如下：

$$\delta = \frac{L_u - L_0}{L_0} \times 100\%$$

(5.4)

式中 L_0——试件原始标距部分长度，mm；

L_u——试件拉断后再对接，测量所得标距部分的长度，mm。

3. 钢材冲击韧性

冲击韧性是指钢材抵抗冲击荷载的能力，韧性好的钢材更适合用于有冲击荷载作用的结构。衡量钢材的冲击韧性的指标是冲击值 a_k，其定义为试件单位面积上所消耗的功。冲击值通过带缺口的标准试件的弯曲冲击韧性试验来测定，如图 5.7 所示。冲击值 a_k 越大，表明钢材在断裂时所

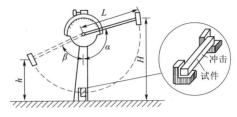

图 5.7 钢材的冲击韧性试验示意图

吸收的能量越多，冲击韧性越好，钢材抵抗冲击荷载的能力越强。

$$a_k = \frac{W}{A} \tag{5.5}$$

式中 a_k——钢材的冲击韧性，J/m^2；

W——重摆所做的功，J；

A——试件槽口处最小横截面面积，m^2。

4. 钢材疲劳强度

钢结构构件在低于材料屈服极限的交变应力（或应变）的反复作用下，经过一定的循环次数以后，在应力集中部位萌生裂纹。裂纹在一定条件下扩展，最终突然断裂，这一失效过程称为疲劳破坏。直接承受动力荷载重复作用的钢结构（例如工业厂房吊车梁、有悬挂吊车的屋盖结构、桥梁、海洋钻井平台、风力发电机结构、大型旋转游乐设施等），当其荷载产生的应力变化的循环次数 $n \geqslant 5 \times 10^4$ 时需要考虑疲劳破坏的可能。

根据应力循环数分为高周疲劳和低周疲劳：低周疲劳指材料所受力较高，通常接近或超过屈服极限，断裂前的应力循环次数一般少于 $10^4 \sim 10^5$，每次循环过程中都发生塑性变形，低周疲劳破坏就是塑性变形累积的结果；高周疲劳是指材料所受的交变应力远低于材料的屈服极限，断裂前的应力循环次数大于 10^5，高周疲劳的寿命主要指的是裂纹萌生寿命。

疲劳破坏的危险性用疲劳极限或疲劳强度表示，指钢材在交变荷载作用下，在规定的周期基数内不发生断裂所能承受的最大应力，疲劳强度是衡量钢材耐疲劳性的指标。一般认为，钢材的疲劳破坏由拉应力引起，因此钢材的疲劳极限与其抗拉强度有关，一般钢材的抗拉强度越高，其疲劳极限也越高。当每次循环的应力变化一定的情况下，出现裂纹及突然破坏的循环次数就称为疲劳寿命，同样也是反映钢材抗疲劳性能的一个指标。

5. 钢材冷弯性能

冷弯性能是指钢材在冷加工（即在常温下加工）产生塑性变形时，对发生裂缝的抵

资源 5.5
金属材料试件疲劳测试

资源 5.6
钢筋拉断与冷弯试验

抗能力，钢材的冷弯性能用冷弯试验来检验。冷弯性能好，则钢材适合于冷加工成型。

6. 钢材可焊性能

钢材的可焊性指钢材在一定的焊接工艺条件下，焊缝及热影响区的材料性质是否与母体相近的性能。可焊性主要受钢材化学成分及其含量的影响，含碳量小于 0.3% 的非合金钢具有很好的可焊性，超过 0.3%，硬脆倾向增加，硫含量过高会带来热脆性，杂质含量增加，也会增加硬脆性。

7. 钢材抗压性能

钢材是各向同性的材料，其抗压性能与抗拉性能相同，因此钢材的抗压强度与抗拉强度相同。

8. 钢材抗剪性能

钢材抗剪性能略低于抗拉压性能，其抗剪强度约为抗拉强度的 0.58。

5.2.3　钢材的应用

1. 钢结构用钢

钢结构适用于建造高度高、跨度大、承载重的建筑结构。如深圳市民中心，其建筑屋顶好似"大鹏展翅欲飞"（图 5.8），屋顶面积为 6.3 万 m^2，是全国最大的异形曲面钢结构大屋盖，总质量约 9000t，总长度 486m，最大宽度 154m，世界建筑史上尚属首创，是深圳名副其实的"第一屋顶"。

图 5.8　深圳市民中心

钢结构用钢主要是采用各种型钢，其截面形式经过优化，一般能够充分发挥材料的力学性能，有工字钢、H 型钢、T 型钢、槽钢、角钢等。型钢分为普通热轧成型钢、轻型焊接成型钢以及冷弯薄壁型钢等。普通热轧型钢一般壁厚较厚，承载力较高，用于重型或超重型钢结构；焊接轻型钢一般壁厚较薄，用于轻型钢结构建筑；冷弯薄壁型钢壁厚更薄，用于农业建筑结构、临时性钢结构、或用于檩条、龙骨等次要构件。钢板有光面钢板、压型钢板、彩色涂层钢板等。

结构用钢材主要是利用钢材的抗拉、抗压及抗剪等力学性能，考虑承载力极限状态和正常使用极限状态，设计时重点关注强度与刚度，常用钢材的强度性能见表 5.1。

表 5.1　　　　　　　　　　　　　常用结构钢材的强度性能表

钢材牌号		钢材厚度或直径/mm	强度设计值/(N/mm^2)			屈服强度 f_y/(N/mm^2)	抗拉强度 f_u/(N/mm^2)
			抗拉、抗压、抗弯 f	抗剪 f_v	端面承压（刨平顶紧）f_{ce}		
碳素结构钢	Q235	≤16	215	125	320	235	370
		>16, ≤40	205	120		225	
		>40, ≤100	200	115		215	
低合金高强度结构钢	Q345	≤16	305	175	400	345	470
		>16, ≤40	295	170		335	
		>40, ≤63	290	165		325	
		>63, ≤80	280	160		315	
		>80, ≤100	270	155		305	
	Q390	≤16	345	200	415	390	490
		>16, ≤40	330	190		370	
		>40, ≤63	310	180		350	
		>63, ≤100	295	170		330	
	Q420	≤16	375	215	440	420	520
		>16, ≤40	355	205		400	
		>40, ≤63	320	185		380	
		>63, ≤100	305	175		360	
	Q490	≤16	410	235	470	460	550
		>16, ≤40	390	225		440	
		>40, ≤63	355	205		420	
		>63, ≤100	340	195		400	

注　此表摘自《钢结构设计标准》（GB 50017—2017）。

表中数据可见钢材抗拉、抗压和抗弯强度相同，强度设计值是屈服强度标准值除以抗力分项系数（介于 1.09～1.125）获得，抗剪强度设计值是抗拉强度设计值除以 $\sqrt{3}$ 获得。各种钢材的极限抗拉强度都高于屈服强度标准值 10%～15%。

2. 钢管

钢管混凝土即在薄壁钢管内填充普通混凝土，按截面形式不同可分为矩形钢管、圆钢管、多边形钢管混凝土结构等，其中矩形和圆钢管混凝土结构应用较广，主要应用于柱、桥墩、拱架等。

3. 钢筋

钢筋混凝土结构主要利用钢筋的抗拉性能，主要品种有热轧钢筋、预应力混凝土用热处理钢筋、预应力混凝土用钢丝和钢绞线等。用于钢筋混凝土结构的钢筋，具有较高的强度和良好的塑性，便于加工和焊接，与混凝土间具有足够黏结力。

常用钢筋的屈服强度见表 5.2。热轧光圆钢筋 HPB235 的强度较低，与混凝土的黏结强度也较低，主要用于板的受力钢筋、箍筋及构造钢。热轧带肋 HRB335 和 HRB400 钢筋强度较高，塑性和焊接性能也较好，广泛应用于大、中型钢筋混凝土结构的受力钢筋。热轧带肋 HRB500 钢筋强度高，但塑性和焊接性能较差，可用作预应力钢筋。

表 5.2　　　　　　　　　　常用钢筋屈服强度与设计强度对比

牌号	直径/mm	抗拉强度设计值 /MPa	屈服强度标准值 /MPa	极限强度标准值 /MPa
HPB300	6～14	270	300	420
HRB335	6～14	300	335	455
HRB400	6～50	360	400	540
HRB500	6～50	435	500	630

5.3　混凝土

5.3.1　混凝土概述

资源 5.7
混凝土坍落度
和扩展度测量

混凝土是由胶凝材料、粗细骨料、水按适当比例配合（必要时掺适量的外加剂、掺合料），经搅拌、振捣成型后，经一定时间养护硬化而成的具有固定形状和一定强度以及所需要性能的人造石材。最常见的混凝土是以水泥为主要胶凝材料的普通水泥混凝土，以石子和砂为主要粗细骨料，加水按一定比例和工艺配制而成。混凝土具有原料丰富，价格低廉，生产工艺简单的特点，广泛应用于建筑结构及其他工程。

1. 混凝土的优点

资源 5.8
混凝土试块
取样制作与
养护

（1）材料来源广泛。混凝土中占整个体积 80％ 以上的砂、石料均就地取材，其资源丰富，有效降低了制作成本。随着混凝土材料的研究，很多建筑垃圾可以重复利用制作成再生混凝土，实现了重复利用。

（2）性能可调整范围大。根据使用功能要求，改变混凝土的材料配合比例及施工工艺可在相当大的范围内对混凝土的强度、保温耐热性、耐久性及工艺性能进行调整。

（3）在硬化前有良好的塑性。拌合混凝土优良的可塑成型性，使混凝土可适应各种形状复杂的结构构件的施工要求。

（4）施工工艺简易、多变。混凝土既可简单进行人工浇筑。亦可根据不同的工程环境特点灵活采用泵送、喷射、水下等施工方法。

（5）可用钢筋增强。钢筋与混凝土虽为性能迥异的两种材料，但两者却有近乎相等的线胀系数，从而使它们可共同工作。其中混凝土抗压，钢筋抗拉，互相取长补短，弥补了混凝土抗拉强度低的缺点，扩大了其应用范围。

（6）有较高的强度。混凝土的抗压强度高于一般的砌块材料，大量混凝土构件就是利用其较高的抗压强度。随着现代混凝土材料的研究，混凝土的强度越来越高，高强混凝土的抗压强度可达 100MPa 以上。

（7）耐久性好。混凝土具备较高的抗渗、抗冻、抗腐蚀、抗碳化性，其耐久年限可达数百年以上。

2. 混凝土的缺点

（1）自重大。构件往往较为笨重，特别是跨度较大时，其较大的自重使得永久荷载较大，随着预应力混凝土及高强混凝土的研究和应用，一定程度上克服了这个缺点。

（2）相对于抗压强度，其抗拉强度低，抗裂性差。普通钢筋混凝土结构通常是带裂缝工作的，裂缝的存在并不一定意味着结构发生破坏，但是它影响结构的耐久性和美观。

（3）混凝土结构施工工艺较为复杂，需要支模板、绑钢筋、浇筑养护、拆模板等多道工序，施工周期较长。随着建筑装配化和产业化的发展，很多混凝土构件在工厂预制，现场安装，使得混凝土结构也实现了快速装配化。

（4）因混凝土结构需加水拌和，浇筑养护，所以混凝土施工受季节影响，容易受到雨天和冬季的约束，随着现代施工工艺和技术的发展，涌现出不少解决冬雨季施工困难的方法。

5.3.2 混凝土的力学性能

混凝土的强度包括抗压、抗拉、抗弯、抗剪以及与钢筋的黏结强度等，其中以抗压强度最大，故工程上混凝土主要承受压力，混凝土的抗压强度与混凝土其他强度间有一定的相关性，可以根据抗压强度的大小估计其他强度值，因此混凝土的抗压强度是最重要的一项性能指标。

资源 5.9
混凝土试块
强度测试 1

1. 混凝土抗压强度

混凝土抗压强度是指标准试件在压力作用下直至破坏时单位面积所能承受的最大应力。

（1）混凝土立方体抗压强度。按照国家标准制成边长为 150mm 的立方体试件，在标准养护条件下养护 28d，再按照标准的测定方法测得的抗压强度值为混凝土立方体抗压强度（简称立方体抗压强度），以 f_{cu} 表示：

$$f_{cu} = \frac{P}{A} \tag{5.6}$$

式中　　f_{cu}——混凝土立方体抗压强度，MPa；

P——破坏荷载，N；

资源 5.10
混凝土试块
强度测试 2

A——试件承压面面积，mm^2。

（2）混凝土立方体抗压强度标准值。按标准方法制作和养护的边长为150mm的立方体试件，在28d龄期，用标准试验方法测得的抗压强度总体分布中，具有不低于95%保证率的抗压强度值为混凝土立方体抗压强度标准值，以 $f_{cu,k}$ 表示，单位MPa，如图5.9所示。

混凝土的"强度等级"是根据混凝土立方体抗压强度标准值来确定的，采用符号"C"与立方体抗压强度标准值（$f_{cu,k}$）表示，如C30表示混凝土立方体抗压标准强度值 $f_{cu,k}=30$MPa。混凝土立方体抗压强度标准值（混凝土强度等级）的保证率为95%，按混凝土强度总体分布的平均值减去1.645倍标准差的原则确定。

普通混凝土划分为C15、C20、C25、C30、C35、C40、C45、C50、C55、C60、C65、C70、C75、C80共14个等级。混凝土强度等级是混凝土结构设计、施工质量控制和工程验收的重要依据。

（3）混凝土轴心抗压强度。在实际结构中，混凝土的受压形式多是棱柱体或圆柱形，如图5.10所示的棱柱体受压试验。棱柱体抗压强度比同截面的立方体抗压强度小，在立方体抗压强度 f_{cu} 为10～55MPa时，混凝土的棱柱体抗压强度与立方体抗压强度的关系近似为 $f_{cp}=（0.7～0.8）f_{cu}$。

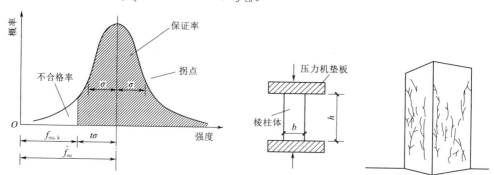

图5.9 混凝土强度正态分布曲线　　　　图5.10 混凝土棱柱体抗压试验

为了符合工程实际，在结构设计中混凝土受压构件的计算采用混凝土的轴心抗压强度。考虑到结构构件中混凝土的实体强度与立方体试件混凝土强度之间的差异，根据以往的经验，结合试验数据分析并参考其他国家的有关规定，对试件混凝土强度的修正系数取为0.88。对棱柱体强度与立方体强度之比值 α_{c1}：对C50及以下普通混凝土取0.76；对高强混凝土C80取0.82，中间按线性插值；C40以上的混凝土考虑脆性折减系数 α_{c2}：对C40取1.00，对高强混凝土C80取0.87，中间按线性插值。轴心抗压强度标准值 f_{ck} 按 $0.88\alpha_{c1}\alpha_{c2}f_{cu,k}$ 计算，结果见表5.3。

表5.3　　　　　　　　　　　混凝土轴心抗压强度标准值　　　　　　　　单位：N/mm²

强度	混凝土强度等级													
	C15	C20	C25	C30	C35	C40	C45	C50	C55	C60	C65	C70	C75	C80
f_{ck}	10.1	13.4	16.7	20.1	23.4	26.8	29.6	32.4	35.5	38.5	41.5	44.5	47.4	50.2

注　此表摘自《混凝土结构设计规范（2015年版）》（GB 50010—2010）。

2. 混凝土抗拉强度

劈裂抗拉试验是测试混凝土受拉性能的基本试验，采用标准的立方体试块，用如图 5.11 所示的劈裂抗拉试验装置（上下中心线施加均布线荷载，试件内竖向平面产生拉应力，劈拉强度根据弹性理论计算得出）测得的强度为混凝土的抗拉强度，以 f_{ts} 表示：

$$f_{ts}=\frac{2P}{\pi A}=0.637\frac{P}{A} \qquad (5.7)$$

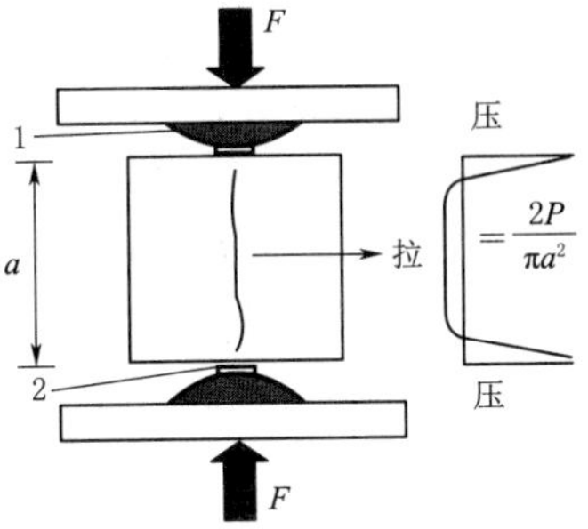

图 5.11 混凝土劈裂试验
1—钢垫条；2—木质垫层

式中　f_{ts}——混凝土抗拉强度，MPa；

　　　P——破坏荷载，N；

　　　A——试件劈裂面面积，mm^2。

根据混凝土立方体抗拉强度再换算出混凝土轴心受拉强度标准值 f_{tk}，见表 5.4。

表 5.4　　　　　　　　　混凝土轴心抗拉强度标准值　　　　　　　单位：N/mm²

强度	混凝土强度等级													
	C15	C20	C25	C30	C35	C40	C45	C50	C55	C60	C65	C70	C75	C80
f_{tk}	1.27	1.54	1.78	2.01	2.20	2.39	2.51	2.64	2.74	2.85	2.93	2.99	3.05	3.11

注　此表摘自《混凝土结构设计规范（2015 年版）》（GB 50010—2010）。

对比表 5.3 和表 5.4 可见，普通混凝土的抗拉强度仅为抗压强度的 $1/10\sim1/20$，且混凝土强度等级越高，拉压比越小。混凝土的抗拉强度是结构设计中裂缝宽度控制和间距计算的指标，也是抵抗收缩和温度裂缝的主要指标。

工程设计时，采用强度设计值作为承载力极限状态设计的强度标准，混凝土轴心抗压强度设计值 f_c 和轴心抗压强度设计值 f_t 是用对应的抗压和抗拉强度标准值再除以抗力分项系数 1.4 得到，详见表 5.5。

表 5.5　　　　　　混凝土轴心抗压强度、抗拉强度设计值　　　　　单位：N/mm²

强度	混凝土强度等级													
	C15	C20	C25	C30	C35	C40	C45	C50	C55	C60	C65	C70	C75	C80
f_c	7.2	9.6	11.9	14.3	16.7	19.1	21.1	23.1	25.3	27.5	29.7	31.8	33.8	35.9
f_t	0.91	1.10	1.27	1.43	1.57	1.71	1.80	1.89	1.96	2.04	2.09	2.14	2.18	2.22

注　此表摘自《混凝土结构设计规范（2015 年版）》（GB 50010—2010）。

3. 混凝土弹性模量

混凝土弹性模量 E_c 是计算钢筋混凝土构件变形是大重要指标。由于混凝土受压时应力-应变之间关系不是直线，其弹性模量采用下述方法测量：试件为高宽比 $3\sim4$ 的棱柱体，取应力上限为 $\sigma=0.5f_c$，反复加载卸载 $5\sim10$ 次，此时应力-应变关系近似直线，斜率作为混凝土的弹性模量。

　　混凝土强度等级提高，弹性模量有所增加，如图 5.12（a）、（b）所示。混凝土弹性模量 E_c 与立方体抗压强度标准值 $f_{cu,k}$ 之间的近似关系：

$$E_c = \frac{10^5}{2.2 + \dfrac{34.74}{f_{cu,k}}} \tag{5.8}$$

　　当应力不大时，混凝土受拉时弹性模量与受压时的弹性模量大致相同；但拉应力达到抗拉强度时，应变明显增速快于应力，此时受拉弹性模量 E_c' 约为受压弹性模量 E_c 的 0.5 倍。

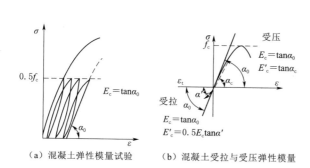

（a）混凝土弹性模量试验　　（b）混凝土受拉与受压弹性模量

图 5.12　混凝土弹性模量

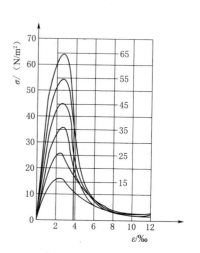

图 5.13　不同强度等级混凝土
应力应变关系

　　从图 5.13 还可以看出，当混凝土受压应力达到极限应力时，应变大致为 0.002，而应变值达到 0.003 以后，应力急剧下降。工程设计中认为混凝土压应变达到 0.0033 即为破坏。

4. 混凝土的徐变与收缩

　　收缩是混凝土凝结硬化后因停止养护在空气中失去水分使体积减小的现象。混凝土收缩变形（ε_{sh}）是一种随时间而逐渐增长的变形，凝结初期收缩变形发展较快，约两周可完成 25%，约一月完成 50%，三月后增长缓慢，两年后趋于稳定，最终收缩变形约为（2~5）$\times 10^{-4}$。

　　混凝土收缩是一种与外力无关的变形，当这种变形没有受到约束时混凝土构件只会产生较小的体积缩小，当这个变形受到外部或内部约束时混凝土构件内部就会产生拉应力，约束越强拉应力越大，大到超过混凝土材料的抗拉强度时，出现裂缝。工程中，常发生因施工期间养护不当导致混凝土受荷载前就开裂的现象，或因为收缩过大而导致预应力损失的现象。

　　混凝土的水灰比越大，水泥用量越多，收缩变形越大。加强施工期间的养护，给予适当的温度和湿度，特别是高温蒸汽养护，外加抹灰等保护层，避免使用期间过分干燥，都可以减小混凝土的收缩变形。

徐变是混凝土在荷载长期作用下（外力不变），随时间缓慢增长变形的现象。影响徐变规律的主要因素是混凝土所受的应力，当 $\sigma \leqslant 0.5 f_c$ 时，徐变变形的规律是：受荷后立即产生弹性应变 ε_{el}，在前 6 个月增速较快，可达到 $70\% \sim 80\%$，此后放缓增速，两年后徐变变形 ε_{cr} 可达到 $(2 \sim 4) \varepsilon_{el}$；当 $\sigma = (0.5 \sim 0.8) f_c$ 时，徐变变形的规律大致不变，但最终徐变变形 ε_{cr} 可达到 $(4 \sim 6) \varepsilon_{el}$；当 $\sigma \geqslant 0.8 f_c$ 时，徐变是不收敛的过程，最终导致混凝土破坏。除了受应力大小的影响外，徐变的发展也受到水灰比、养护条件和使用环境的影响，其规律与收缩相同。

徐变对钢筋混凝土构件的受力性能影响很重要，在长期不变的荷载作用下，构件的变形会增大，如梁长期受弯矩作用下挠度增大，如偏心柱长期荷载作用下侧向变形增大，如预应力混凝土构件的预应力损失导致变形增大。变形增大可能会导致荷载二阶效应而产生附加内力，此时构件的承载力就受到威胁。

5.3.3 混凝土的应用

1. 普通混凝土

混凝土是应用范围最广、使用量最大的工程材料，具有较高的抗压强度，而抗拉强度却很低，一般用在以受压为主的结构构件中，如柱、基础、墙等。

2. 钢筋混凝土

钢筋混凝土结构是指在混凝土中配置了钢筋，利用钢筋较高的抗拉性能弥补混凝土抗拉性能较低、易于开裂的缺陷的承重结构，目前钢筋混凝土结构是建筑结构中应用最为广泛的主流结构，包括高层建筑、超高层建筑、薄壳结构、大模板现浇结构及使用滑模、升板等建造的钢筋混凝土结构的建筑物。

世界最高建筑迪拜塔，其地下 70m 至地上 601m 为钢筋混凝土结构，$601 \sim 828m$ 的钢结构的全部荷载也将传给其下的钢筋混凝土结构。

世界著名的马来西亚吉隆坡石油双子塔（图 5.14），共 88 层，高 452m，双塔的外部为直径 46.36m 的钢筋混凝土外筒，中心部位是 23m×23m 的高强钢筋混凝土内筒，约 0.5m

图 5.14 马来西亚石油双子塔

高的轧制钢梁支托的金属板与混凝土复合楼板将内外筒联系在一起。

我国目前最高的上海中心大厦（图 5.15），总高度 632m，工程师在地下打了 955 个深度约 86m 的钢筋混凝土基桩，而后浇筑了一块直径 121m、厚度 6m 的钢筋混凝土基础底板，底板以上 122 层的大楼荷载全部通过这个底板与其下的桩基传给软弱的江滩土层，被施工人员形象地称为"定海神座"。

图 5.15　上海中心大厦

混凝土有着良好的抗压、耐火、耐久等性能，但其抗拉、抗剪能力较弱，这就限制了混凝土的使用范围，钢筋混凝土的出现很好地解决了这个问题。钢筋混凝土是由钢筋和混凝土组成的复合建筑材料，钢筋由混凝土包裹，可使钢筋免于腐蚀或高温软化。混凝土和钢筋的温度线膨胀系数接近，且混凝土和钢筋之间有良好的黏结性能，二者可以共同工作。在建筑结构受力过程中，钢筋混凝土充分利用了混凝土抗压强度高、钢筋抗拉强度高等性能优势，由钢筋承担其中的拉力，混凝土承担压应力部分，钢筋混凝土结构合理地利用了钢筋和混凝土两者性能特点，可形成强度较高，刚度较大的结构，其耐久性和防火性能好，可模性好，结构造型灵活，以及整体性、延性好，减少自身重量，适用于抗震结构等特点，因而在建筑结构中得到广泛应用。

3. 钢-混凝土组合结构

钢与混凝土组合结构是指用型钢或钢板焊（或冷压）成钢截面，再通过外包混凝土或内填混凝土或通过连接件连接，使型钢与混凝土形成整体共同受力，通称钢与混凝土组合结构。国内外常用的组合结构有：压型钢板与混凝土组合楼板；钢与混凝土组合梁；型钢混凝土结构（也叫钢骨混凝土结构或劲性混凝土结构）；外包钢混凝土结构、钢管混凝土等。

（1）组合楼板又可称为钢承板，是指压型钢板不仅作为混凝土楼板的永久性模板，而且作为楼板的下部受力"钢筋"参与楼板的受力计算，与混凝土一起共同工作形成组合楼板，如图 5.16 所示。组合楼板具有自重轻、强度高、刚度大、施工方便快捷、易于更新、便于工业化生产等优点。

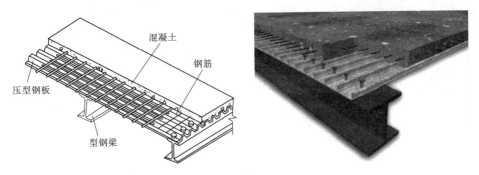

图 5.16 压型钢板组合楼板

（2）组合梁是钢梁和混凝土板通过抗剪连接件连成整体而共同受力的横向承重构件（图 5.17），能够充分发挥钢材抗拉、混凝土抗压性能好的优点，具有承载力高、刚度大、抗震和动力性能好、构件截面尺寸小、施工方便等优点。

图 5.17 组合梁

（3）型钢混凝土又称劲性混凝土或钢骨混凝土，这种组合结构构件由混凝土、型钢、纵向钢筋和箍筋组成，如图 5.18 所示。简单点说就是在原有的钢筋混凝土梁、柱等构件里添加型钢，加入型钢后可以有效提高构件承载能力，减小构件轴压比，劲性混凝土具有强度高、构件截面尺寸小、与混凝土握裹力强、节约混凝土、增加使用空间、降低工程造价、提高工程质量等优点，通常高层结构较多采用。

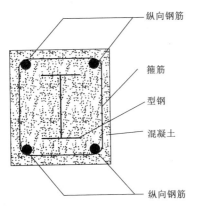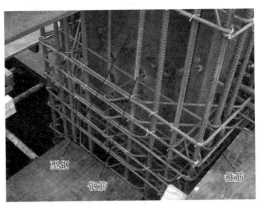

图 5.18 型钢混凝土

图 5.19　外包钢加固混凝土梁柱结构

（4）外包钢-混凝土结构是指钢部件和混凝土或钢筋混凝土部件组合成为整体而共同工作的一种结构，兼具钢结构和钢筋混凝土结构的一些特性，如图 5.19 所示。外包钢混凝土结构可用于多层和高层建筑中的楼面梁、桁架、板、柱，屋盖结构中的屋面板、梁、桁架，厂房中的柱及工作平台梁、板以及桥梁，在中国还用于厂房中的吊车梁。主要用于原有钢筋混凝土结构的加固。

4. 钢管混凝土

钢管混凝土是把钢管内用混凝土填充密实，形成的一种钢管在外，混凝土在内的结构构件，如图 5.20 所示。其受力机理如下：①利用外围钢管对内部混凝土施加约束，使混凝土处于三向受压状态，提高其抗压强度，减小压缩变形，提高混凝土的塑性，延缓其微裂缝的出现和发展；②借助内部填充的混凝土对外围的钢管起到支撑作用，增加钢管壁的稳定性，从而改变钢管局部失稳模态，提高承载力。基于这样的受力机理，两种材料的力学性能得到充分发挥。此外在施工中，钢管还可以作为混凝土的模板，这些都是钢管混凝土组合结构的优势所在。

与钢筋混凝土相比，钢管混凝土具备如下优势：①承载能力大为提高，特别是在高层建筑中，钢管混凝土柱抗压和抗剪承载能力相对普通钢筋混凝土优势较为明显；②钢管混凝土的塑性性能和韧性好，防止了管内砼的脆性破坏，抗震性能比钢筋混凝土更好；③由于钢管混凝土柱的承载力高，不但柱子截面减小，而且可以大柱网、大空间的框架结构体系。

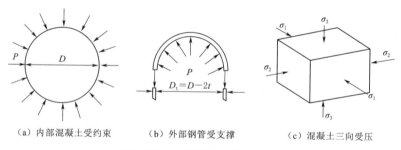

（a）内部混凝土受约束　　　　（b）外部钢管受支撑　　　　（c）混凝土三向受压

图 5.20　钢管混凝土受力机理

巫山长江大桥，是一座中承式钢管混凝土双肋拱桥，主跨 492m，净跨 460m，如图 5.21 所示。主桥两条拱肋为钢管混凝土组成的桁架结构，拱顶截面高 7.0m；拱脚截面高为 14.0m，肋宽为 4.14m，每肋上、下各两根外径 1220mm、壁厚 22（25）mm 的内灌 C60 的钢管混凝土弦杆，弦杆通过横联钢管外径 711mm、壁厚 16mm 和竖向钢管外径 610mm、壁厚 12mm 连接而构成钢管混凝土桁架。吊杆处竖向两根腹杆间设交叉撑，加强拱肋横向连接。拱肋中距为 19.70m，两肋间桥面以上放置 K 形横撑，桥面以下的拱脚段设置"米"字形撑，每道横撑均为空钢管桁架。全桥共设横撑 20 道。混凝土用量达 38669m³，钢材用量达 9022t。

应该说，钢管混凝土也是钢-混凝土组合的一种结构，此处单独列出加以说明其中混凝土的受力状态的复杂性与优势。

资源 5.12
钢管混凝土
拱桥（巫山
长江大桥）

图 5.21　巫山长江大桥

5.4　砌体材料

砌体是用砂浆等胶结材料将砖、石等块材组砌而成，如砖墙、石墙及各种砌块墙等，也称为块材墙体。一般情况下，砌体作为墙体出现，具有一定的保温、隔热、隔声性能和承载能力，生产制造及施工操作简单，不需要大型的施工设备，但是现场湿作业较多、施工速度慢、劳动强度较大。

5.4.1　砌体材料概述

砌体在建筑中起着承重、围护、分隔等作用，用于砌体的材料品种较多，有砖、砌块、石材等。砌墙砖可分为烧结砖（烧结普通砖、烧结多孔砖、烧结空心砖）、非烧结砖（蒸压灰砂砖、粉煤灰砖、炉渣砖、混凝土多孔砖、混凝土实心砖等）。常用砌块有普通混凝土小型空心砌块、蒸压加气混凝土砌块、轻集料混凝土小型空心砌块、粉煤灰砌块。石材是使用历史最悠久的建筑材料之一，按地质形成条件可分为火成岩、沉积岩和变质岩三大类。

标准砖的尺寸为 240mm×115mm×53mm，如图 5.22 所示。小型砌块的主规格高度为 115~180mm，中型砌块的主规格高度为 380~980mm，大型砌块的主规格高

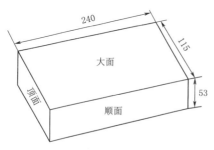

图 5.22 标准砖尺寸（单位：mm）

度大于 980mm，我国通常采用中、小型砌块。

5.4.2 砌体材料的力学性能

砌体结构主要承受轴心压力或小偏心压力，故本节只介绍组成砌体材料的抗压性能。

1. 砖的抗压强度

烧结普通砖和烧结多孔砖的抗压强度均分为 MU30、MU25、MU20、MU15 和 MU10 五个等级，编号中数字分别代表 $30N/mm^2$、$25N/mm^2$、$20N/mm^2$、$15N/mm^2$ 和 $10N/mm^2$。烧结空心砖的抗压强度分为 MU10、MU7.5、MU5 和 MU3.5 四个等级，编号中数字分别代表 $10N/mm^2$、$7.5N/mm^2$、$5N/mm^2$ 和 $3.5N/mm^2$。烧结普通砖主要用于砌筑建筑物的内墙、外墙、柱、拱、烟囱、沟道及其他建筑物；烧结多孔砖主要用于砌筑六层以下建筑物的承重墙或高层框架结构填充墙；烧结空心砖主要用于非承重墙。

2. 砌块的抗压强度

（1）普通混凝土小型空心砌块的抗压强度分为 MU3.5、MU5.0、MU10、MU15 和 MU20.0 五个等级，编号中数字分别代表 $3.5N/mm^2$、$5.0N/mm^2$、$10N/mm^2$、$15N/mm^2$ 和 $20N/mm^2$，其主要用于工业和民用建筑的墙体。

（2）蒸压加气混凝土砌块的抗压强度分为 A1.0、A2.0、A2.5、A3.5、A5.0、A7.5 和 A10 七个等级，编号中数字分别代表 $1.0N/mm^2$、$2.0N/mm^2$、$2.5N/mm^2$、$3.5N/mm^2$、$5.0N/mm^2$、$7.5N/mm^2$ 和 $10N/mm^2$。其主要用于低层建筑的承重墙、多层建筑的间隔墙和高层框架结构的填充墙，也可用于工业建筑的围护墙。

（3）轻集料混凝土小型空心砌块的抗压强度分为 MU2.5、MU3.5、MU5.0、MU7.5 和 MU10 五个等级，编号中数字分别代表 $2.5N/mm^2$、$3.5N/mm^2$、$5.0N/mm^2$、$7.5N/mm^2$ 和 $10N/mm^2$，其适用于多层或高层建筑的非承重墙、承重保温墙、框架填充墙和隔墙。

（4）粉煤灰砌块的抗压强度分为 MU10 和 MU13 两个级别，其适用于一般的墙体工程。

3. 石材的抗压强度

石材的强度取决于造岩矿物及岩石的结构和构造，石材的抗压强度以三个 70mm× 70mm×70mm 的立方体试块吸水饱和状态下的抗压强度平均值确定。石材的强度分为 MU20、MU30、MU40、MU50、MU60、MU80 和 MU100 共 7 个等级。

石材按加工后的外形规则程度可分为料石、毛石、毛石混凝土等。料石可用作房屋的墙、柱，毛石一般用作挡土墙、基础。

4. 砌筑砂浆的抗压强度

砌体结构由块体材料与砂浆组砌而成，砂浆在砌体结构中的作用：①把各个块体胶结在一起，从而形成一个整体；②当砂浆硬化后，可以均匀地传递荷载，从而保证砌体的整体性；③由于砂浆填满了砖石间的缝隙，从而使砌体的风渗透降低，对房屋起到保温的作用。

砂浆的强度等级是以边长为 70.7mm 的立方体试块，按标准养护条件养护至 28d 的抗压强度平均值而确定的。常用的砂浆强度等级分为 M2.5、M5、M7.5、M10、M15、M20、M25 等 7 个等级，其抗压强度标准值分别为 2.5N/mm²、5N/mm²、7.5N/mm²、10N/mm²、15N/mm²、20N/mm²、25N/mm²。

一般情况下，多层建筑物墙体选用 M2.5～M15 的砌筑砂浆；砖石基础、检查井、雨水井等砌体，常采 M5 砂浆；工业厂房、变电所、地下室等砌体选用 M25～M10 的砌筑砂浆；二层以下建筑常用 M25 以下砂浆；简易平房、临时建筑可选用石灰砂浆；一般高速公路修建排水沟使用 M7.5 强度等级的砌筑砂浆。

5.4.3 砌体材料的应用

1. 无筋砌体

无筋砌体由块体和砂浆组成，包括砖砌体、砌块砌体、石砌体。

（1）砖砌体又包括烧结普通砖砌体、烧结多孔砖砌体、蒸压灰砂砖砌体、蒸压粉煤灰砖砌体、等，常用的砌筑方式有一顺一丁、多顺一丁、梅花丁等，可以组砌出不同厚度的墙体，如图 5.23 所示。

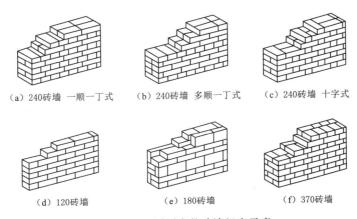

（a）240砖墙 一顺一丁式　　（b）240砖墙 多顺一丁式　　（c）240砖墙 十字式

（d）120砖墙　　　　　　　（e）180砖墙　　　　　　　（f）370砖墙

图 5.23　不同厚度的砖墙组砌示意

（2）砌块砌体包括混凝土砌块、轻集料混凝土砌块、混凝土小型空心砌块砌体等。由于混凝土小型空心砌块块体小，便于手工砌筑，而且可以利用孔洞形成配筋芯柱，增加了砌体的整体性和抗震性能，在我国应用较为广泛，如图 5.24 所示。

（3）石砌体包括料石砌体和毛石砌体。料石砌体比较美观，承载力性能也较好，多用于结构地面以上受力重要部位，毛石砌体多用于建筑结构的基础或挡土墙等。

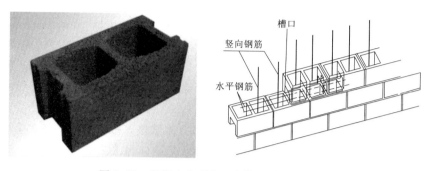

图 5.24　混凝土小型空心砌块及其组砌方式

2. 配筋砌体

配筋砌体包括网状配筋砌体、组合砖砌体和配筋砌块砌体。

(1) 网状配筋砌体又称横向配筋砌体，是在砖柱或砖墙中每隔几皮砖在其水平灰缝中设置直径为 3~4mm 的方格网式钢筋网片或直径 6~8mm 的连弯式钢筋网片，如图 5.25 所示。在砌体受压时，网状配筋可约束砌体的横向变形，从而提高砌体的抗压强度。

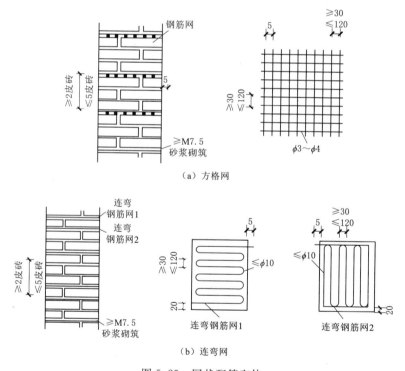

图 5.25　网状配筋砌体

(2) 组合砖砌体是砖砌体与钢筋混凝土面层或构件砂浆面层组合而成的砌体，在砌体外侧预留竖向的凹槽内配置竖向钢筋，在浇筑混凝土或砂浆面层而形成，如图 5.26 所示。由于钢筋混凝土面层（或钢筋砂浆面层）与砖砌体之间有较好的黏结力，可以协同受力，因此组合砖砌体承载力和延性都比无筋砌体有较大提高。

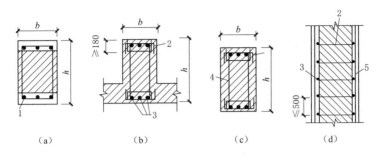

图 5.26　组合砖砌体

1—混凝土或砂浆；2—拉结钢筋；3—纵向钢筋；4—箍筋；5—水平分布筋

（3）配筋混凝土砌块砌体是在砌块墙体上下贯通的竖向孔洞中插入竖向钢筋，并用灌孔混凝土灌实，使竖向和水平钢筋与砌体形成一个共同工作的整体，如图5.27所示。这种墙体主要用于高层建筑中起剪力墙作用，故又称配筋砌块剪力墙。由于配筋砌块砌体在受力模式上类似于混凝土剪力墙结构，强度高，延性好，可用于大开间和高层建筑的承重墙体。

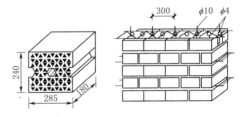

图 5.27　配筋砌块砌体

5.4.4　砌体构件的力学性能

本书 5.4.2 小节介绍了块体材料和砂浆的抗压性能，本小节介绍由块体材料和砂浆共同形成砌体构件的力学性能。

1. 砌体抗压性能

（1）砌体抗压强度。砌体抗压性能用抗压强度标准值 f_k 表示，是由大量的标准试件经过标准试验测得的随机变量，经过数理统计，得到约95％的保证概率的抗压强度值，标准值 f_k 约为平均值的 0.72。烧结普通砖或烧结多孔砖砌体的抗压强度设计值见表5.6。

表 5.6　　　　　　　烧结普通砖或烧结多孔砖砌体的抗压强度设计值　　　　　　单位：MPa

砖强度等级	砂浆强度等级					砂浆强度
	M15	M10	M7.5	M5	M2.5	0
MU30	3.94	3.27	2.93	2.59	2.26	1.15
MU25	3.60	2.98	2.68	2.37	2.06	1.05
MU20	3.22	2.67	2.39	2.12	1.84	0.94
MU15	2.79	2.31	2.07	1.83	1.60	0.82
MU10	—	1.89	1.69	1.50	1.30	0.67

注　1. 此表摘自《砌体结构设计规范》（GB 50003—2011）。

　　　2. 当烧结多孔砖的孔隙率大于 30％时，表中数值乘以 0.9。

工程设计时，龄期为 28d 的以毛截面计算的砌体抗压强度设计值，当施工质量控制等级为 B 级时，采用抗压强度设计值 $f = f_k/1.6$。

（2）影响砌体抗压强度的因素：

1）块体和砂浆的强度等级。组成砌体的两种材料块体和砂浆，采用强度等级高的块体材料，抗压、抗弯与抗剪强度均高，因而砌体的抗压强度会提高；采用强度等级高的砂浆，砂浆受压后横向变形就小，这是块体受到的拉应力和剪应力就小，因此提高砂浆强度等级可以提高砌体的抗压强度。但是应该注意，砌体抗压强度的提高与块体或砂浆强度的提高并不成比例。

2）块体的形状与尺寸。块体的外形规则、平整，则砌体受压状态下，块体受弯矩、剪力的不利影响就小，从而使砌体的抗压强度提高。砌块的厚度增大，本身抗弯、抗剪能力提高，砌块的长度增大，本身所承受的弯矩、剪力增大，因此砌体的抗压强度随块体厚度增大而提高，随块体长度增大而降低。

3）砂浆的性能。砂浆的和易性和保水性好，则容易在块体之间铺设厚度均匀且密实的水平灰缝，降低了块体的弯矩、剪力和局部受压，从而提高砌体的抗压强度。一般用水泥砂浆（和易性较差）比用同强度等级的混合砂浆，砌体抗压强度降低约 15%。

4）砌筑的质量与灰缝的厚度。水平灰缝的饱满度较低时，将增加块体本身承受的弯矩、剪力和局部压力，因此水平灰缝的饱满度是砌筑质量的重要指标。灰缝过厚，则其在受压状态下的横向变形较大，从而引起块体材料局部受拉，降低砌体的抗压强度；水平灰缝太薄，则难以铺设平整，使块体材料受到弯矩和剪力的作用。故灰缝不宜太厚，也不宜太薄，一般以 10mm 为佳。因此，砌筑质量要求砂浆饱满、横平竖直、错缝搭接，不允许有通缝、瞎缝等现象。

（3）砌体轴心受压破坏。

砖砌体短柱在轴心砌体受压破坏过程，随着荷载的逐步增大可分为三个阶段：①当荷载小于极限荷载的 50%~70% 时，个别砖出现裂缝，此时荷载不增加，裂缝不发展；②当荷载从极限荷载的 50%~70% 增加到极限荷载的 80%~90% 时，短柱形成贯通的裂缝，即便荷载不增加，裂缝也会继续发展，最终可能发生破坏；③破坏阶段，荷载大于极限荷载的 80%~90% 时，短柱竖向裂缝分割成的小柱失稳破坏。各类砌体的受压破坏过程大致相同，只是区分各阶段的荷载没有明显的界限。

试验发现，砌体的抗压强度比块体的抗压强度低，原因是砌体内的块体受力比较复杂，如砖在砌体中往往处于复合受力状态，容易出现拉力和剪力，以及应力集中的现象，与单独测量一块砖的强度等级时砖的受力状态不同。由于块体的抗拉和抗剪强度比较低，容易开裂出现裂缝，因此，砌体的抗压强度比块体的抗压强度低。

2. 砌体抗拉强度

砌体结构很少受拉，但是在某些特殊情况下砌体结构是会受拉的，如圆形水池的池壁。轴心受拉时，砌体一般发生沿齿缝截面破坏，此时砌体的抗拉强度取决于块体与砂浆之间的黏结强度，而黏结强度取决于砂浆的强度等级，因此砌体的抗拉强度取决于砂浆的强度等级。

3. 砌体抗弯强度

砌体用于挡土墙或地下室外墙，方形水池的池壁等结构时，承受弯矩作用。砌体的受弯破坏有沿齿缝截面破坏和沿水平通缝破坏。与受拉状态相同，砌体的抗弯强度取决于块体与砂浆之间的黏结强度，因此砌体的抗弯强度取决于砂浆的强度等级。

4. 砌体抗剪强度

砌体遇到门窗过梁、拱过梁等情况时，承受剪力作用。砌体的受剪时，可能发生沿水平缝、沿齿缝截面破坏和沿阶梯缝破坏。其中沿阶梯缝破坏是砌体受到平面内剪力作用时常见的情况，砌体的抗剪强度与砂浆的强度等级密切相关。

5. 砌体的弹性模量

从各类砌体受压试验的应力应变关系曲线可见，当应力较小时，近似认为砌体具备弹性性质，随着应力增大，其应变增速加大，越来越表现为塑性性质。采用应力相当于平均抗压强度的 0.43 倍时的变形模量作为弹性模量，以 MU15 砖和 M5 砂浆砌体为例，其弹性模量为 $E=1600f=2400\text{N/mm}^2$，这大约相当于 C20 混凝土的弹性模量（$2.55\times10^4\text{N/mm}^2$）的 1/10。

6. 砌体的线膨胀系数

烧结砖砌体的线膨胀系数约为 $5\times10^{-6}/℃$，其他砌体的线膨胀系数约为 $8\times10^{-6}\sim10\times10^{-6}/℃$。其中砖砌体与混凝土的线膨胀系数（$1\times10^{-5}/℃$）相差较大，砖混结构（砖墙＋混凝土楼盖）的建筑外墙保温较差时，常常在檐口高度附近出现水平裂缝的原因就是砖墙和混凝土楼、屋盖之间随着温度不断升降而产生的伸缩不一致导致的。

5.5 建筑木材

5.5.1 木材概述

木材是一种生物材料，其刚度和密度比较高，故木材可用于建筑材料，是人类最早使用的建筑材料之一。在我国古代，木材是重要的结构用材（图 5.28）。其作为结构用材一般选用圆木、方木、条木等，现在主要用于室内装饰和装修的木材多为板材、薄板等。木材有诸多优点：比强度大，轻质高强；有韧性，抗冲击和振动作用好；隔热，保温性能好；适当保养，具有较好的耐久性；便于加工，能制成形状不一的产品；纹理美观，装饰效果好；其弹性，隔热性和暖色调的结合给人以温馨感；绝缘性能强，无毒等。木材的缺点包括：构造不均匀，呈各向异性；湿胀干缩大，易翘曲和开裂；耐火性差，易着火燃烧；易腐朽虫蛀，天然缺陷较多，降低了材质和利用率。

图 5.28 传统木结构

5.5.2 木材的力学性能

1. 木材的强度

木材所受外力主要有拉力、压力、弯曲和剪切力。木材在力学性质上具有明显的各向异性的特点，顺纹（作用力方向与纤维方向平行）强度和横纹（作用力方向与纤维方向垂直）强度有很大差别。木材的顺纹抗压强度一般为 $30\sim70\text{MPa}$，横纹抗压强度是顺纹抗压强度的 $10\%\sim30\%$。顺纹抗拉强度是木材所有强度中最大的，顺纹受拉破坏，往往是木纤维未被拉断而纤维间先被撕裂。顺纹抗拉强度为顺纹抗压强度的 $2\sim3$ 倍，横纹抗拉强度为顺纹抗拉强度的 $2.5\%\sim10\%$。木材抗弯强度仅次于顺纹抗拉强度，为顺纹抗压强度的 $1.5\sim2.0$ 倍。木材顺纹受剪时，绝大部分纤维本身并不破坏，故顺纹抗剪强度很小，仅为顺纹抗压强度的 $15\%\sim30\%$；横纹受剪时，剪切面中纤维的横向连接被破坏，横纹剪切强度低于顺纹剪切强度；横纹切断时，木材纤维被横向切断，这种剪切强度是顺纹剪切强度的 $4\sim5$ 倍。常用木材及其强度设计值见表 5.7。

表 5.7   木材的强度等级与强度设计值表   单位：MPa

强度等级	组别	抗弯 f_m	顺纹抗压及承压 f_c	顺纹抗拉 f_t	顺纹抗剪 f_v	横纹承压 $f_{c,90}$ 全表面	局部表面和齿面	拉力螺栓垫板下	弹性模量 E
TC17	A	17	16	10	1.7	2.3	3.5	4.6	10000
	B		15	9.5	1.6				
TC15	A	15	13	9.0	1.6	2.1	3.1	4.2	10000
	B		12	9.0	1.5				
TC13	A	13	12	8.5	1.5	1.9	2.9	3.8	10000
	B		10	8.0	1.4				9000
TC11	A	11	10	7.5	1.4	1.8	2.7	3.6	9000
	B		10	7.0	1.2				
TB20	—	20	18	12	2.8	4.2	6.3	8.4	12000
TB17	—	17	16	11	2.4	3.8	5.7	7.6	11000
TB15	—	15	14	10	2.0	3.1	4.7	6.2	10000
TB13	—	13	12	9.0	1.4	2.4	3.6	4.8	8000
TB11	—	11	10	8.0	1.3	2.1	3.2	4.1	7000

注 此表摘自《木结构设计规范》(GB 50005—2017)。

2. 木材的黏弹性

木材为生物高分子材料，具有弹性固体和黏性流体的综合特性，同时具有弹性和黏性两种不同机制的变形，木材的这种特性称为木材的黏弹性。木材的黏弹性依赖于温度、负荷时间、加荷速率和应变幅值等条件，其中温度和时间的影响尤为明显。蠕变和松弛是黏弹性的主要内容。木材在恒定应力下，应变随时间的延长而逐渐增大的现象称为蠕变。木材蠕变过程包括三种变形：瞬时弹性变形、弹性滞后变形（黏弹性变形）、塑性变形。木材在恒定应变条件下，应力随时间的延长而逐渐减少的现象称为松弛。设计木材作为承重构件，应力或荷载应控制在弹性极限或蠕变极限范围之内。

3. 木材的塑性

当施加于木材的应力超过木材的弹性极限时，去除外力后，木材仍会残留不能恢复的变形，这个变形称为塑性变形，木材所表现出的这一性质称为塑性。木材的塑性是由于在应力作用下，高分子结构的变形及相互间相对移动的结果。木材属于塑性较小的材料。干燥时，木材由于不规则干缩所产生的内应力会破坏其组织的内聚力，而塑性的产生可以抵消一部分木材的内应力。木材的塑性在木材的软化、人造板成型等工艺中有利。

图 5.29　木屋盖结构

5.5.3　建筑木材的应用

木结构自重较轻，木构件便于运输、装拆，多用在建筑的屋盖中，木屋盖结构包括木梁、檩、椽及屋面板等，如图 5.29 所示。

5.6　四种常用结构材料性能对比

钢材、混凝土、木材、砌体体的主要力学性能见表 5.8。钢材的性能最佳，其抗拉强度与抗压强度相等，弹性模量也最高。其次木材，其强重比仅次于钢材，且抗拉强度与抗压强度接近（1∶1.58），但弹性模量较小，线膨胀系数受环境湿度影响较大。混凝土强重比排第三，抗拉强度与抗压强度比较大（1∶10），但混凝土原材料丰富，且和钢筋组合可以发挥各自的优势，应用仍是最广泛的。砌体仍是传统的建筑结构材料，其优点是原材料丰富，砌筑便捷，保温隔热效果较好，可以用于承重构件也可以用于围护构件和分隔构件。

表 5.8　　　　　　　　　　常见建筑结构材料主要力学性能对比表

比较项目	钢材（Q300）	混凝土（C30）	木材（TC15）	砖砌体$\left(\dfrac{MU10}{M10}\right)$
比重	78.5	24	4～7	19
抗压强度∶比重/MPa	$270∶78.5=\dfrac{1}{0.29}$	$14.3∶24=\dfrac{1}{1.68}$	$15∶6=\dfrac{1}{0.4}$	$1.89∶19=\dfrac{1}{10.05}$

续表

比较项目	钢材（Q300）	混凝土（C30）	木材（TC15）	砖砌体（$\frac{MU10}{M10}$）
抗拉强度∶抗压强度	$\frac{270}{270}=1$	$\frac{1.43}{14.3}=\frac{1}{10}$	$\frac{9.5}{15}=\frac{1}{1.58}$	$\frac{0.19}{1.89}=\frac{1}{10}$
弹性模量/MPa	20.6×10^4	3.0×10^4	1.0×10^4	0.30×10^4
线膨胀系数/℃$^{-1}$	12×10^6	10×10^6	主要受干缩控制	5×10^6

注　1. 钢筋混凝土比重为 25，HRB300 钢筋的抗拉强度为 270MPa，弹性模量为 21×10^4MPa。
　　2. 表内材料强度均为设计值。

5.7　案例分析：钢木组合结构的优势与应用

5.7.1　钢木组合结构的起源

　　现代建筑业钢与混凝土的大量使用，消耗不可再生资源，生产钢材与混凝土的过程排放大量有害气体，建筑运营过程能耗大，钢结构与混凝土结构的不可持续性逐渐被人们所重视。木材本身具有生态性，木材是一种可再生资源，用过的结构木材可自行分解或再加工，因此木材的开发利用对环境负面影响较小。同时，木材具有优秀的保温性能，防火和耐久技术的突破，很好的保证木建筑的结构性能，符合绿色可持续发展要求的木建筑又一次重新站上世界建筑的舞台。

　　纯木结构节点体积庞大、构造复杂、受力不利，这大大限制了木结构在现代大型公共建筑中的运用。由于木材和钢材在建筑结构中的力学特性具有相似性，结构形式、节点形式、工业化的生产方式也具有互通性。钢木组合结构是钢结构与木结构相结合的一种混合结构形式，比传统木结构更加坚固、耐用，比简单的钢结构更加丰富多彩，被广泛应用于建筑设计中，如图 5.30 所示。

图 5.30　钢木组合结构细部构造

在钢木组合结构中，木构件或木结构起主导作用，通常决定着建筑的整体结构形式和空间造型；钢构件或局部钢结构往往作为辅助结构穿插于木结构体系中保证主体结构的稳定性，并常用于节点设计中。钢结构节点强度高、刚性强，易于处理复杂的节点，钢结构节点通过钢构件把木料搭接起来，同时，钢结构节点还能够使木构件与其他材料连接实现材料转化。钢木组合结构中，通过木结构和钢结构的组合，实现结构的拉、压、弯、剪等性能，最大限度地发挥各种材料的属性，弥补各自的力学缺陷，从而优化结构性能。

5.7.2 钢木组合结构的形式

钢材与木材的组合形式有木构件＋钢节点、钢木一体化构件、钢构件受拉＋木构件受压或受弯（分离式组合结构），下面分别予以介绍。

1. 木构件＋钢节点

采用金属扣件，吸纳钢结构的节点连接方法，如图 5.31 所示。现代钢木组合结构中的各种金属连接件以钢的构件如钉板、铆钉、螺栓，螺钉、销为主，节点形式简单，受力清晰。这些连接节点大部分是随着钢材的发展成熟及大量运用而出现的。

（a）钢钉板节点 　　　　　　　　　　　（b）螺栓连接节点

图 5.31 木构件＋钢节点

2. 钢木一体化构件

在同一根构件中，构件截面的一部分采用木材，一部分采用钢材，利用二者组成一体式的组合构件。图 5.32（a）所示的木翼缘型钢梁，其型钢上下翼缘通过胶和螺栓与木翼缘连接，构件受弯时上下翼缘分别受拉和受压，由于翼缘较厚，很好地克服了较薄钢翼缘局部不稳定的问题，受剪时主要靠钢腹板抗剪，又规避了木材抗剪性能弱的缺点。图 5.32（b）所示的 C 型钢木组合梁，以木材作腹板，木材外包钢板作翼缘，受轴压时，木材在内起到支撑 C 型钢的薄壁避免其局部失稳的作用，同时利用了木材抗压性能较好的优点。

3. 分离式钢木组合结构（钢构件受拉＋木构件受压或受弯）

钢材受拉强度高，钢木组合结构利用钢材、钢索的受拉特性，将其应用于桁架中

（a）木翼缘型钢梁 （b）C型钢木组合梁

图 5.32 钢木一体化构件

的受拉杆、框架支撑、张弦梁以及索穹顶结构中的张拉索。形成整体结构中木材受压、受弯、钢材受拉的分离式组合结构。图 5.33（a）所示为空间钢木结构，其中受压构件为上部攒尖的木桁架弦杆，木桁架弦杆在支座处产生较大的水平推力，水平推力由下部受拉的钢索来承担，形成了空间整体结构。图 5.33（b）所示为张弦梁结构，其中木梁受弯和压，中部的竖杆为受压的钢杆，下部为受拉的钢索，形成了张弦梁结构。

（a）空间钢木结构 （b）张弦梁结构

图 5.33 分离式钢木组合结构

5.7.3 钢木组合结构的应用

钢木组合结构将钢材与木材各自的优势充分发挥，具备节点简洁高效、结构形式多样、同时使得建筑表现力非常丰富。钢木组合结构建筑在低层、多层、高层、大跨度建筑中均有应用。

1. 低层钢木组合建筑

低层钢木组合建筑的典型结构形式是轻型木结构体系与轻钢龙骨体系相结合，指用由间距较密的规格材和覆面材料或用钉子连接组成结构构件的一种钢木结构房屋体系。这种轻型钢木组合结构中广泛应用于日本、北美、北欧等发达国家的居住建筑。

图 5.34 为我国引进的轻型钢木结构的低层建筑，这种建筑一般不超过 3 层，多用于小型住宅或别墅建筑。

图 5.34 我国引进的低层钢木结构建筑

2. 中高层钢木组合建筑

中高层钢木组合结构的采用的结构形式有使用钢节点的纯木结构、木结构与混凝土混合结构、木结构与钢结构组合结构等。2016 年建成的 Brock Commons 大楼，位于加拿大不列颠哥伦比亚大学校园内，共 18 层，高 53m。该建筑采用钢筋混凝土核心筒＋木框架的重型混合木结构（图 5.35），在建筑的内部结合楼梯、电梯井和机械设备间布置了两个现浇钢筋混凝土核心筒，核心筒墙厚 450mm，提供足以抵抗建筑整体高度上的侧风或地震力的结构刚度。四周是木框架结构，柱网格排列成 4m×2.85m，柱分为胶合木柱和复合材料柱两种。低楼层使用较粗的柱（265mm×265mm），高楼层使用较细的柱（265mm×215mm）。复合材料柱用在 2~5 层的楼板中央具有承受较高负荷的位置。楼板采用正交胶合木板，方向顺着建筑的长轴，交错安装，用胶合塞缝片牢固连接，形成横隔层。楼板厚 169mm，宽 2.85m，长度有 4 种，最长的达到 12m。屋面用钢承板和钢梁建造，其目的是为了提高屋面防水性能。

图 5.35 Brock Commons
大楼结构示意图

2017 年建成的奥地利维也纳 HoHo 大楼，共 24 层，高 84m，同样是采用钢筋混凝土核心筒加外围木框架的重型混合木结构。为解决木结构建筑的防火问题，该建筑主要使用胶合木和高密度实木梁，表面进行防火漆处理，设计耐火极限为 105min，并配有喷水灭火系统。建设团队做了防火试验，他们用 1000℃ 的高温燃烧建筑的柱子、墙壁和天花板整整 90min，证明了该建筑优秀的防火性能。在绿色可持续方面，工程师估计与同等规模的传统建筑相比，这座建筑减少了 2800t 二氧化碳排放。

2015 年建成的挪威 Treet 大楼为 14 层胶合木框架支撑结构，采用胶合木板作内墙和外墙，内部房屋采用箱式单元模块化建造。2012 年建成的澳大利亚墨尔本 Forte 公寓高 10 层，一层为混凝土结构，其余 9 层使用了钢节点的纯木结构。

3. 大跨度空间建筑

近 30 年来，钢木组合空间结构在国内外取得了飞速的发展，已在体育场馆、会展中心、影剧院、候机（车）大厅、铁路站台雨篷、工业厂房与仓库中获得大量应用。其代表性的作品有：1974 年建造于德国曼海姆的一座自由曲面木网壳结构，其覆盖范围达 3600m²，最大跨度达 35m，是当时世界上最大的自立式曲面木网壳结构；1992 年建成的日本白龙穹顶，采用木悬索结构，平面规模为 50m×47m，最高高度达 19.5m；2004 年建成的苏格兰议会大厅，屋顶采用木张弦结构，4 根钢弦与 4 根木撑杆汇交于一个钢制节点来支承上部相邻两根刚性木梁，跨度达 30m。

近年来，我国大跨度钢木组合结构也得到发展。成都市锦城广场综合换乘服务中心的屋盖是我国目前跨度最大的钢木组合结构屋盖。这是一个集交通换乘、停车、商业、餐饮及办公于一体的综合建筑，其地上部分由景观公园即三个大跨度屋盖组成。屋盖支撑于巨型型钢混凝土柱之上，屋面采用双层 ETFE（乙烯-四氟乙烯共聚物）膜充气枕，整体采用双层钢木组合，下弦交叉拱为主要受力构件，跨度由北侧屋盖至南侧屋盖分别为 78.3～14.0m、87.0～16.8m、78.3～14.0m，对应的矢高为 20m、21.5m、20m。交叉拱采用胶合木支座，截面为矩形 1000×350～1400×450，端部改为钢结构，截面为矩形钢管 800×350×30×20、1000×350×30×20。屋盖上弦和腹杆均采用圆钢管，截面规格为直径 168×6～273×10，如图 5.36 所示。

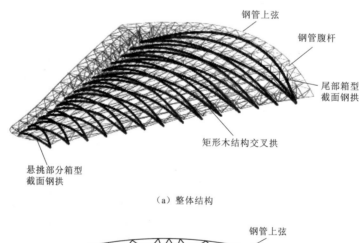

（a）整体结构

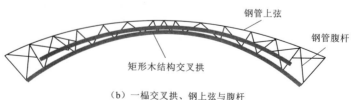

（b）一榀交叉拱、钢上弦与腹杆

图 5.36　成都市锦城广场综合换乘服务中心钢木组合屋盖结构模型

　　而位于成都的另一个钢木组合结构建筑——中国天府农业博览园主展馆，包括 5 个场馆，由 77 榀变尺度巨型钢木组合空腹桁架拱组成，每榀拱架空间尺度均不相同，最大跨度为 118m，最大高度为 43m。该项目采用世界首创钢木组合空腹桁架拱结构，其横截面为三角形，上、下弦杆采用变截面胶合木，腹杆采用钢构件。结构整体为钢木组合拱架＋木檩条＋ETFE 膜，通过结构形态、天然木材的肌理，展现建筑张力。

　　在钢木桁架的深化设计中，为解决工程构件异形多样、节点类型繁多、精度要求高、施工难度大等问题，所有异形胶合木成品构件均是基于深化设计参数化模型数据，在欧洲的材料加工厂采用数控机床加工而成，再编号分批集装箱装运至工地现场。这些尺度各异的构件运抵工地现场后，与钢构件拼装成钢木组合分段桁架，再进行高空拼接安装，如图 5.37 所示。在材料选择上，上下弦杆的胶合木梁材料为进口欧洲云杉和落叶松弧形胶合梁，其中上弦杆为双拼落叶松胶合梁，下弦杆为云杉胶合木梁，木材强度高，坚固耐用。

图 5.37　中国天府农业博览园主展馆的钢木组合屋盖

　　上海崇明体育训练中心游泳馆建筑跨度 45m，造型为筒壳形屋盖结构，内部采用木结构，并将木构件直接外露，适应游泳馆的高湿环境。受建筑的高度所限，屋盖采用矢跨（1/9）比较低的拱形（图 5.38），结构工程师对结构形态、结构构件布置、结构材料、结构截面以及节点刚度等都进行了优化设计：①结构布置采用交叉网格壳体结构，具有较好的纵向和横向刚度，形成空间作用结构体系，同时更适合建筑的外

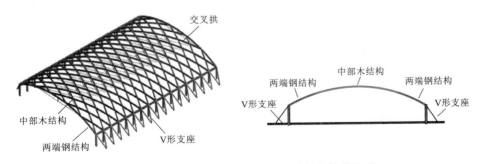

图 5.38　上海崇明体育训练中心游泳馆的结构体系

111

表皮纹理和内部空间效果；②结构传力非常简捷高效，在建筑外部布置一排 V 形支撑柱，可以有效抵抗筒壳结构产生的支座水平推力；③建筑材料使用合理，建筑屋盖中央部分采用木结构可减少游泳池上方由于湿气较大出现的结露，增加建筑的亲和力和温馨感，满足建筑室内不做装饰吊顶的要求，而在端部两跨的弯矩较大处则采用钢结构；④拉索的布置使中央木结构以受压为主，减少对单层网壳节点刚度的依赖，整体形成张弦结构。

思 考 题

1. 何为弹性材料、塑性材料、脆性材料？
2. 建筑结构材料的主要力学性能有哪些？
3. 建筑钢材有哪些，各有哪些特点，力学性能有何区别？
4. 钢筋有哪几种，分别有什么特点，力学性能有何区别？
5. 混凝土有哪几种，分别有什么特点？
6. 砌体有哪几种？砌体的受力性能有哪些特点？
7. 建筑结构设计中如何利用材料力学性能优势？如何规避力学性能的劣势？
8. 钢木组合结构中钢构件一般承受什么力？木构件一般承受什么力？

第6章
结构基本构件与连接

中国古代建筑具有悠久的历史传统和光辉的成就，是中国灿烂历史文化的重要组成部分。诸多现存的风格独特的古建筑，在世界建筑史上自成体系，独树一帜。研究这些古建筑，无不为其精湛的艺术和高超的技艺所折服。欣赏这些古建筑，又如同重温我国的历史文化，每每都会激发起我们的爱国热情和民族自信心。

中国古建筑在结构技术上最重要的一个特征，就是木构架结构，即采用木柱、木梁构成房屋的框架，屋顶与房檐的重量通过梁架传递到立柱上，墙壁只起隔断作用，而不是承担房屋重量的结构部分，正所谓"墙倒屋不塌"。

木构架系统约在春秋时期已初步完备并广泛采用，到了汉代发展得更为成熟。大体可分为抬梁式、穿斗式、井干式。其中井干式木结构是中国传统民居木结构建筑的主要类型之一，因需用大量木材，在绝对尺度和开设门窗上都受很大限制，因此通用程度不如抬梁式构架和穿斗式构架。下面，我们具体介绍抬梁式木构架和穿斗式木构架。

1. 抬梁式木构架

抬梁式木构架是在立柱上架梁，梁上又抬梁，所以称为"抬梁式"。最终，檩是置于梁端。刘敦桢先生在《中国古代建筑史》中对抬梁结构的描述是："柱上架梁，再在梁上重叠数层瓜柱和梁，最上层梁上立脊瓜柱，构成一组木构架……并在各层梁头和脊瓜柱上安置若干与构架成直角的檩"。潘谷西先生的《中国建筑史》（第六版）明确指出抬梁架的关键是柱、梁、檩之间的关系是"柱头搁置梁头，梁头上搁置檩条"。因此，判断一个构架是否为抬梁结构，需满足的必要条件是：在受力构件组合形式上，必须是"柱承梁、梁承檩"的关系。图1所示的三架梁被五架梁所抬。

宫殿、坛庙、寺院等大型建筑物中常采用这种结构方式。以殿堂建筑为例，抬梁式木构架整体结构分为三部分：台基、墙柱结构和屋架。台基以上结构构件主要有梁、柱、枋、檩、椽、斗拱。构件之间用卯榫连接，连接方式为：梁支撑于柱端，柱顶榫伸入斗拱或梁端，枋两端榫伸入柱端卯口，瓜柱上下端分别卯入上下架梁中，斗拱则平放在柱顶，梁放在斗拱上。脊檩放入脊瓜柱顶的凹口内，其他檩放于梁端的凹口内，为加以固定，多用铁钉固定。

2. 穿斗式木构架

穿斗式木构架（图2）以柱直接承檩，没有梁，原作穿兜架，后简化为"穿逗

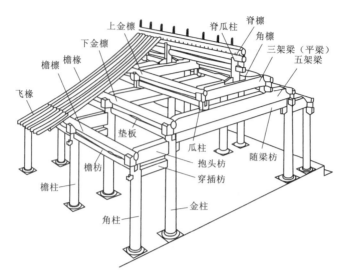

图 1　抬梁式木构架

架"。穿斗式构架沿房屋的进深方向按檩数立一排柱,每柱上架一檩,檩上布椽,屋面荷载直接由檩传至柱,不用梁。每排柱子靠穿透柱身的穿枋横向贯穿起来,成一榀构架。每两榀构架之间使用斗枋和纤子连接起来,形成一间房间的空间构架。斗枋用在檐柱柱头之间,形如抬梁构架中的阑额;纤子用在内柱之间。斗枋、纤子往往兼作房屋阁楼的龙骨。

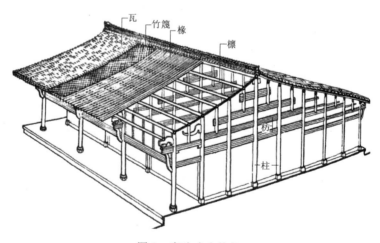

图 2　穿斗式木构架

每檩下有一柱落地,是它的初步形式。根据房屋的大小,可使用"三檩三柱一穿""五檩五柱二穿""十一檩十一柱五穿"等不同构架。随柱子增多,穿的层数也增多。此法发展到较成熟阶段后,鉴于柱子过密影响房屋使用,有时将穿斗架由原来的每根柱落地改为每隔一根落地,将不落地的柱子骑在穿枋上,而这些承柱穿枋的层数也相应增加。穿枋穿出檐柱后变成挑枋,承托挑檐。这时的穿枋也部分地兼有挑梁的作用。穿斗式构架房屋的屋顶，一般是平坡，不做反凹曲面。有时以垫瓦或加大瓦的叠压长度使接近屋脊的部位微微拱起，取得近似反凹屋面的效果。总结起来，穿斗构架有三大特征：①柱头承檩；②柱子很细很密；③柱间用穿枋连接。

穿斗式构架用料较少，建造时先在地面上拼装成整榀屋架，然后竖立起来，具有省工、省料，便于施工和比较经济的优点。同时，密列的立柱也便于安装壁板和筑夹泥墙。因此，在中国长江中下游各省，保留了大量明清时代采用穿斗式构架的民居。这些地区有的需要较大空间的建筑，采取将穿斗式构架与抬梁式构架相结合的办法：在山墙部分使用穿斗式构架，当中的几间用抬梁式构架，彼此配合，相得益彰。

3. 受力特点

抬梁式木构，大屋顶的竖向荷载通过木望板传给椽，椽传给檩，檩又传给梁，梁又传给柱，柱传给柱础，柱础传给地基。抬梁式木构通过"梁上抬梁"的方式减小了大跨度梁中部弯矩，消除了梁中部剪力。通过"层层叠叠的斗栱"使梁与柱的接触面积扩大，形成层层出跳的"半刚性"连接节点，使檩、梁、枋、柱形成了空间木框架结构。

穿斗式木构是一种轻型构架，柱径一般为 20～30cm；穿枋断面不过 6cm×12cm 至 10cm×20cm；檩距一般在 100cm 以内；椽的用料也较细。椽上直接铺瓦，不加望板、望砖。屋顶重量较轻，荷载通过瓦传给椽，椽传给檩，檩传给柱，柱传给基础，传力路径较短。由于通长的枋穿过柱，柱顶连接檩，枋、檩、柱形成了空间木框架结构。

木构架房屋一般纵横对称，且长宽比较小，高度较低，形成了质量、刚度都比较均匀，受力性能良好的空间结构体系。在风荷载或地震作用下，通过木框架结构传递水平力，由于木材具有良好的弹性和变形能力，榫卯结点局部滑移具有耗能能力，因此具有良好的抗震性能。而柱与础之间的微小滑移形成了"隔震支座"，进一步减小了地震荷载的作用，提高了结构的抗震性能。

6.1 基本构件概述

在古代，茅茨土阶建筑用树干做成梁和柱，用树枝或夯土做墙，用树枝茅草做屋顶，就构成了简单的房屋。根据古代人们的实践经验，用于梁的树干的粗细与房屋的水平尺寸相匹配，用于立柱的树干的长度与其粗细相匹配。木柱、木梁、树枝、茅草之间用藤或草绳系牢，就形成了原始的梁-柱结构体系，如图 6.1 所示。

近现代，建筑结构是由梁、板、柱、墙、基础等基本构件组成且能安全承受建筑物各种正常荷载作用的骨架系统，是能承受作用并具有适当刚度的由各连接部件

图 6.1 古代建筑结构复原图

有机结合而成的系统，该系统在物理上可以分解的部件，即梁、板、柱、墙等称为结构构件。换言之，有了各种基本构件才能组成一个个结构单元或分体系，多个结构单元或分体系又构成结构体系。本书第 3 章已经论述过结构体系与力传递路径的关系，本章介绍构成结构体系的基本构件——梁、板、柱、墙与墙体的受力特点和工程应用，以及构件的连接。结构体系将在第 7 章介绍。

6.2 梁

6.2.1 梁的概述

梁是建筑结构中最主要、应用最广、类型最多的基本构件，短到普通的开间梁、进深梁（跨度 3～9m），长到大跨度单层空旷建筑的大梁（如单层厂房，跨度可达 15～18m）；轻的有轻型钢结构屋面檩条，重的有数百吨级别的吊车梁（荷载可达几百吨，梁截面高度可达 2～3m）。用于梁的材料可以是钢材、钢筋混凝土、木材、组合材料等。

梁的几何特征是杆状，其横向尺寸远小于纵向尺寸，可近似视为线形，有直线、曲线或折线；梁的受力特征是承受垂直于其纵轴线方向荷载，以承受弯曲和剪切为主，有时也承受扭矩（曲梁、螺旋形梁）；梁的变形特征以弯曲变形为主，受扭矩时会有扭转变形；梁的支承特征是单向支承，梁可以是一点支承的悬臂梁，也可以是两点支承的单跨梁（简支梁、固端梁），还可以是单向多点支承的连续梁（超静定梁或静定梁）；梁的破坏特征是弯曲破坏、剪切破坏、弯扭破坏、侧向失稳破坏等，这些都是需要重点防止的。由于梁中弯曲应力和剪应力沿纵向分布变化较大，为使材料的力学性能达到充分利用和发挥，梁的横截面与纵立面演化出多种形式，横截面有矩形梁、T 形梁、双 T 形梁、工字形梁、箱形梁等，纵立面有等截面梁、变截面梁、鱼腹梁等，如图 6.2 所示。梁的传力路径简洁，力学分析相对简单，制作方便，故在建筑结构中应用最为广泛。

一般情况下，梁水平放置，用于支承板并承受板传来的各种荷载和梁的自重。梁和板共同组成建筑的楼盖和屋盖结构，梁在楼盖或屋盖中的平面布置有 3 种形式，如图 6.3 所示。

（1）平行梁系。梁沿楼屋盖单向平行布置，板荷载直接传给梁。

（2）主次梁系。次梁垂直搭接于主梁，板荷载先传给次梁，再由次梁传给主梁。

（3）交叉梁系。交叉设置梁，但不分主次，两个方向梁截面等高，正交或斜交，板荷载直接传给两个方向的梁。

6.2.2 梁的受力特点

上述梁的各种特征即为影响梁承载力和刚度的各种因素，下面以最简单的单跨简支梁和固支梁为例来说明梁和荷载、跨度、支承条件、截面形状、材料等因素之间的关系。

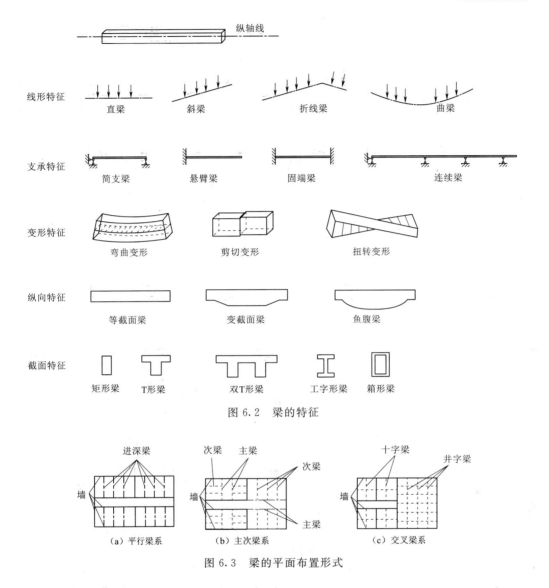

图 6.2 梁的特征

图 6.3 梁的平面布置形式

均布荷载作用下：两端简支梁支座负弯矩最小为 0，跨中弯矩最大为 $M_{中1}=\dfrac{1}{8}ql^2$，挠度最大在跨中，为 $\delta_{max1}=\dfrac{5ql^4}{384EI}$；两端固支梁支座负弯矩最大为 $M_{支2}=\dfrac{1}{12}ql^2$，跨中弯矩为 $M_{中2}=\dfrac{1}{24}ql^2$，挠度最大在跨中，为 $\delta_{max1}=\dfrac{ql^4}{384EI}$。

分析跨度影响可见：弯矩与跨度的平方成正比，挠度与跨度的四次方成正比。说明对跨度很敏感。

分析支承条件可见：两端固支梁的跨中弯矩明显小于简支梁（仅为 1/3），而支座出现了负弯矩。说明两端固支可以使梁内弯矩分布趋于均匀，且较小。

以矩形截面梁单一材料为例，其抗弯承载力为 $M_u=f\dfrac{I}{y}=f\left(\dfrac{bh^2}{6}\right)$，截面惯性

矩 $I = \dfrac{bh^{3}}{12}$，可见截面高度对抗弯承载力和刚度的贡献都大于截面宽度，加大截面高度对提高承载力和减小挠度更为有效。

分析上述公式可见，材料的强度提高，则承载力等比例提高；材料的弹性模量提高，则变形等比例缩小。由于简支梁的支座弯矩为 0，其弯矩沿纵向分布为抛物线形，故简支梁纵向形状设计成图 6.2 中的变截面梁或鱼腹梁更为节约材料。

此外，还有伸臂梁、超静定连续梁、静定多跨梁、斜直梁、平面曲梁、空间曲梁等，其跨度、支承条件、截面尺寸与纵向形式等因素与承载力和刚度之间的关系存在与单跨梁大致相同的规律。

需要讨论的是交叉梁系，当两个方向交叉的梁跨度相近，截面尺寸也相近时，构成交叉梁系。交叉梁系由于双向梁紧密联系在一起，当荷载作用于其中某个梁时，与之垂直的梁会跟着一起变形，也就会跟着一起受荷，如图 6.4 所示。由于交叉梁系的双方向梁协同受荷，不分主次，比主次梁结构的受力更为合理，梁的截面尺寸可以减小，常用于两个方向跨度相近同时较大的情况。

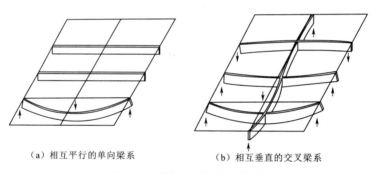

（a）相互平行的单向梁系　　　　　　（b）相互垂直的交叉梁系

图 6.4　单向梁系与交叉梁系

当交叉梁系的两个方向跨度相同时，两个方向梁的抗弯刚度 EI 相同根据变形协调的几何条件，可知梁的交点挠度相同，随即可以推出两根梁的四个支座分别提供 $1/4P$ 的支座反力，也就是说两个方向的梁各承担 50% 的荷载。当两个方向的跨度相差 2 倍时，同样根据变形协调的几何条件，跨中挠度相同，进一步可推导出短跨梁承担 8/9 的荷载，而长跨梁承担 1/9 的荷载。可见当两个方向跨度相差较大时，交叉梁系的优势就不明显了，此时实际已经分出明显的主次，更接近于采用主次梁系，如图 6.5 所示。

6.2.3　梁的工程应用

梁根据具体位置、形状、作用等的不同，有不同的分类。与楼板一同构成楼盖或屋盖的梁称为楼盖梁或屋盖梁，如开间梁、屋面梁、井字梁、主次梁、框架梁等；与柱、承重墙等竖向构件共同构成空间结构体系，有圈梁、连系梁等，起到抗裂、抗震、稳定等构造性作用；位于基础内，用于增加基础整体性于刚度的梁称为基础圈梁，用于支撑其上的墙体并承担墙体传来竖向荷载的称为承墙梁；位于门窗洞口的上

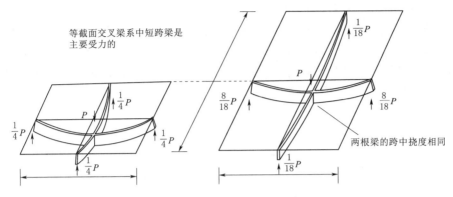

等截面交叉梁系中短跨梁是主要受力的

两根梁的跨中挠度相同

图 6.5 交叉梁系的受力分析

方，用于支承并承担其上墙体传来竖向荷载的称为门窗过梁。下面介绍几种常见的梁。

1. 框架梁

框架梁主要出现在框架结构中，不仅作为楼盖梁和屋盖梁支承楼板，同时还与柱一起构成框架抵抗水平力。在抗震时，作为结构抗震设防的第一道防线，框架梁开裂或屈曲后，形成耗能的构件。一般多层建筑或高层建筑中，框架梁应用较多。

资源 6.1
框架结构
中的梁

2. 连梁

在剪力墙结构和框架-剪力墙结构中，连接墙肢与墙肢且在墙肢平面内相连，两个墙（剪力墙）中间有洞口或断开，但受力要求又要连在一起而增加的受力构件，称为连梁。连梁一般具有跨度小、截面大，与连梁相连的墙体刚度又很大等特点。连梁不应设计太强，其刚度可以折减，即允许大震下连梁开裂或损坏，以此可以保护剪力墙，有利于提高整体结构的延性和实现多道抗震设防的目标。当连梁有足够的延性时，在地震作用下会出现交叉裂缝并形成塑性铰，刚度降低，变形加大，从而吸收大量的地震能量，同时通过塑性铰仍能继续传递弯矩和剪力，对墙肢起到一定的约束作用，使剪力墙保持足够的刚度和强度。在这一过程中连梁起到了耗能作用，对减少墙肢内力，延缓墙肢屈服有着重要的作用。

资源 6.2
框架梁的
应力与变形

3. 圈梁

圈梁是沿建筑物外墙四周及部分内横墙设置的连续封闭的梁。其目的是为了增强建筑的整体刚度及墙身的稳定性。圈梁可以减少因基础不均匀沉降或较大振动荷载对建筑物的不利影响及其所引起的墙身开裂。在抗震设防地区，利用圈梁加固墙身就显得更加必要。圈梁与其他梁不同，它的主要作用不是承受荷载，因此它不是严格意义上的受弯构件。

圈梁主要有以下作用：

（1）增强房屋的整体性和空间刚度。

（2）防止由于地基不均匀沉降或较大振动荷载等对房屋引起的不利影响。

（3）设置在基础顶面部位和檐口部位的圈梁对抵抗不均匀沉降作用最为有效。

（4）当房屋中部沉降较两端为大时，位于基础顶面部位的圈梁作用较大；当房屋两端沉降较中部为大时，檐口部位的圈梁作用较大。

4. 过梁

过梁是砌体结构房屋墙体门窗洞上常用的构件，它用来承受洞口顶面以上砌体的自重及上层楼盖梁板传来的荷载。过梁的形式有钢筋砖过梁、砖砌平拱过梁、砖砌弧拱过梁、钢筋混凝土过梁、砖砌楔拱过梁、砖砌半圆拱过梁、木过梁等。

钢筋砖过梁受弯矩和剪力作用，当过梁受拉区的拉应力超过砖砌体的抗拉强度时，则在跨中受拉区会出现垂直裂缝；当支座处斜截面的主拉应力超过砖砌体沿齿缝的抗拉强度时，在靠近支座处会出现斜裂缝，在砌体材料中表现为阶梯形斜裂缝。砖砌平拱过梁和砖砌弧拱过梁在跨中开裂后，会出现水平推力，此水平推力由两端支座处的墙体承受，当此墙体的灰缝抗剪强度不足时，会导致支座滑动而破坏，这种破坏在房屋端部的墙体处较易发生。钢筋混凝土过梁的破坏形式同一般受弯构件，即受弯及受剪破坏，有时要考虑两端支承处砌体的局部受压破坏。砖砌楔拱过梁、砖砌半圆拱过梁都是利用拱的传力原理，把竖向荷载通过拱传给两侧的墙体。木过梁则是利用木材的抗弯性能传递荷载，是受弯构件。

6.3 板

6.3.1 板的概述

板是覆盖较大平面面积且厚度较薄的平面构件，通常水平放置，承受垂直方向的荷载。也有斜向放置的板，比如坡屋面板、带坡度的楼面板、楼梯板。

板是兼顾围合（分隔）空间和承重的构件，根据其所处的位置可分为楼面板、屋面板、挑檐板等。楼面板主要作用是沿竖向分隔建筑物的内部空间，一般承担自重、家具、设备、人员、楼面装饰等荷载；屋面板主要作用是与墙、地面构成建筑的维护空间，起到保温隔热、防风防雨水等作用，主要承担板自重、吊顶、装饰装修面层、雪、积灰、雨水、检修等荷载，还经常会有种植屋面、蓄水屋面、水箱、电梯间、暖通空调设备间等荷载作用其上。

板的材料可以是钢材、木材或钢筋混凝土，我国大多数楼屋面板采用钢筋混凝土板。根据不同方法对板进行分类如下：

（1）按平面形状，有正方形、矩形、圆形、扇形、三角形、梯形、多边形板等。

（2）按支承条件，有单柱、单边、两对边、两侧边、三边、四边、四角支承等。

（3）按约束条件，有简支（约束竖向和水平平动，可自由转动）、固支（约束全部位移）、连续（沿支承边板是连续的，临跨板之间互相约束）、自由（无任何约束）。

（4）按截面形状，有实心板（钢筋混凝土、木）、空心板（钢筋混凝土）、槽形板

（钢筋混凝土）、叠合板（钢＋钢筋混凝土）、压型钢板（钢）、夹芯复合板（轻钢＋保温层、钢丝网水泥＋保温层）等。

此外，还有其他分类方法，如根据是否施加预应力分为预应力板和非预应力板，根据板的空间形状分为拱板、波浪板、V形折板等。

板的特征如图 6.6 所示。

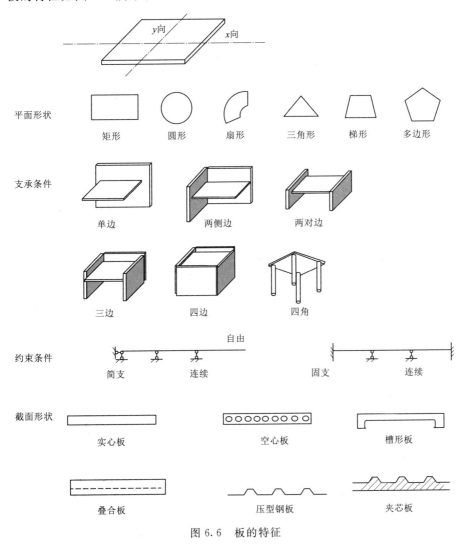

图 6.6 板的特征

6.3.2 板的受力特点

板一般放置在梁上或墙上，由梁或墙支承。板在垂直于其板面的荷载作用下，内力以弯矩和剪力为主；板的边角部位常常同时存在扭矩，但由于剪力和扭矩引起的应力和变形较小，常常忽略不计，故板以受弯为主。

不同板边约束条件、板边支承可提供的反力不同，受荷后板发生不同的变形，荷载的传递方向与路线也不同。

　　如图 6.7（a）所示，板支承于梁上，板受均匀分布的竖向荷载作用后会变形，由于梁的支承，忽略梁的下垂，则板跨中下垂，支座处均不下垂；当边梁截面尺寸较小时，左侧板边发生顺时针转动（边梁随之转动），简化为简支边支座；当边梁截面尺寸较大时，则梁的抗扭刚度就足以约束板边的转动，此时板边转动角度很小（可以忽略），边支座简化为固支边；中间支座为连续边，板两边的变形相协调。

　　如图 6.7（b）所示，板支承于砖墙上，由于砖墙对板的转动约束弱，板边支座发生一定程度的转动，简化为简支边；中间支座仍简化为连续边。

　　如图 6.7（c）所示，板支承于钢筋混凝土墙上，由于墙对板的转动约束强，板边支座不发生转动，简化为固支边；中间支座由于受到墙的约束，也不发生转动，也简化为固支边。

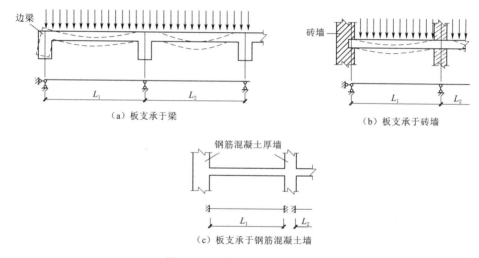

（a）板支承于梁　　　　　　　　　　　（b）板支承于砖墙

（c）板支承于钢筋混凝土墙

图 6.7　板的支承与约束情况

　　板的传力方向与路径主要取决于板的支承条件。单边支承时，板为悬臂板（此时必须是固支边），板面上荷载都往支承边传递，属于单向受力板；两临边支承时，为双向悬臂，板面上荷载往两个支承边传递，属于双向受力板，可近似认为荷载沿 45°角分配给两个支承边；两对边支承时，荷载往两相对的两支承边传递，属于单向受力；对于三边、四边和四角支承的板，板面荷载均为沿相互垂直的两个方向传递，属于双向受力板。

　　单向受力板可以简单理解为一个很扁的梁（板的宽度为梁截面宽度，板的厚度为梁截面高度），当只在板中部某处施加局部荷载时，旁边的板带会协同受荷，此时板内部存在扭矩，只是往往忽略扭矩的存在。当板上受到均布荷载作用时，可以视板为由若干条板带组成，而各条板带的受力与变形都相同，看起来就像"各自为战"一样，如图 6.8（a）、（b）所示。

　　双向受力板则可以理解为一系列单位宽度的交叉板带结合而成，这些交叉板带又可以理解为交叉梁结构，双向协同受力。荷载往两个方向传递时，一般遵循"就近"的原则，就是说距离较近的支承边承担较多的荷载，如图 6.8（c）所示。双向板受力变形如图 6.8（d）所示。

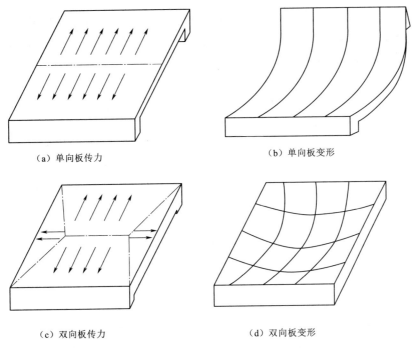

（a）单向板传力　　　　　　　　　　　（b）单向板变形

（c）双向板传力　　　　　　　　　　　（d）双向板变形

图 6.8　板传力与变形

换言之，双向板的长边支座承担较多的荷载，短边支座承担较少的荷载。以板面承受均布荷载为例，板两个方向边长相等时，四个边支座各承担 1/4 的板面荷载；长边是短边的 2 倍时，两长边支座将各承担 8/18 的荷载，而两短边支座各承担 1/18 的荷载。实际工程中，大多数情况属于四边支承板，当长短边的比例为 1～2 时按双向受力板考虑，长短边之比大于 2 时按单向受力板考虑，荷载朝向两个长边支座传递。

6.3.3　板的工程应用

根据材料，板可分为钢筋混凝土楼板、组合楼板、砖拱楼板、木楼板等。

1. 钢筋混凝土楼板

钢筋混凝土楼板采用混凝土与钢筋共同制作而成。这种楼板坚固，耐久，刚度大，强度高，防火性能好，当前应用比较普遍。按施工方法，钢筋混凝土楼板又可分为现浇钢筋混凝土楼板和装配式钢筋混凝土楼板两大类。

现浇钢筋混凝土楼板一般为实心板，现浇楼板还经常与现浇梁一起浇筑，形成现浇梁板。现浇梁板按结构类型分为板式楼板、梁板式楼板和无梁楼板等。板式楼板是指当承重墙的间距不大时，将楼板的两端直接支承在墙体上，而不设梁和柱；梁板式楼板一般由板、次梁、主梁组成，板支承在次梁上，次梁支承在主梁上，主梁支承在墙或柱上，次梁的间距即为板的跨度；无梁楼板是将板直接支承在墙上或柱上，而不

资源 6.3
结构体系中
的板

资源 6.4
不同荷载情况
下板的应力
与变形

设梁的楼板，设计时常会为了减小板在柱顶处的剪力，在柱顶加柱帽和托板等形式以增大柱的支承面积。

装配式钢筋混凝土楼板除极少数为实心板以外，绝大多数采用圆孔板和槽形板（分为正槽形与反槽形两种）。装配式钢筋混凝土楼板一般在板端都伸有钢筋，现场拼装后用混凝土灌缝，以加强整体性。

2. 组合楼板

组合楼板是以压型钢板与混凝土浇筑在一起构成的整体式楼板。压型钢板在下部起到现浇混凝土的模板作用，同时由于在压型钢板上加肋或压出凹槽，能与混凝土共同工作，起到配筋作用，还可在钢板上焊接钢筋，提升楼板强度。钢衬板楼板已在大空间建筑和高层建筑中采用，它自重轻、强度高，便于工业化生产，提高了施工速度，具有现浇式钢筋混凝土楼板刚度大、整体性好的优点，还可利用压型钢板肋间空间敷设电力或通讯管线。

3. 砖拱楼板

这种楼板采用钢筋混凝土倒 T 形梁密排，其间填以普通黏土砖或特制的拱壳砖砌筑成拱形，故称为砖拱楼板。这种楼板虽比钢筋混凝土楼板节省钢筋和水泥，但是自重大，作地面时使用材料多，并且顶棚成弧拱形，一般应作吊顶棚，故造价偏高。此外，砖拱楼板的抗震性能较差，楼板层厚度较大，施工复杂，目前已经很少采用。

4. 木楼板

木楼板以木材为核心材料，其做法为：先在梁柱或者墙上架起木龙骨架，再在骨架上铺质木板。木楼板的优点是自重轻、保温性能好、舒适、有弹性、节约钢材和水泥等，但防火性能不好，不耐腐蚀，易被虫蛀，耐久性差，又由于木材昂贵，故一般工程中应用较少，当前它只应用于装修等级较高的建筑中。

6.4　柱与框架

6.4.1　柱与框架概述

柱是建筑结构中用以支承梁、桁架、楼板等水平构件的竖向构件，在实际工程中柱主要承受压力，有时也同时承受弯矩和剪力。柱的分类方法有多种，按截面形式分为方柱、圆柱、管柱、矩形柱、工字形柱、H 形柱、T 形柱、L 形柱、十字形柱、双肢柱、格构柱；按所用材料分为石柱、砖柱、砌块柱、木柱、钢柱、钢筋混凝土柱、钢管混凝土柱；按长细比分为长柱、短柱、中长柱。各类柱的截面形状如图 6.9 所示。

柱是竖向构件，板的荷载通过柱传给基础有两种路径：①柱与梁形成框架（或排架）来支承板，梁板式楼盖属于此类；②柱直接支承板，没有梁，无梁楼盖属于此类。

无梁楼盖体系中的柱以承担竖向力为主，因没有形成框架，抵抗水平力的能力较弱，较多用于地下室（地下室侧面回填土协助承担水平力）。有时无梁楼盖为了加强

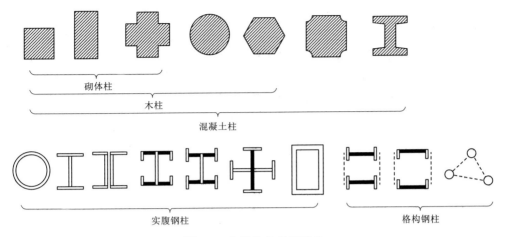

图 6.9 各类柱的截面形状

柱与板之间的传力，采用柱帽的做法［图6.10（a）］，让柱对板反作用力扩散到较大的范围，避免板的冲切破坏。

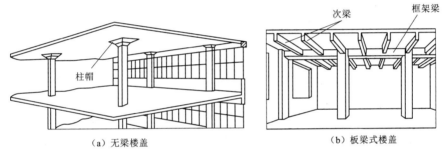

（a）无梁楼盖　　　　　　　　　　（b）板梁式楼盖

图 6.10 无梁楼盖与板梁式楼盖

当采用板梁式楼盖时，梁与柱形成框架［图6.10（b）］，此时梁柱节点采用刚结点（互相约束转动，传递弯矩）。框架不仅可以承担竖向力，还可以承担水平力，大多数多层与高层建筑属于此类。若梁柱节点采用铰结点（互相不约束转动，不传递弯矩），则构成排架，此时柱的基础必须对柱形成固定端约束，才能保证结构几何不变，且排架承受水平力的能力较弱，常辅以柱间的交叉支撑。注意，排架只能用于单层建筑，多层建筑不能采用排架结构。单层单跨的框架结构因其形似门框，故工程上常称为门式刚架，如图6.11所示。

因框架应用较为广泛，这里重点讨论框架及框架柱。框架一般具备以下特征：

（1）梁与柱的连接为刚性节点。

（2）柱对梁形成一定约束，受荷后梁的端部出现负弯矩，使得梁跨中弯矩有所减小，弯矩沿梁长分布较为均匀。

（3）由梁传给柱的内力主要包括轴力、弯矩和剪力，柱的受力更为复杂。

（4）应特别关注框架至少应该是几何不变体系，在几何不变体系中又最好是超静定结构，超静定结构的竖向和水平承载力都比静定结构大。

125

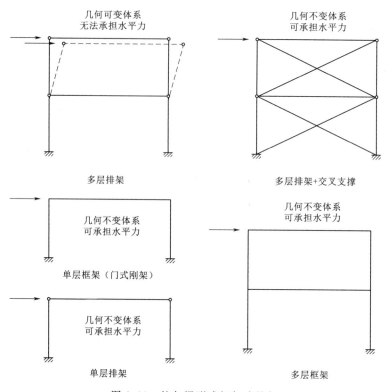

图 6.11 柱与梁形成框架或排架

（5）框架指梁柱形成的平面结构单元，框架承受垂直于平面的荷载（平面外力）的承载力和刚度很小，因此结构体系中需要一系列与之垂直的框架协同受力。

6.4.2 柱的受力特点

柱主要承受压力，有时同时承受弯矩和剪力，承受弯矩和剪力时相对复杂，我们这里仅讨论受轴心压力柱的受力特点。

1. 短柱与长柱

（1）短柱。当柱截面尺寸（$b \times h = A$）与柱长（H）相比相差不多时（如 $b/H \leqslant 4$，其中 b 为柱截面较小边长），称为短柱。短柱轴心受压临界力为

$$P_{短} = fA \tag{6.1}$$

式中 A——柱截面面积；

f——材料的抗压强度。

短柱的受压破坏是全截面被压溃，受压承载力与柱长无关，材料应力达到抗压强度。

（2）长柱。当柱截面尺寸（$b \times h = A$）远小于柱长（H）时，属于长柱。长柱轴心受压破坏时，由于有不可忽略的侧向变形，致使截面上弯曲的内侧应力远大于外侧应力。当平均应力远小于抗压强度时，一侧就可能因受压破坏，而另一侧则可能因受拉而破坏，这种破坏形态称为整体失稳破坏。越细长的柱受压时越容易整体失稳，截面面积

相同的柱长度越长，其抗压承载力越低。从材料力学知识可知，长柱轴心受压临界力为

$$P_{长} = \frac{\pi^2 EI}{H^2} = \frac{\pi^2 EAr^2}{H^2} = \frac{\pi^2 EA}{\lambda^2} \tag{6.2}$$

式中　E——材料弹性模量；

　　　I——截面惯性矩；

　　　A——截面面积；

　　　r——回转半径。

从式（6.2）可见，长柱的轴心受压临界力实际上并不取决于材料的抗压强度，而是和材料截面惯性矩、材料弹性模量以及柱长相关，特别对柱长十分敏感。

这里引入长细比（λ）的概念：

$$\lambda = \frac{H}{r} \tag{6.3}$$

由式（6.2）可知，长细比是影响长柱轴心受压临界力的重要因素，也是受压构件设计中一个重要参数，需要引起重视。

工程设计中，并不直接利用式（6.2）进行柱的轴心受压承载力计算，而是引入与长细比相关的轴心受压稳定系数（φ），采用式（6.4）计算：

$$P_{长} = \varphi f A \tag{6.4}$$

显然，$P_{长} < P_{短}$，轴心受压稳定系数 $\varphi < 1$，且随着长细比增大，稳定系数减小。

2. 柱长的计算

计算柱长时，要考虑柱的上下两端约束条件，两端约束条件不同时，柱在轴心受压时的变形曲线形状不同，决定了柱轴心受压临界力的不同。根据两端约束条件可以有"一端固定一端自由""一端固定铰一端可动铰""一端固定一端可动铰接""一端固定一端定向约束"4 种情况。表 6.1 中列出各种情况下挠曲线的形状、临界力以及计算长度系数 μ。柱的计算长度 $H = \mu l$，其中 l 为柱上下端点距离。

表 6.1　　　　　　　　　　柱失稳时的形态与计算长度系数表

杆端约束	一端固定一端自由	一端固定铰一端可动铰	一端固定一端可动铰接	一端固定一端定向约束
失稳时挠曲线形状				
临界轴力	$F_{cr} = \dfrac{\pi^2 EI}{(2l)^2}$	$F_{cr} = \dfrac{\pi^2 EI}{l^2}$	$F_{cr} = \dfrac{\pi^2 EI}{(0.7l)^2}$	$F_{cr} = \dfrac{\pi^2 EI}{(0.5l)^2}$
长度系数	$\mu = 2$	$\mu = 1$	$\mu = 0.7$	$\mu = 0.5$

6.4.3　柱的工程应用

资源 6.5
框架结构中
的柱

资源 6.6
框架柱的
应力与变形

在实际工程中，常根据柱的功能特性对其进行分类，主要包括框架柱、排架柱、框支柱、构造柱、抗风柱等。

1. 框架柱

框架柱主要用于框架结构中，承受梁和板传来的荷载，并将荷载传给基础，是主要的竖向支承构件。结构遇到风、地震等水平荷载作用时，框架柱与框架梁一起抵抗水平荷载。由于框架柱中存在轴压力，其延性能力通常比框架梁偏小；加之框架柱是结构中的重要竖向承重构件，对防止结构在水平荷载作用（特别是罕遇地震作用下）的整体或局部倒塌起关键作用，故在框架设计中通常均采取"强柱弱梁"措施（对钢筋混凝土柱还需考虑"强剪弱弯"措施），即人为增大柱截面的抗弯能力，以减小柱端形成破坏可能性；如有必要还可设置支撑系统增强抗侧刚度，共同承担水平荷载作用。

2. 排架柱

组成排架结构的柱，其上端与屋架（屋面梁）铰接连接，下端由柱基础固接连接。由于屋架或屋面梁与柱之间铰接连接，柱上端不承受梁传来的弯矩，在竖向荷载传递中对柱引起的弯矩很小。在水平荷载作用时，柱依靠其下基础的固定约束提供给排架结构的水平承载力，因此柱根部弯矩较大，同时排架抵抗水平荷载作用的承载力和刚度也较框架小。

3. 框支柱

因为建筑功能要求，下部大空间，上部部分竖向构件不能连续贯通落地，而通过水平转换结构（楼板、框支梁、框支柱、转换厚板、落地墙等）与下部竖向构件连接。当布置的转换梁支承上部的剪力墙的时候，转换梁叫框支梁，支承框支梁的柱子就叫做框支柱。框支柱与框架柱在结构中作用不同，前者是框支梁下的柱，用于转换层；后者与框架梁、基础相连，在框架结构中承受梁和板传来的荷载，并将荷载传给基础。

4. 构造柱

构造柱不是承担竖向荷载的构件，而是增强砌体墙的整体性和抗剪能力的构件，其使用范围较广，砖混结构、框架结构等都有构造柱。对于多层砖混建筑结构，为了增强建筑物的整体性和稳定性，墙体中设置钢筋混凝土构造柱，并与各层圈梁相连接，形成能够抗弯、抗剪的空间框架，它是防止房屋倒塌的一种有效措施。构造柱还可减少、控制墙体裂缝的产生，能增强砌体的强度。构造柱通常设置在楼梯间的休息平台处、纵横墙交接处、墙的转角处、错层部位横墙与纵墙交接处等。此外，构造柱的设置要求受房屋层数、地震烈度的影响比较明显。

5. 抗风柱

设置在砖混结构房屋或单层厂房结构的两端山墙内,抵抗纵向水平风荷载的柱称为抗风柱,一般用于高耸、内部大空间、横墙少的砖混结构房屋或轻钢结构,如工业厂房、大型仓库等。

抗风柱有以下两种布置方法:

(1)按传统抗风柱布置,即抗风柱柱脚与基础铰接(或刚接),柱顶与屋架通过弹簧片连接。按这种布置方法,屋面荷载全部由刚架承受,抗风柱不承受上部刚架传递的竖向荷载,只承受墙体和自身的重量和风荷载,成为名副其实的"抗风柱"。

(2)按门式刚架轻钢结构布置,即抗风柱柱脚与基础铰接(或刚接),柱顶与屋架铰接。按这种布置方法,屋面荷载由刚架及抗风柱共同承担,抗风柱同时承担竖向荷载和风荷载。

对于第一种布置方式,抗风柱就可以按竖向的梁考虑,承受计算宽度内的均布风荷载,计算长度可以按支承情况分别取值。对于第二种布置方式,抗风柱就需要按双向受压的压弯构件考虑,在抗风柱平面内承受计算宽度内的均布风荷载,同时还受轴向压力。

6.5 墙与墙体

在建筑学上,墙是用于空间围合的主要构件,来满足建筑功能、空间的要求,是一种竖向的空间隔断结构,用来围合、分隔或保护某一区域,是建筑设计中最重要的元素之一。建筑墙的种类繁多,根据是否承重、施工方式以及在结构体系中的分工,可以分为非承重墙、承重墙与剪力墙。

资源 6.7
墙结构体系

6.5.1 非承重墙

1. 隔墙

它只起到隔断、隔声、防火、隔热等作用。隔墙可用砖、空心砖、轻质砌块等砌筑而成,也可采用轻钢或木龙骨做支架用石膏板等做面板形成夹芯墙,还可以采用玻璃隔墙或金属板隔墙。隔墙一般只承受自重以及较小的侧向荷载,比如人挤靠、家具依靠等产生的水平荷载,隔墙不承担楼屋盖传来的荷载。

2. 围护墙

资源 6.8
墙的应力
与变形

它在功能上为建筑物提供一个"环境保护罩",满足通风、采光、保温、隔热等建筑功能;在美学上协助形成建筑的外立面效果;在结构上承担自身重量以及风引起的表面压力或吸力(风荷载垂直于外墙表面,围护墙负责把所接受的风荷载传给梁或柱等就近的结构构件)。围护墙可以是砖、空心砖、轻质砌块等砌筑而成,也可以是轻钢或铝合金做龙骨的石材、玻璃、金属幕墙。

3. 填充墙

填充墙专指在框架结构中起围护和分隔作用，砌筑于框架柱间的墙体。填充墙的重量由梁柱承担，填充墙本身不承重。但地震作用时，填充墙可以协助框架抵抗水平侧移，起到提高框架抗侧能力和刚度的作用，填充墙使用合理可以提高框架结构的抗震性能。

从结构的概念来看，以上三种墙体均为非承重墙，它们只承受自重与较小的侧向（水平）荷载，一般把非承重墙视为引起结构的荷载的非结构构件。非承重墙需要依靠主体结构才能存在，其稳定性需要靠与主体结构之间的可靠连接，要重视非承重墙与结构之间变形的协调，最好是采用一些柔性连接，既能保证非承重墙的稳定可靠，有能尽量减小非承重墙对结构造成其他不利的影响。

6.5.2　承重墙

承重墙除了承受自重荷载外，还承受楼屋盖传来的重力荷载（包括楼屋盖本身自重以及其承担的其他所有永久与可变荷载），还承受风或地震引起的水平荷载。承重墙同时具备隔断墙与围护墙的建筑功能。承重墙主要有砌筑墙与钢筋混凝土墙两大类：砌筑墙一般由砖、混凝土空心砌块以及硅酸盐砌块砌筑而成；钢筋混凝土墙一般在墙内配置双层水平和竖向交叉的网状配筋。

砖或砌块砌筑的墙体，多用于单层或多层建筑，风和地震作用引起的水平荷载较小，墙体以承受重力（竖向）荷载为主，重力荷载主要引起墙体的压力。屋盖大多是钢筋混凝土屋盖、钢结构屋盖或木结构屋盖，楼盖大多是钢筋混凝土板梁式楼楼盖。此类建筑称为混合结构，因墙体为砌筑墙，此类建筑也称为砌体结构。

砌体结构中砌筑墙是重要的竖向承载构件，应注意以下 3 个问题。

1. 传力路径与承重体系

竖向承重和传力构件就是砌筑墙，楼面荷载的传力路径一般是楼面→板（→梁）→墙→基础→地基，并符合"就近传递"的原则，即当楼板支承在四边的墙上时，距离最短的墙承担最多的楼面荷载。

一般建筑的平面形状为矩形，其中平行于矩形短边的墙称为横墙；平行于长边的墙称为纵墙。当横墙较多、较密时，绝大部分楼面荷载由板直接传给横墙，称为横墙承重体系［图 6.12（a）］；当横墙较少、间距较大时，绝大部分楼面荷载直接（或通过梁）传给纵墙，称为纵墙承重体系［图 6.12（b）］。

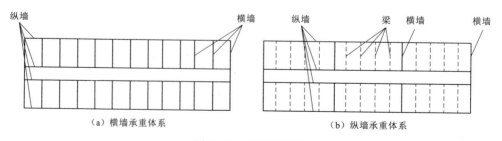

图 6.12　承重墙体系

横墙承重体系中，横墙较多，建筑物横向刚度较大，有利于抵抗风或地震引起的水平荷载，但因为横墙较多，当需要大开间房屋的时候受到限制；纵墙承重体系中，横墙较少，易于实现大开间房屋，但横向刚度较小，不利于抵抗水平荷载。将两者结合、取长补短的是纵横墙承重体系。

2. 墙体的稳定性

砌体墙主要承受压力，存在稳定性的问题。与前面讨论过的柱的受压稳定性问题相类似，影响墙体的稳定性的重要因素是墙的高厚比 β。

$$\beta = \frac{H_0}{h} \tag{6.5}$$

式中　H_0——砌体墙的计算高度；

　　　h——墙体的厚度。

不难理解，当墙体的厚度一定时，砌筑得越高，其受压承载力会越低；反之，当高度一定时和截面积一定时，墙的厚度越薄，其受压承载力就越低。砌体结构设计中，按照限定墙体允许高厚比的方法来保证墙体的稳定性，即 $\beta \leqslant \mu_1 \mu_2 [\beta]$，其中 μ_1 为非承重墙允许高厚比的修正系数，μ_2 为有门窗洞口时墙允许高厚比的修正系数，墙的允许高厚比 $[\beta]$ 根据砌筑砂浆的强度等级取 $22 \sim 26$。

同时，墙上下两端的约束条件也影响着墙的稳定性，而这种约束来自建筑的空间刚度。建筑空间刚度大，则墙的平面外位移就小，墙的稳定性好。横墙承重体系中，楼屋盖的水平刚度相对较大，建筑空间刚度也大，水平荷载作用下楼屋盖的水平位移忽略不计，称为刚性方案，墙的上下两端约束支座视为限制水平位移的不动铰支座；纵墙承重体系中，横墙少，建筑空间刚度小，称为弹性方案，墙的上端约束视为不限制水平位移的可动铰支座。

3. 如何改善墙体的性能

砌筑墙的性能主要指力学性能，包括抗压、抗拉、抗剪、抗弯、整体性、延性等。由于砌筑墙是由砖或砌块用砂浆黏结在一起的构件，其存在黏结力较弱，抗拉、抗剪、抗弯性能较低，墙体整体性差，墙体抗震性能差的缺点。承受各种荷载时，特别是抗震时，提高墙体的整体性就很重要。提高砌筑墙力学性能与整体性的一般做法是：优化组砌，错缝搭接，砂浆均匀饱满，提高砂浆的黏结强度，配置钢筋形成配筋墙体，设置圈梁与构造柱。

墙体往往需要开设洞口（外墙的窗洞口、内墙的门洞口），此时应该让上下洞口对齐，以便荷载传递路线直接简洁。因砌筑墙的抗拉、抗弯性能较差，当承受较大偏心压力时，可能会引起墙的附加弯矩，应避免。当梁搭接在砌筑墙上时，应注意避免墙体的局部承压破坏。

6.5.3 剪力墙

剪力墙一般用于高层建筑，以承受墙体平面内的水平荷载为主，因为水平荷载主

131

要在墙内引起弯矩和剪力，特别是较大的剪力，故称为剪力墙。又因为高层建筑中剪力墙的主要功能是抵抗地震作用，且水平荷载主要是由地震引起，故剪力墙也称为抗震墙。

剪力墙存在于框架-剪力墙体系、剪力墙体系和筒体结构体系中。框架-剪力墙体系由一系列框架单元和一系列剪力墙单元构成，前者主要承受竖向荷载，后者主要承受水平荷载，两者之间通过楼、屋盖联系，协同工作。在剪力墙体系和筒体结构体系中，竖向荷载和水平荷载全部由剪力墙承担。

一般来说，剪力墙抵抗平面内水平荷载的承载力和刚度都很大，而抵抗平面外水平荷载的承载力和刚度就很小。因此考虑剪力墙平面布局时，往往是纵横两个方向都布置数量大致相同的剪力墙，让它们分别承担与各自平面平行的水平荷载。剪力墙平面布局还应遵循对称、均匀、相对分散的原则，这样不易于形成较大扭转效应和局部薄弱，对承受水平荷载特别是地震作用有利。

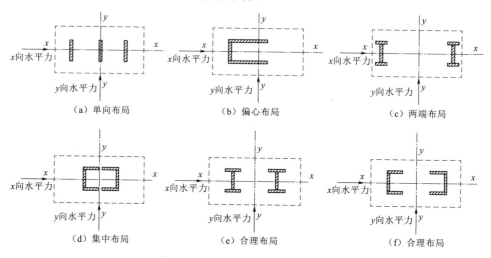

图 6.13 剪力墙的不同平面布局

图 6.13 中给出几种剪力墙平面布局方案：（a）仅有 y 向剪力墙，无法抵抗 x 向水平力；（b）剪力墙布局不对称，易形成较大扭转；（c）集中在两头，（d）集中在中部，属于不均匀的分布，当建筑较长时不宜采用；（e）、（f）是较为有利的平面布局。

一般建筑中的楼梯、电梯间开门窗洞口较少，且位于建筑的中部，周围墙体采用剪力墙易形成核心筒结构。剪力墙若形成封闭的筒体，则会大大提高整体抵抗水平荷载的承载力和刚度，如图 6.14 所示。

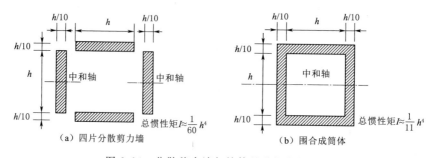

图 6.14 分散剪力墙与筒体的总惯性矩对比

6.6 构件的连接

前几节介绍了各类结构构件,这些构件在一起协同工作组成了结构体系。那么构件如何才能组成一个整体结构体系呢?这就需要构件和构件以及构件和基础之间的连接可靠地传递力来保证。不同的结构体系,各构件自身与相互之间的连接形式多种多样,导致形成的节点也千变万化,不能穷尽所有连接节点,本节中对少数常用的结构连接形式作概括介绍。

6.6.1 混凝土结构的连接

混凝土结构是指以混凝土为主制成的结构,包括素混凝土结构、钢筋混凝土结构和预应力混凝土结构。按施工方法,又可分为现浇混凝土结构和装配式混凝土结构。

1. 现浇混凝土结构

现浇混凝土结构是在现场原位支模并整体浇筑而成的混凝土结构,除素混凝土结构(直接支模、浇筑成型)之外,构件自身以及相互之间的连接均是通过钢筋的连接实现(图 6.15),即通过绑扎搭接、焊接、机械连接等方法实现钢筋之间的内力传递。钢筋的不同连接方式各自适用于一定的工程条件。

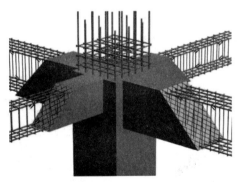

| (a) 现浇混凝土连接节点示意 | (b) 相互贯穿的钢筋 |

图 6.15 现浇混凝土连接节点

各种类型钢筋接头的传力性能(强度、变形、恢复力、破坏状态等)均不如直接传力的整根钢筋,任何形式的钢筋连接均会削弱其传力性能。因此钢筋连接的基本原则为:受力钢筋的接头宜设在受力较小处;限制钢筋在构件同一跨度或同一层高内的接头数量;在结构的重要构件和关键传力部位纵向受力钢筋不宜设置连接接头,尽量避开,如柱端、梁端的箍筋加密区,并限制接头面积百分率等。

(1) 钢筋的绑扎搭接。是指将两根钢筋相互重叠一定长度,并用扎丝绑扎连接的连接方法,适用于直径较小的钢筋的连接。一般用于混凝土内的加强筋网,经纬均匀排列,不用焊接,只需用铁丝固定,如图 6.16 所示。

(2) 钢筋的焊接连接。是指用焊接设备将钢筋沿轴向接长或交叉连接的连接方法。常用的钢筋焊接方法有对接焊（接长）、搭接焊（接长）、点焊（交叉），如图 6.17 所示。

（3）钢筋的机械连接。是指通过钢筋与连接件或其他介入材料的机械咬合作用或钢筋端面的承压作用，将一根钢筋中的力传递至另一根钢筋的连接方法。机械连接是一项新型钢筋连接工艺，被称为继绑扎、电焊之后的"第三代钢筋接头"，其具有接头强度高于钢筋母材、速度比电焊快、无污染、节省钢材等优点。

图 6.16 钢筋的绑扎搭接

（a）对接焊　　　　　　　　　（b）搭接焊　　　　　　　　　（c）交叉点焊

图 6.17 钢筋的焊接连接

钢筋的机械连接有挤压套筒连接、锥螺纹套筒连接、直螺纹套筒连接等三种主要形式，如图 6.18 所示。

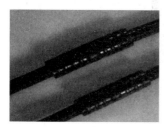 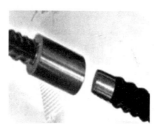 

（a）挤压套筒连接　　　　　　（b）锥螺纹套筒连接　　　　　　（c）直螺纹套筒连接

图 6.18 钢筋的机械连接

挤压套筒连接通过挤压力使连接件钢套筒塑性变形与带肋钢筋紧密咬合形成的接头。锥螺纹套筒接头通过钢筋端头特制的锥形螺纹和连接件锥形螺纹咬合形成的接头。直螺纹套筒连接用等强度直螺纹连接，接头质量稳定可靠，连接强度高，可与套筒挤压连接接头相媲美，而且又具有锥螺纹接头施工方便、速度快的特点，因此直螺纹连接技术的出现给钢筋连接技术带来了质的飞跃。

综合搭接连接、焊接连接与机械连接三种钢筋连接方式，机械连接是钢筋接头质量最易保障，接头传力最可靠的一种形式，而且机械连接接头延性好，少有缺陷。

2. 装配式混凝土结构

装配式混凝土结构是由预制混凝土构件或部件通过可靠的连接方式（图 6.19）装配而成的混凝土结构，包括装配整体式混凝土结构、全装配混凝土结构等。它是我国建筑结构发展的重要方向之一，有利于我国建筑工业化的发展，提高生产效率节约能源，发展绿色环保建筑，并且有利于提高和保证建筑工程质量。与现浇施工工法相比，装配式混凝土结构有利于绿色施工，因为装配式施工更能符合绿色施工的节地、节能、节材、节水和环境保护等要求，降低对环境的负面影响，包括降低噪声、防止扬尘、减少环境污染、清洁运输、减少场地干扰、节约水、电、材料等资源和能源，遵循可持续发展的原则。

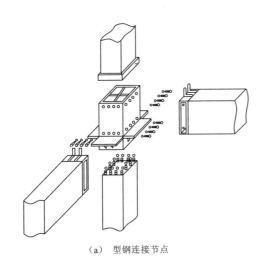

（a） 型钢连接节点　　　　　　　　　　（b）现浇连接节点

图 6.19　装配式混凝土连接

装配式混凝土结构的预制混凝土构件之间除了可以采用现浇混凝土结构的三种连接方式外，还有诸多专门用于装配式混凝土结构的连接形式。

（1）套筒灌浆连接。这是一种在预制混凝土构件内预埋成品套筒，从套筒两端插入钢筋并注入灌浆料而实现的钢筋连接方式，可分为全灌浆套筒连接和半灌浆套筒连接，如图 6.20 所示。半灌浆套筒上部内侧车丝，连接钢筋套丝，钢筋与套筒通过丝扣连接，全套筒则不然。

（2）钢筋浆锚连接。将从预制构件表面外伸一定长度的不连续钢筋插入所连接的预制构件对应位置的预留孔道内，钢筋与孔道内壁之间填充无收缩、高强度灌浆料，形成钢筋浆锚连接，目前国内普遍采用的连接构造包括约束浆锚连接和金属波纹管浆锚连接，如图 6.21 所示。

约束浆锚连接在接头范围预埋螺旋箍筋，并与构件钢筋同时预埋在模板内；通过抽芯制成带肋孔道，并通过预埋 PVC 软管制成灌浆孔与排气孔用于后续灌浆作业；待不连续钢筋伸入孔道后，从灌浆孔压力灌注无收缩、高强度水泥基灌浆料；不连续钢筋通过灌浆料、混凝土，与预埋钢筋形成搭接连接接头。

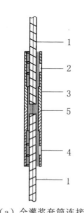

（a）全灌浆套筒连接

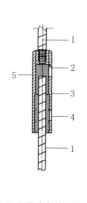

（b）半灌浆套筒连接

（c）现场吊装

图 6.20 框架柱与框架柱的连接

1—连接钢筋；2—出浆孔；3—套筒；4—注浆孔；5—灌浆料

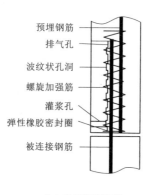

（a）约束浆锚连接

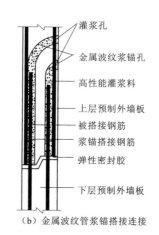

（b）金属波纹管浆锚搭接连接

图 6.21 金属波纹管浆锚搭接

　　金属波纹管浆锚搭接连接采用预埋金属波纹管成孔，在预制构件模板内，波纹管与构件预埋钢筋紧贴，并通过扎丝绑扎固定；波纹管在高处向模板外弯折至构件表面，作为后续灌浆料灌注口；待不连续钢筋伸入波纹管后，从灌注口向管内灌注无收缩、高强度水泥基灌浆料；不连续钢筋通过灌浆料、金属波纹管及混凝土，与预埋钢筋形成搭接连接接头。

　　无论是约束浆锚连接还是金属波纹管浆锚连接，其不连续钢筋应力均通过灌浆料、孔道材料（预埋管道成孔）及混凝土之间的黏结应力传递至预制构件内预埋钢筋，实现钢筋的连续传力。根据其传力方式，待连接钢筋与预埋钢筋之间形成搭接连接接头。考虑到钢筋搭接连接接头的偏心传力性质，一般对其连接长度有较严格的规定。约束浆锚连接采用的螺旋加强筋，可有效加强搭接传力范围内混凝土的约束，延缓混凝土的径向劈裂，从而提高钢筋搭接传力性能。而对于金属波纹管浆锚连接，也可借鉴其做法，在搭接接头外侧设置螺旋箍筋加强，但应尤其注意控制波纹管与螺旋箍筋之间的净距离，以免影响该关键部位混凝土浇筑质量。

　　无论是现浇还是装配式连接，若钢筋相互贯穿并有足够的锚固长度，都可实现节点的刚接。混凝土结构节点大多属于刚接，当然若结构体系需要铰接时，则应避免钢筋的相互贯穿。

6.6.2　钢结构连接

　　钢结构连接是指钢结构构件或部件之间的互相连接，主要有钢柱与钢筋混凝土之间、钢柱与钢梁之间、钢柱与钢桁架之间、钢梁与钢梁之间、钢桁架内弦杆与腹杆之间、钢屋架与钢檩条之间等的连接，种类繁多，不可穷尽。

　　钢构件之间连接可以分为铰接连接与刚接连接，关键看连接处是否可以传递弯矩，或者连接的构件之间是否约束相互间的转角。图 6.22 所示为两种钢柱与混凝土基础间的连接方式，其中图（a）所示为承台对钢柱的转动约束较弱，称为铰接柱脚；图（b）所示为承台对钢柱的转动约束较强，称为刚接柱脚。

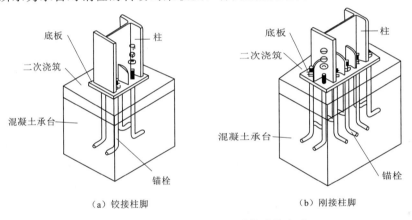

（a）铰接柱脚　　　　　　　　　　（b）刚接柱脚

图 6.22　钢柱与混凝土基础的连接方式

　　图 6.23 所示为两种钢柱与钢梁的连接方式，其中图（a）所示为钢梁与钢柱铰接；图（b）所示为钢梁与钢柱刚接。

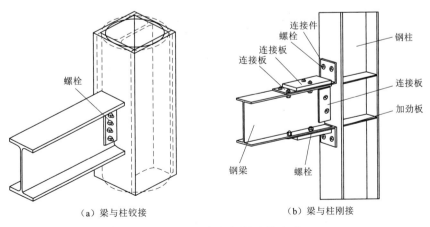

（a）梁与柱铰接　　　　　　　　　　（b）梁与柱刚接

图 6.23　钢柱与钢梁的连接方式

钢结构连接常用焊接连接、螺栓连接、铆钉连接以及轻钢结构中采用的紧固件连接。在进行钢结构连接设计时，必须遵循安全可靠、传力明确、构造简单、制造方便和节约钢材的原则。钢网架结构及节点连接形式如图 6.24 所示。

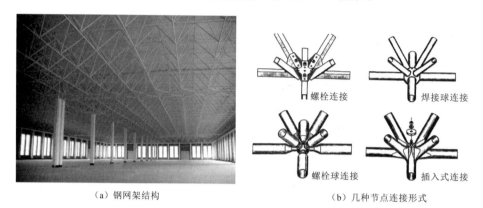

（a）钢网架结构   （b）几种节点连接形式

图 6.24 钢网架结构与节点连接形式

1. 焊接连接

焊接连接是钢结构发展过程中最主要的连接方式，其构造简单，任何形式的构件都可直接采用焊接连接。该方式用料经济，不削弱截面，制作与加工便捷，随着科学与技术的进步可逐步实现全自动化操作，连接的密闭性好，结构刚度大。但其缺点也很明显：在焊缝附近的热影响区内，钢材的金相组织发生改变，导致局部材质变脆；焊接残余应力对构件的稳定和疲劳强度均有显著的影响，且焊接位置对裂纹敏感，局部裂纹一旦发生，易快速扩展，引发断裂，导致节点破坏，严重的可能造成整体结构破坏；焊接变形可使构件产生初始缺陷，设计焊接结构以及施工过程都应采取措施，减少焊接应力和焊接变形。

（1）焊接方法与工艺。常用的焊接方法有手工电弧焊、埋弧焊、气体保护焊、电阻焊等，具体工艺如下。

手工电弧焊［图 6.25（a）］是以手工操作的焊条和被焊接的工件作为两个电极，利用焊条与焊件之间的电弧热量熔化金属进行焊接的方法。其特点为：设备简单，操作灵活方便，能进行全位置焊接且适合焊接多种材料，但生产效率偏低，劳动强度大，焊接质量与焊工的技术水平有很大关系。

埋弧焊［图 6.25（b）］是一种电弧在焊剂层下燃烧进行焊接的方法，是当今生产效率较高的机械化焊接方法之一。其固有的焊接质量稳定、焊接生产率高、无弧光及烟尘很少等优点，目前主要用于焊接各种钢板结构。可焊接的钢种包括碳素结构钢，不锈钢，耐热钢及其复合钢材等。

气体保护焊［图 6.25（c）］的全称是熔化极气体保护电弧焊，指用外加气体作为电弧介质并保护电弧和焊接区的一种电弧焊，是一种自动或半自动的工艺，其中自动焊接需连续送入焊丝，由焊炬的喷嘴送进氩气或氦气作保护。焊接速度较快，熔池较小，热影响区窄，焊件焊后变形小，可以焊接薄板。

电阻焊 [图 6.25 (d)] 一般是使工件处在一定电极压力作用下并利用电流通过工件时所产生的电阻热将两工件之间的接触表面熔化而实现连接的焊接方法。焊接时，不需要填充金属，生产率高，焊件变形小，容易实现自动化，主要用于薄板焊接。

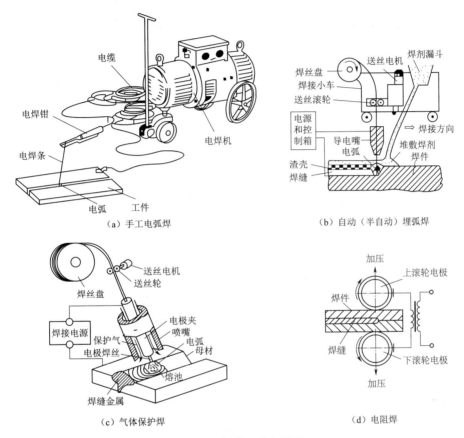

(a) 手工电弧焊

(b) 自动（半自动）埋弧焊

(c) 气体保护焊

(d) 电阻焊

图 6.25　焊接工艺与原理

(2) 焊缝形式。

焊缝形式按照构造可分为对接焊缝和角焊缝。对接焊缝按受力的方向不同，可分为正对接焊缝和斜对接焊缝，如图 6.26 所示。此类焊缝用料经济，传力平稳，受力性能好，但精度要求高，较厚的板需开剖口。角焊缝按受力方向不同，可分为侧面角焊缝（与力平行）、正面角焊缝（与力垂直）和斜向角焊缝（与力有夹角），如图 6.27 所示。角焊缝施工简便，但传力不均，易产生严重的应力集中。

焊缝形式按被连接焊件的相对位置可分为平接、搭接、T 型连接、角部连接四种，如图 6.28 所示。

焊缝沿长度方向的布置可分为连续角焊缝和间断角焊缝两种，如图 6.29 所示。连续角焊缝的受力性能好，为主要的角焊缝形式；间断角焊缝的起、灭弧处容易引起应力集中，重要结构应避免采用，只能用于一些次要构件或受力很小的连接中。同时，间断角焊缝的间断距离 l 不宜过长，以免连接不紧密，潮气侵入引起构件锈蚀。

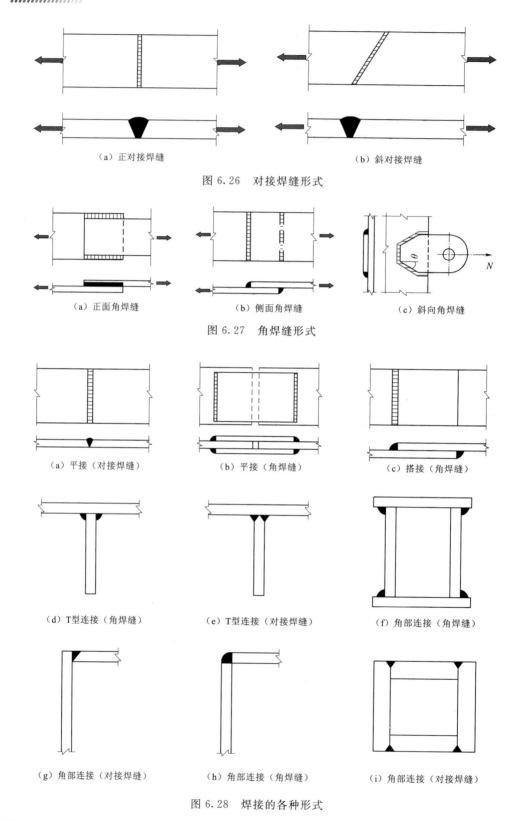

（a）正对接焊缝　　　　　　　　　　　（b）斜对接焊缝

图 6.26　对接焊缝形式

（a）正面角焊缝　　　　　（b）侧面角焊缝　　　　　（c）斜向角焊缝

图 6.27　角焊缝形式

（a）平接（对接焊缝）　　　（b）平接（角焊缝）　　　（c）搭接（角焊缝）

（d）T 型连接（角焊缝）　　（e）T 型连接（对接焊缝）　　（f）角部连接（角焊缝）

（g）角部连接（对接焊缝）　　（h）角部连接（角焊缝）　　（i）角部连接（对接焊缝）

图 6.28　焊接的各种形式

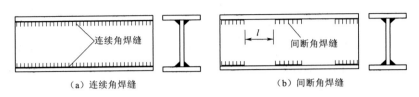

（a）连续角焊缝　　　　　　　　（b）间断角焊缝

图 6.29　连续角焊缝与间断角焊缝

焊缝按施焊位置分为平焊、横焊、立焊与仰焊，如图 6.30 所示。平焊，也称俯韩焊，施焊方便；横焊和立焊要求焊工的操作水平比较高；仰焊的操作条件最差，焊缝质量不易保证，应尽量避免采用。

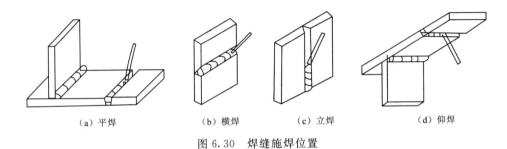

（a）平焊　　　　　（b）横焊　　　　（c）立焊　　　　　　（d）仰焊

图 6.30　焊缝施焊位置

2. 螺栓连接

用螺栓将两个或多个部件或构件连成整体的连接方式，多用于钢结构中，螺栓连接的形式很多，基本的有平接、搭接和 T 型连接。

平接是指所连接的两块钢板处于同一平面，通过螺栓受剪传力，在两钢板间传递拉力或压力的连接形式。可通过拼接板连接，有双拼接板与单拼接板之分，如图 6.31（a）、（b）所示。

搭接是指所连接两块板之间相互搭接，通过螺栓受剪传力，不需拼接板，直接传

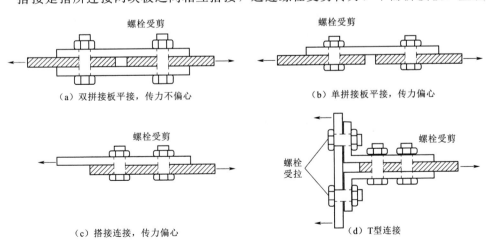

（a）双拼接板平接，传力不偏心　　　　　（b）单拼接板平接，传力偏心

（c）搭接连接，传力偏心　　　　　　　（d）T型连接

图 6.31　普通螺栓的连接形式

力,但传力有所偏心,如图 6.31(c)所示。

T 型连接是把一块板与另一块与之垂直的板连接,并通过连接传力,需要 L 形连接板配合,其中连接翼缘的螺栓受拉、连接腹板的螺栓受剪,如图 6.31(d)所示。

单根螺栓可以传递承受剪力和拉力,当构件与构件间需要传递弯矩、剪力、扭矩等内力时,就需要若干螺栓共同传力,即为螺栓群传力。此处不对传力进行详细分析,通过图 6.32 我们可以获得一些感性认识。

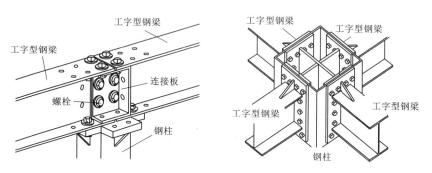

图 6.32 钢构件螺栓连接

螺栓连接分为普通螺栓连接和高强度螺栓连接,两种螺栓均由螺栓杆、螺母和垫片组成。普通螺栓用普通碳素结构钢或低合金结构钢制成,强度等级有 4.4 级、4.8 级、5.6 级和 8.8 级;连接的承载力依赖于螺栓自身的螺栓杆抗剪、抗拉或被连接件的孔壁承压能力,因强度偏低,主要用于临时支撑连接或非重要的连接。

高强度螺栓在安装时还会通过特别的安装扳手,对螺栓施加很大的预拉力,使被连接构件之间产生挤压力。高强度螺栓除了其材料强度高之外,拧紧螺栓还施加很大的预拉力,使被连接板件的接触面之间产生压紧力,因而板件间存在很大的摩擦力,因此可以通过板件间的摩擦传力。如图 6.33 所示,钢梁与钢柱间需要传递剪力与弯矩,通过高强螺栓群传递。支撑与钢梁间传递轴力(支撑的轴力),通过普通螺栓传

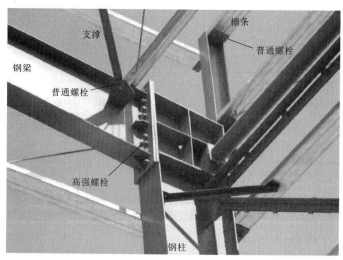

图 6.33 钢结构普通螺栓与高强度螺栓连接

力，连接钢檩条的螺栓也是普通螺栓。

3. 铆钉连接

把两个或两以上的钢零件或钢构件连接成为一个整体，也可以采用铆钉连接的方式。铆钉连接的受力与螺栓连接相类似，主要靠铆钉杆的抗剪力来传递外力。铆钉是由顶锻性能好的铆钉钢制成。铆钉连接的施工程序，是先在被连接的构件上，制成比钉径大 1.0～1.5mm 的孔，然后将一端有半圆钉头的铆钉烧红，塞入孔内，再用铆钉枪或铆钉机进行铆合，使铆钉填满钉孔，并打成另一铆钉头。铆钉在铆合后冷却收缩，对被连接的板束产生夹紧力，这有利于传力。

铆钉连接的韧性和塑性都比较好，但比螺栓连接费工，比焊接费料，只用于承受较大的动力荷载的大跨度钢结构，一般情况下在工厂几乎被焊接所代替，在工地几乎被高强度螺栓连接所代替。但由于铆钉连接不受金属材料性能的影响，且铆接后构件的变形较小，所以，承受冲击荷载或振动荷载的钢结构以及薄板结构仍经常采用铆钉连接（图 6.34）。

图 6.34 钢结构铆钉连接

4. 轻钢结构中的紧固件连接

在冷弯薄壁型钢结构中，经常采用自攻螺钉、钢拉铆钉、射钉等机械式紧固件连接方式，主要用于压型钢板之间和压型钢板与冷弯型钢等支承构件之间的连接。图 6.35 所示为轻钢结构中的常用紧固件连接方式。

6.6.3 木结构连接

我国是最早应用木结构的国家之一。因木材属于不可再生资源，目前以木结构作为结构材料的建筑已经较少，因此关于木结构的连接，我们仅列出几种常见的连接方式，并做简单分析。

1. 榫卯连接

榫卯连接是我国古代工匠师创造的一种木材互相穿插的连接方式（图 6.36），其

（a）单螺栓连接　　　　　　　　　　（b）单螺栓连接

（c）单螺栓连接　　　　　　　　　　（d）自攻钉连接

（e）卡具连接　　　　　　　　　　　（f）自攻钉连接

图 6.35　轻钢结构中的常用紧固件连接方式

特点是利用木材承压和相互间的挤压传力，是一种简单的梁柱连接的构造方式。利用榫卯嵌合作用，使结构在承受水平外力时，能有一定的适应能力。因此，这种连接至今仍在我国传统的木结构建筑中得到广泛的应用。其缺点是对木材的受力面积削弱较大，用料不经济。

2. 齿连接

齿连接是一种用于木桁架节点的连接方式（图 6.37），由齿、保险螺栓、附木、垫木组成。将压杆的端头做成齿形，直接抵承于另一杆件的齿槽中，通过木材承压和

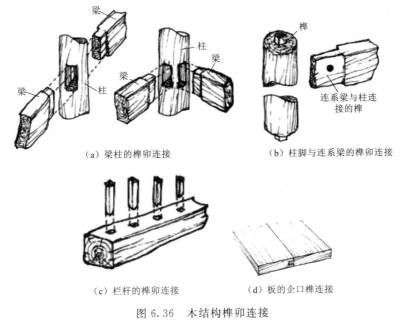

（a）梁柱的榫卯连接　　　　　　（b）柱脚与连系梁的榫卯连接

（c）栏杆的榫卯连接　　　　　（d）板的企口榫连接

图 6.36　木结构榫卯连接

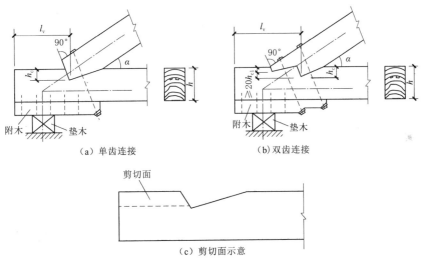

（a）单齿连接　　　　　　　　（b）双齿连接

（c）剪切面示意

图 6.37　传统木桁架齿接连接节点

受剪传力。为了提高其可靠性，要求压杆的轴线必须垂直于齿槽的承压面并通过其中心，这样使压杆的垂直分力对齿槽的受剪面有压紧作用，提高木材的抗剪强度。在"材料力学"等课程中，将有应力可以帮助材料提升抗剪强度的相关介绍。

3. 混合连接

现代木结构中，有栓连接、钉连接、键连接等连接形式。此类连接中，通过栓、钉和键的受剪与受弯，以及木材受剪与受劈裂来传力。为了充分利用栓、钉和键的受弯、木材受挤压的良好韧性，避免因栓、钉、键过粗、排列过密或构件过薄而导致木

145

材剪坏或劈裂。还有栓、钉、键与齿连接相结合的混合连接方式，可以把各种连接方式的优点得到发挥，缺点得到弥补（图 6.38）。

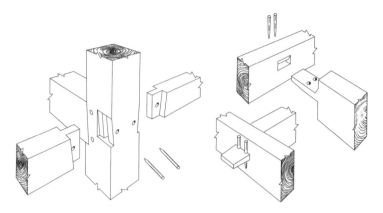

图 6.38 现代木结构的键与榫卯连接的结合

6.7 案例分析：玻璃雨篷钢梁的优化设计

几乎所有带玻璃幕墙的建筑都采用玻璃和钢结构相结合的新型轻盈的雨篷，玻璃雨篷是现代科技和建筑艺术相结合的典范，能实现现代建筑开放、明快、简洁的艺术效果。在雨篷的设计过程中，处理好传力体系与建筑立面效果之间的关系是一个关键。

悬挑雨篷通常的传力方式有两种：一种是靠从主体结构上悬挑出悬臂梁支承雨篷的荷载；另一种是为减小悬臂梁所受弯矩以及其对主体结构传递弯矩，附加斜拉杆（或斜拉索）来帮助悬臂梁传力。但如果采用斜拉杆式雨篷，则需要在主体建筑的玻璃幕墙上开孔，往往会破坏整体美观，且易漏风漏雨，影响使用，如图 6.39 所示；如果完全靠悬臂钢梁进行结构传力，则需要钢梁有足够的抗弯能力与刚度，往往由于钢梁的截面较大而显得有些笨拙，如图 6.40（a）所示。要消除这种笨拙之感，则可在雨篷梁的形状上做文章，本案介绍的钢梁形状优化的方法采用的是结构拓扑优化。

图 6.39 斜拉杆支承的玻璃雨篷

（a）实腹式悬臂梁支承　　　　　　　　　　（b）腹板开孔悬臂梁支承

图 6.40　悬臂梁支承的玻璃雨篷

结构拓扑优化是对结构的形状进行优化，其主要思想是将寻求结构的最优拓扑问题转化为在给定的设计区域内寻求最优材料的分布问题。给定设计区域内由许多带有孔洞的微结构组成，在优化过程中，设计区域一般保持不变，而微结构的孔洞大小可以变化，如某一部分区域的微结构全部为孔洞，则这部分区域便会被从设计区域上"移走"，从而形成一个大孔洞；反之，如某一部分区域的微结构的孔洞全部消失，则这部分区域上便组成"实在结构"。

钢梁优化的目标是寻求结构对材料的充分利用，得到最佳材料分配方案。这种方案在拓扑优化中表现为探讨结构内有无孔洞、孔洞的数量、位置等拓扑形式，以减轻结构质量或提高结构性能。其大致过程是：假设→分析→搜索→最优设计。搜索过程也就是改进设计的过程，这里所说的改进是按一定的优化方法使设计方案达到"最佳"的目标，是一种主动的、有规则的搜索过程，并以达到预期的"最佳"为目标。这里我们介绍的钢梁形状优化就属于拓扑优化。

某建筑入口处采用点支式玻璃雨篷，雨篷挑出墙面 5m，宽度 12m。在方案设计时，采用拓扑优化分析技术对雨篷的钢板组合梁进行形状以及开孔优化，既减轻结构的重量，又体现力学与美学的统一。

根据雨篷的初步方案，建立结构分析模型，如图 6.41（a）所示。开展了拓扑优化分析，综合考虑各种去除材料条件下的优化结果以及雨篷的侧面和整体效果，选择去除 50% 体积的优化结果作为结构设计的模型，如图 6.41（b）所示。

（a）拓扑优化模型网格　　　　　　　　　　（b）50%去除率拓扑优化后结果

图 6.41　钢梁形状优化分析过程

再综合考虑钢梁的焊接与挖孔制作工艺的简化，结合建筑效果，最终选择钢梁设计为变高度工字形截面梁，腹板挖孔，如图 6.42 所示。雨篷安装竣工后，结构显得非常通透轻巧，如图 6.43 所示。

在本案的结构钢梁设计中，进行了拓扑优化，寻求到钢梁的合理结构外形，使结构材料得到充分利用，体现力学与美学的和谐统一。从结构优化的角度看，减轻用钢量达 50% 左右，雨篷自重降低，提高了结构抗震性能，且便于结构的施工安装。从建

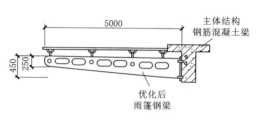
图 6.42 优化设计后钢梁形状

图 6.43 安装后整体效果

筑美化的角度看，将雨篷钢梁设计成变高截面，下翼缘略带弧线，展现出动感和美感；在梁的腹板合理地挖孔，可以消除结构的呆板与粗笨感，增强其通透性和融合性。

思 考 题

1. 组成建筑结构的基本构件有哪些？

2. 梁有哪几种？分别有什么受力特点和变形特点？

3. 板有哪几种？分别有什么受力特点和变形特点？

4. 柱有哪几种？分别有什么受力特点和变形特点？

5. 墙有哪几种？分别有什么受力特点和变形特点？

6. 钢结构构件的连接节点有哪几种？分别有什么受力特点和变形特点？

7. 混凝土结构构件的连接节点有哪几种？分别有什么受力特点和变形特点？

8. 木结构构件的连接节点有哪几种？分别有什么受力特点和变形特点？

第7章
结构体系

1. 工程概况

迪拜哈利法塔是目前世界上最高的建筑，建筑总高度为828m，混凝土结构高度为601m，基础底面埋深30m，桩尖深度为70m，全部混凝土用量为33万 m^3，总用钢量10.4万 t（高强钢筋6.5万 t，型钢3.9万 t），由美国 SOM 公司设计。工程总承包单位为韩国三星集团，中国江苏南通六建建设集团有限公司承包土建施工，幕墙分别由香港远东、上海力进、陕西恒远三家公司承包。我国建筑企业的技术人员与劳务工人在这座世界最高的建筑建设过程中做出了不可磨灭的贡献，我国土木工程的技术得到了世界的认可。

2. 建筑设计

哈利法塔（图1）的建筑设计理念是"沙漠之花"，平面呈三瓣对称盛开的花朵状，从空中俯瞰，整个建筑物像含苞待放的鲜花。这朵"鲜花"在沙漠耀眼的阳光下，与蓝天一色，发出熠熠光辉。

哈利法塔的总建筑面积为52.67万 m^2，塔楼建筑面积为34.4万 m^2，塔楼建筑重量为50万 t，可容纳居住和工作人员1.2万人，有效租售楼层为162层。哈利法塔是一座综合性建筑，37层以下是阿玛尼高级酒店；45~108层是高级公寓，共700套，其中第78层是世界最高楼层的游泳池；109~162层为写字楼，其中第124层为世界最高的观景台，透过幕墙的玻璃可看到80km外的伊朗，第158层是世界最高楼层的清真寺；162层以上为传播、电信、设备用楼层，一直到206层。为保持世界最高建筑的地位，哈利法塔的钢结构顶部设置了直径1200mm的可活动的中心钢桅杆，可由底部油压设备不断顶升，目前钢桅杆高度70m。一直到2009年年底，确认5年内世界各国都不可能建成更高的建筑，才最后宣布了828m的最终高度。

3. 结构体系

全钢结构因其强重比大，一直被认为优于混凝土结构，更适合于超高层建筑。20世纪六七十年代建造了大量300m以上的钢结构高层建筑，如1973年建成的纽约世界贸易中心双子塔（高417m，在"9·11"事件中被毁）、1974年建成的芝加哥西尔斯大厦（高443m）。到20世纪八九十年代，人们发现纯钢结构已不能满足建筑高度进一步升高的要求，其原因在于钢结构的侧向刚度提高难以跟上高度的迅速增长。从此以后，中间钢筋混凝土核心筒加外围钢框架结构成为超高层建筑的基本形式。上海金茂大厦（1997

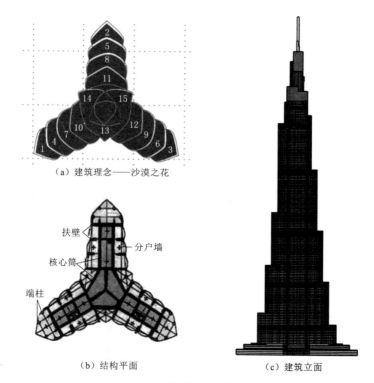

（a）建筑理念——沙漠之花

扶壁
分户墙
核心筒
端柱

（b）结构平面

（c）建筑立面

图 1　迪拜哈利法塔

年建成，高 420m）、台北 101 大楼（1998 年建成，高 448m）、香港国际金融中心（2010年建成，高 420m）、广州塔（2009 年建成，高 460m）、上海中心大厦（2014 年建成，高 632m），深圳平安金融中心（2018 年建成，高 599m）等，均属于此类结构体系。

在结构体系方面，哈利法塔有重大突破，下部采用混凝土结构、上部采用钢结构。地下 30m 至地上 601m 为钢筋混凝土剪力墙体系；601～828m 为钢结构体系，其中 601～760m 采用带斜撑的钢框架。

4. 平面布局

采用三叉形平面可取得较大的侧向刚度，对称的平面形状简单，增强了稳定性。抗侧力体系是一个六边形居中的带扶壁的核心筒，每一翼的纵向走廊墙形成核心筒的扶壁，共 6 道，横向分户墙作为纵墙的加劲肋，每翼的端部有 4 根独立端柱，如图 1（b）所示。这样，抗侧力结构形成空间整体受力，具有良好的侧向刚度和抗扭刚度。

5. 竖向渐变

竖向按建筑设计逐步退台，剪力墙在退台楼层处切断，端柱向内移。分段步步切断可使墙、柱的荷载平顺地逐渐变化，避免了墙、柱截面变化给施工带来的困难。全高 21 个退台形成优美的塔身宽度变化曲线［图 1（c）］，且减小风荷载的作用。

6. 结构分析

结构分析考虑了重力荷载、风荷载和地震效应，因总位移较大，考虑了 $P-\Delta$ 二阶效应。建立三维分析模型，模型包括钢筋混凝土墙、连梁、板、柱、钢结构、筏板和桩。

（1）风力：50 年一遇，风速 55m/s，经过风洞试验，确定建筑表面各部分的风压系数。

（2）地震：按美国标准 UBC97 的 2a 区，地震系数为 0.15，相当于我国 8 度设防。

（3）温度作用：考虑气温变化范围为 2～54℃。

通过动力分析得到各振型和周期：$T_1=11.3s$（x 向），$T_2=10.2s$（y 向），$T_5=4.3s$（扭转）。

7. 地基与基础

地基为胶结的钙质土和含砾石的钙质土，天然地基土与混凝土桩基础的表面极限摩擦力为 250～350kPa。采用灌注桩，共 194 根现场灌注桩，桩长度约 43m，直径 1500mm。

7.1 结构总体系

7.1.1 结构总体系的组成

建筑结构是由许多结构构件组成的一个系统，其中主要的受力系统称为结构总体系。因为建筑的用途和造型千姿百态，形形色色，与之相适应的结构总体系也是多种多样，但是仔细分析大多数结构总体系是由水平分体系、竖向分体系以及基础体系三部分组成。

1. 水平分体系

水平分体系也称楼（屋）盖体系，一般由板、梁、桁（网）架组成，如平板体系、板梁体系和桁架体系。其作用为：

（1）承受楼面或屋面的竖向荷载，并把它们传给竖向分体系。

（2）起竖向空间分隔、联系和支承竖向构件的作用，保持竖向分体系的稳定和协同受力。

2. 竖向分体系

竖向分体系一般由柱、墙、排架、筒体组成，如框架体系、墙体系和筒体系等。其作用为：

（1）承受由水平分体系传来的全部荷载，并把它们传给基础体系。

（2）为水平分体系提供侧向支承，通过水平分体系抵抗水平作用力（如风荷载、水平地震作用等），同时把它们传给基础体系。

3. 基础体系

基础体系一般由独立基础、条形基础、交叉基础、片筏基础、箱形基础（一般为浅埋）以及桩、沉井（一般为深埋）组成。其作用为：

（1）把上述两类分体系传来的竖向荷载全部分散传给地基。

（2）承受地面以上的上部结构传来的水平作用力，并把它们传给地基。

（3）限制整个结构的沉降以及沉降差，避免不允许的不均匀沉降和结构的滑移。

结构水平分体系和竖向分体系之间是协同工作的，水平分体系既把竖向荷载传给竖向分体系，同时又作为各竖向分体系之间的联系，使它们在承受水平作用力时协同工作。多数情况下，水平分体系中的部分构件也作为竖向分体系的组成部分，例如排架结构中的屋面梁或屋架与立柱共同组成了竖向分体系。竖向分体系支承着水平分体系，又连接着基础体系，竖向分体系承担水平分体系传来的竖向荷载，同时又承担着水平作用（风和地震），并把二者都传递给基础体系。

竖向分体系的间距就是水平分体系的跨度，竖向分体系的间距越大，水平分体系的总体尺寸越大，所需要的材料用量越多，每个竖向分体系所承担的竖向力和水平力就越大，竖向分体系本身的总体尺寸也越大，所需材料也越多。最优的结构方案设计应该寻求到一个最开阔、最灵活的可利用空间，满足人们使用的功能和美观的需求，而为此所付出的材料和施工消耗最少，这就要求结构师在结构设计的全过程都有结构优化和优选的意识。

基础的形式和体系要按照建筑物所在场地的土质和地下水的实际情况进行选择和设计。为此，在结构设计前至少要拥有该建筑物所在场地的初步勘察报告。这是结构设计的必备条件。

显然，了解并掌握当地有关环境的基本情况和基本数据，如地形图、地质情况、地震设防烈度、风雪荷载、气温变化、雨季和最高雨量等，对设计总结构体系中的三个基本分体系有着重要影响。

7.1.2　建筑物、结构总体系、分体系与基本构件的隶属关系

建筑物、建筑结构总体系、三个基本分体系、基本结构构件和构件受力状态之间的隶属关系，如图 7.1 所示。

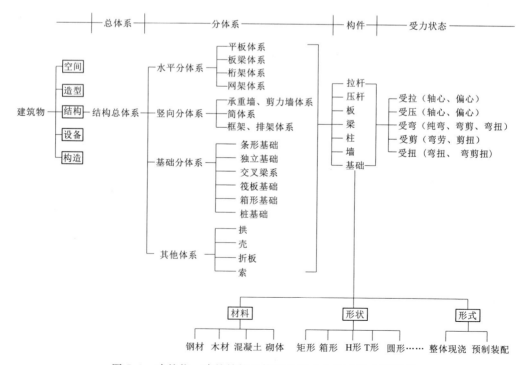

图 7.1　建筑物、建筑结构总体系与基本分体系的隶属关系

7.2 整体分析法与水平跨越分体系

7.2.1 概述

大多数建筑使用功能往往要求楼盖和墙体的表面比较平整，为此建筑物的主要水平结构或竖向结构的分体系也经常做成平板式（至少表面是平面的）。我们可以将水平分体系看作二维的整体构件：在竖直方向，它通过抗弯起着支承楼面或屋面荷载的作用；在水平方向，它起着隔板和（或）柱子连接构件的作用。竖向分体系也可以视为整体，它承受由水平分体系传来的竖向荷载并抵抗水平力。水平分体系一般由板、梁、双向密肋或桁架等组成，可选择钢、钢筋混凝土等不同的材料。

水平分体系的跨度即为支承水平分体系的垂直支承构件之间距。竖向分体系可由比较规则布局的柱、墙、竖的桁架、框架或筒体组成。就单独结构而论，将垂直支承构件布置得稍微密些，水平分体系的跨度随之减小，则水平分体系的造价也随之降低。但从更为综合性的建筑功能需要来考虑，则要求较大的内部空间的开隔和使用的灵活性，这就需要通过增大竖向支承构件之间的间距来保证。因此，将竖向支承构件的间距放得更大一些往往是合乎需要的。

显而易见，竖向支承构件的间距越大，水平分体系的结构高度也就越大。纵然大跨度要比小跨度节省竖向支承构件，但最终还是大跨度的结构耗材多。因此，有经验的结构设计师总是设法寻求既满足使用空间需求，同时又使得结构材料或施工耗能减到最小的竖向支承构件的布局。也就是说，必须顾及使用空间和工程效果两个方面，力图做出最佳的总体设计。

此外，在水平分体系的设计中，还需考虑一些其他的使用功能的要求，包括：支承非结构性建筑部件；抗振动、隔振、隔声和吸声功能；防护或阻止由火、太阳辐射、热、冻融引起的破坏，以及侵蚀性化学环境引起的腐蚀；为维护与修缮提供便捷。

水平跨越体系形式很多，常用的有平板体系、板梁体系和桁架体系。

7.2.2 整体分析法

整体分析法是将结构分体系作为一个整体构件进行分析。实际工程中，大多数水平分体系的截面都是等高的，因此可以假定沿整个构件的抗弯能力是均匀分布的，这假设非常符合单向平板或板梁作用的实际情况。这样的整体分析，简单考虑单向和双向分体系的平均弯矩，而局部区域受力上的差异，则可通过改变所用材料的数量而不是改变截面总尺寸的方法来完善整体设计。

图 7.2 表示一块支承在墙上的平板结构，图 7.2（a）所示为板支承在两端的墙上，属于单向作用，无论取任何一条板带还是考虑整个板，都能按承受它们所担负的全部荷载来进行分析。图 7.2（b）所示为板支承在四边的墙上且四角允许翘起，属于双向作用，板上的全部荷载由两个正交方向各承受一半。图 7.2（c）所示为实际工程中常见的情况，当上部墙体压住板边时，板的四边就不能自由翘起，此时仍属于双

153

向作用，板上的全部荷载由两个正交方向各承受一半。整体分析方法假设，双向板两个方向的整板和板带都能被设计成承受它们所担负荷载的一半。由此得出的弯矩对图7.2（b）和（c）所示两种情况相差不大。

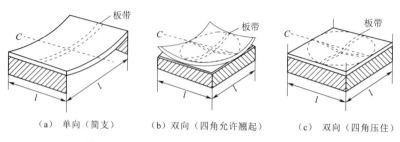

（a）单向（简支）　　　（b）双向（四角允许翘起）　　　（c）双向（四角压住）

图 7.2　不同支承条件下简单平板的变形示意

荷载通过板的抗剪和抗弯沿水平方向传给墙，并通过墙直接传到基础。注意，图7.2 中所描述的这种板的性能，是由于墙作为很大刚度的支座作用才得以存在，墙阻止了边缘板带向下位移。当墙用刚度很大的梁来代替时，整体作用和分析方法与墙支承相似（图7.3）。但需要注意，为了使梁支承接近墙支承的工况，梁必须设计成能承受相应的荷载，并将荷载传给支承柱。

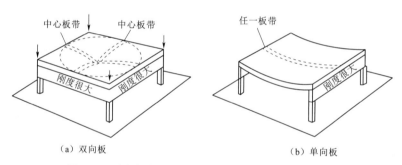

（a）双向板　　　　　　　　　（b）单向板

图 7.3　刚度很大的梁近似于理想的（墙）支承状态

试设想将两根刚度很大的梁从单向板体系［图7.4（a）］中取走，只剩下 4 根柱子来支承此板［图7.4（b）］。此时，板自身不得不来顶替已被取消的梁的作用，板的整体抗弯将在两个正交方向同样出现。因此，该板必须设计成首先在一个方向［如图7.4（a）所示］传递全部荷载，然后在另一个方向再完全一样地传递一次全部荷载，以顶替两根梁，如图7.4（b）所示。尽管有些设计人员不能认识到这一点，但对简支的板柱体系用整体方法来进行分析总是便捷的，双向板带的平均弯矩将等于单向板的弯矩 $M_{单向}$，对等厚度的板，每条板带的弯矩与平均弯矩都略有差异，在板边缘约为 $1.1M_{单向}$，在板中央约为 $0.9M_{单向}$。

当实际工程中，要求一个方向跨度较大，另一方向跨度较小时，可采用板-梁体系（图7.5）。此时，板的跨度比较小，并通过其在梁上和梁之间的单向抗弯将荷载传递给跨度较大的梁。设计时可取任意部位的板带宽度（1m）进行计算，计算结果可适用于整个板宽。亦可取整个板宽计算梁上和梁之间板的总负弯矩和正弯矩，再沿

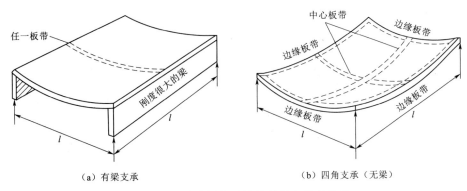

（a）有梁支承　　　　　　　　　（b）四角支承（无梁）

图 7.4　边缘有梁与无梁的板受力状态比校

板宽平均分配。显然，两者所得的结果是相同的。

　　此时梁应按照图 7.5 所示的它所承担的板面积荷载来进行设计。当梁的跨度为 L，两端外伸时，梁承受均布荷载 q 时，该梁的支座处会产生负弯矩，而梁的跨中正弯矩则小于 $qL^2/8$，此时梁的受力状态明显优于简支（不外伸）的梁。如图 7.6 所示，梁跨度为 L，且两端外伸 $L/4$ 时，梁支座处弯矩为 $qL^2/12$，使梁上侧受拉，跨中的弯矩为 $qL^2/24$，使梁下侧受拉。当采用连续梁时，梁的支座处同样会出现负弯矩，而同时会减小跨中正弯矩。连续梁的弯矩沿全长分布，优于简支梁。

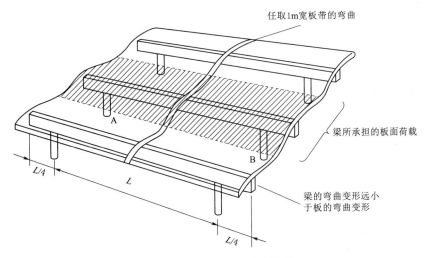

图 7.5　单向板-梁的受力性能

　　图 7.7 表示一组支承平板呈方形结构布置的梁，因为所有梁的跨度和刚度都相等，所以每个板开间的四边支承也完全相同。这是一种刚度比较大的双向板，其每个方向的总荷载和弯矩由每个方向的梁及其相应的板来共同承担，梁与板所分担的比例取决于梁与板的相对刚度。

　　要确定板和梁在每个方向分别承担总弯矩的实际比例是复杂的。但根据实际经验，在估算中常假设每个方向的跨中 2/3 板带约承担总弯矩的 1/3，梁约承担该方向总弯矩的 2/3。

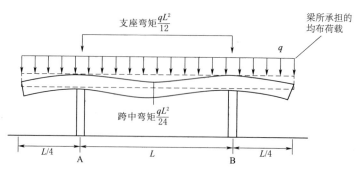

图 7.6　连续弯曲状态的梁的受力性能

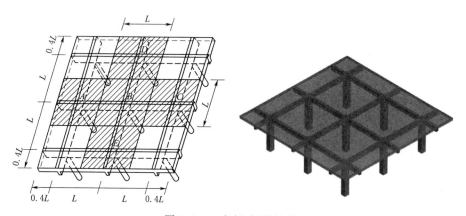

图 7.7　双向板-梁的性能

7.2.3　平板体系

上面讨论了不同类型楼盖或屋盖体系的整体性能，现在可以通过跨度、高度和材料使用的经济性之间的相互关系来考察水平分体系。例如，胶合板和钢板均可用于平板体系，但无论胶合板还是钢材制作的平板，跨度都不能太大，否则就会带来颤动和挠度过大的问题，除非把平板做得很厚，但板厚增加又带来自重增加和材料浪费的问题。一般而言，胶合板的经济厚度为 13~20mm，其跨度不超过 1.5m；一块 6mm 厚的钢平板强度较大，但造价也较高，且跨度不能大于 0.8m，否则挠度太大，且在人员走动时会产生较大振动。

与钢平板相比，混凝土平板的强度较弱，但材料便宜，若配以少量钢筋或预应力钢筋，则可经济地适当加大跨度，并能很好地满足隔振、减小挠度、隔声和防火等性能需求。因此，可以用直接支承在柱上的混凝土平板来构成有效的整体无梁楼板水平体系（图 7.8 和图 7.9）。

钢筋混凝土是两种材料的有效结合，但它是一种被动结合，因为只有在结构挠曲变形到一定程度钢筋才开始起作用。若采用钢筋混凝土平板，经济的跨度是平板厚度的 35~40 倍，当平板厚度为 150~200mm 时，平板跨度可达 5~8m，但就使用空间的开阔与灵活性而言，这跨度还是太小。

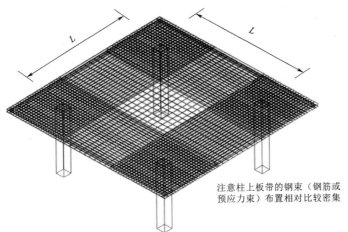

注意柱上板带的钢束（钢筋或
预应力束）布置相对比较密集

图 7.8 无梁平板的钢筋和预应力筋布置示意图

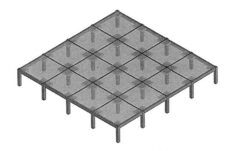

（a）混凝土平板俯视图

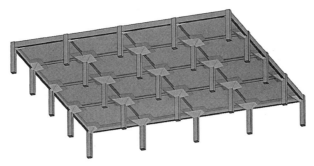

（b）带锥形柱帽的混凝土平板

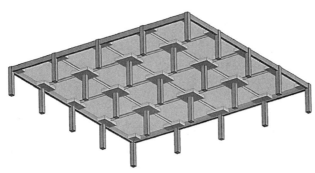

（c）带平托板的混凝土平板

图 7.9（一） 带托板（柱帽）的混凝土平板示意图

157

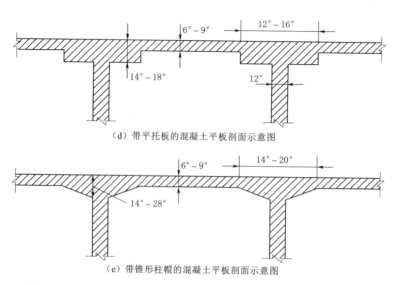

（d）带平托板的混凝土平板剖面示意图

（e）带锥形柱帽的混凝土平板剖面示意图

图 7.9（二）　带托板（柱帽）的混凝土平板示意图

而预应力钢筋混凝土是通过张拉高强钢筋对高强混凝土施如预应力，从而使两种材料达到主动结合。这两种材料的相互配合将得以控制应力、平衡荷载和减少挠度。因此，预应力钢筋混凝土平板可以比较薄，当跨度为 7.5～10m 时，板厚可以控制在 150～230mm。

对于无梁的平板，可以通过设置平托板和锥形柱帽以使钢筋混凝土和预应力钢筋混凝土平板的跨度加大，但实际工程中，由于建筑和施工的原因，往往愿意设计较小跨度而无柱帽的平板。

7.2.4　板梁体系

对于开间接近方形的双向板，其跨度（支座或刚性边梁之间的距离）可做到 6～9m 或更大。当开间为矩形时，则长跨度方向做成梁，两梁之间的短跨可做成单向板。一般来讲，长短跨相差等于或大于 1.5 倍，仅设长向的两根梁就可满足需要（图 7.10）。板可以是现浇混凝土或预制混凝土。若两根梁之间的距离选择得很合适，并使梁高比板厚大得多，则由于边梁与单向板的共同工作，使支座之间的距离可以增加很多。这与同样情况下的纯平板相比，省材料且刚度大。根据梁的不同间距，单向板可以选择胶合板或厚木板（跨度不大于 1.2m）、压型钢板（跨度不大于 3.0m）、钢筋混凝土或预应力混凝土板（跨度 4.5～9.0m）。需要注意的是，图 7.10（b）所示的压型钢板上浇筑轻质混凝土，此时不考虑混凝土与钢板的协同工作，如果浇筑混凝土强度较高且二者结合较好则形成组合板结构，受力性能得到大为改善，这是更为复杂的结构形式，本书不讨论。梁也可以用木、混凝土或钢制成，这样就能有各种不同组合的板-梁体系。

当板的开间接近方形时，可在两个方向的板边都设置梁（图 7.11）。这样，实际上形成板的四边都有支承，从而可实现几乎是最有利的双向作用。此时，板可以设计

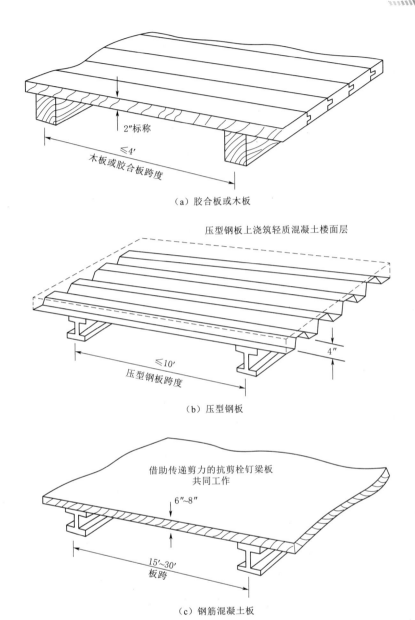

（a）胶合板或木板

2″标称

≤4′
木板或胶合板跨度

压型钢板上浇筑轻质混凝土楼面层

4″

≤10′
压型钢板跨度

（b）压型钢板

借助传递剪力的抗剪栓钉梁板
共同工作

6″~8″

15′~30′
板跨

（c）钢筋混凝土板

图 7.10 不同材料的单向板的适宜跨度

比较薄，因为板上荷载几乎是各有 1/2 传给两个方向的梁。板的开间接近方形的另一个好处是梁也能与柱刚性连接形成框架，从而能抵抗两个方向的侧向力。

这种最有利的双向作用只有在标准层开间接近方形时才能实现。如 6.3 节中所讨论，开间为矩形，长边比短边长 50％以上时，板荷载的绝大部分将沿短向传给长梁，只有极小部分荷载沿长向传给短梁（图 7.11），因此，短梁或者是主要用作框架柱之间的连系梁，或者干脆将短梁取消而采用单纯的单向设计。

下面近一步来讨论主-次梁体系及其所支承的板（或铺板）。次梁和主梁都属于直线型水平构件，它们起抗弯作用并将屋盖或楼盖荷载传给竖向分体系。一般来讲，次

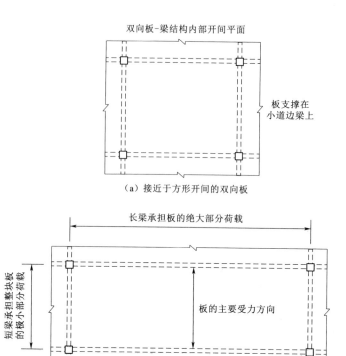

图 7.11 双向板与单向板的不同

梁的间距较小，其承受的荷载相应较轻、构件也小。主梁系指截面相对高的梁，承受由若干次梁传来的荷载。

当由于经济或荷载等原因想用非常薄的板时，则必须用间距布置相当密的次梁（或小梁）来支承板，较为经济的次梁间距为 2～3m，次梁跨度可达到 6～9m，因其荷载较小而截面高度也较小（400～600mm 较为经济）。为避免用间距很密的柱来支承每一根次梁，一般次梁架设在主梁上，主梁本身的跨度可达 9～12m 甚至更大。这种由单向构件垂直连接的板-梁体系的质量较轻，能承受相当大的总荷载，并能保证较大的柱间距以满足使用功能或其他因素提供所必需的净空间。

当楼面或屋面接近于方形，并且四周的墙体间距较大而内部不允许有柱和墙时，仍采用板-梁体系便难以明显区分哪个方向是次梁，哪个方向是主梁，这就形成了井字梁体系。在井字梁体系中，两个方向的梁不分主次，它们协同工作，类似于双向板中的板带。那么，如何区分主次梁体系与井字梁体系呢？我们可以通过分析板的荷载传递方向来判断，当板为狭长的矩形时（长边/短边大于 1.5）时，板上荷载大部分传给距离近的两侧梁承担，这就是次梁，然后荷载沿着次梁再传递给其两端的主梁，这就是主次梁体系，如图 7.12（a）所示；当板接近于方向（长边/短边不大于 1.5）时，板上荷载由四边的梁共同承担，这就是井字梁体系，如图 7.12（b）所示。需要注意的是，在井字梁体系中，双向梁跨度相差不大，梁截面高度也大致相同，才能形成双向协同受力。

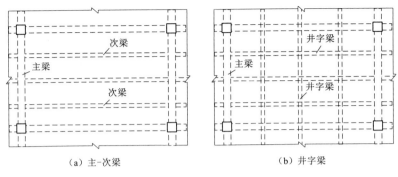

（a）主-次梁　　　　　　　　（b）井字梁

图 7.12　板-梁体系中的主-次梁与井字梁

7.2.5　桁架体系

桁架体系是目前常用的大跨度楼面和屋面常用的结构体系，分为平面单向桁架体系和空间桁架体系。

当我们要设计较大跨度（跨度大于或等于 30m）的楼面和屋面时，可采用沿一个方向跨越柱间的桁架来作为主要承重构件，然后在这些大桁架之间再设置与其垂直的较小桁架，如图 7.13 所示。这与主-次梁体系相类似，只不过是用桁架代替了主梁与次梁。对桁架的设计，其内力抵抗矩的力臂可近似取桁架的总体高度。

空间桁架是上述主-次桁架体系的改进形式。通过采用相同高度的桁架，并在平面布置中使所有的上弦杆与下弦杆在两个方向都交错排列，就可形成一种双向的空间桁架。桁架的上弦用腹杆与下弦连接，形成一种空间桁架式的网架，其中每一根腹杆对两个方向的上下弦杆同时起到对角斜撑的作用，从而节省了一些建筑材料，如附加的节点连

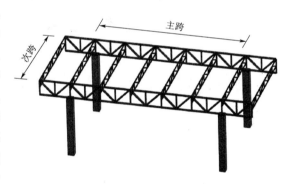

图 7.13　单向主次桁架体系

接件。由于该腹杆体系具有双定向特征，所以常将这种空间桁架式网架体系称为空间结构、空间桁架体系或空间框架。如果两个方向的桁架都垂直相交，则也能实现双向作用。上述两种双向桁架的总体性能（及其设计）都与井字梁体系极为相似。

图 7.14 所示为双向空间桁架体系的几种布局方案，其中，图 7.14（a）所示为一种支承在四个角柱上的桁架结构布置；图 7.14（c）表示仅有一根中心柱支承的悬臂布置方案；图 7.14（e）所示为一种实用的布局，利用悬臂来减小开阔的中央板块的弯矩；图 7.14（b）表示一种基本上是单向作用的矩形布局，当开间为长方形时，可以沿长边多设几根柱子，以便减小主桁架的弯矩。当开间接近方形且周边均不需要大的通道，则可沿四边布置柱子，从而大大减小两个方向的弯矩，如图 7.14（d）所示。另外，可以在四边都做成悬臂，以进一步减小跨中的最大弯矩，如图 7.14（f）所示。

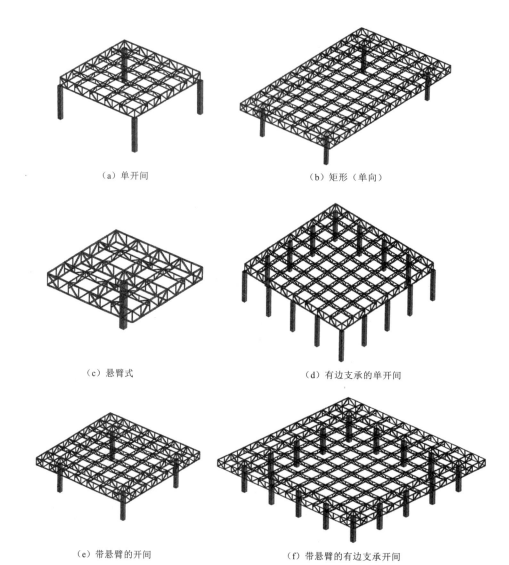

（a）单开间　　　　　　　　　　（b）矩形（单向）

（c）悬臂式　　　　　　　　　（d）有边支承的单开间

（e）带悬臂的开间　　　　　　（f）带悬臂的有边支承开间

图 7.14　双向空间桁架体系可供选择的结构布局（仅显示了主桁架）

资源 7.1
桁架结构
体系的构成

资源 7.2
桁架结构
内力位移
振型动画

资源 7.3
网架结构
体系的构成

资源 7.4
网架结构的
内力与位移

　　空间桁架的精确分析和设计最好用计算机程序来完成，设计人员可应用平板的类似方法来获得初步尺寸，以供比较研究和作为计算机计算的输入数据，从而做出一个合理经济的结构布局。本书不介绍此类方法，随着学习的深入，读者可陆续学到相关理论和方法。

7.3　竖向支承体系及其抗侧能力对比

7.3.1　竖向支承体系概述

　　在本书 7.2 节中已经提到，水平结构必须由竖向结构支承。与建筑物的总高度相比，竖向支承体系在一个或两个水平方向的尺寸通常是很小的，因此它们本身不稳定，必须由水平结构来保持其较小尺寸那个方向的稳定。

水平跨越体系通过弯曲承受楼盖和屋盖的竖向荷载，它又通过横隔板作用，将水平荷载传到竖向分体系上。水平跨越体系又可以用于连接竖向分体系或其构件，使它们共同工作形成空间结构体系。在实际设计中，水平和竖向分体系必须综合考虑，使它们有效地共同工作。

从荷载的承受与传递来讲，建筑物的竖向和水平荷载都需要通过竖向支承体系传到基础体系。建筑结构的竖向分体系的形式多样，按各竖向分体系的构成以及相互间的空间协同机理可以分为：①墙体系；②筒体系；③框排架体系。图 7.15 说明了抗剪和抗弯的井筒的重要作用。三种基本的竖向分体系可以互相组合使用，形成多样化的结构体系，如图 7.16 所示。

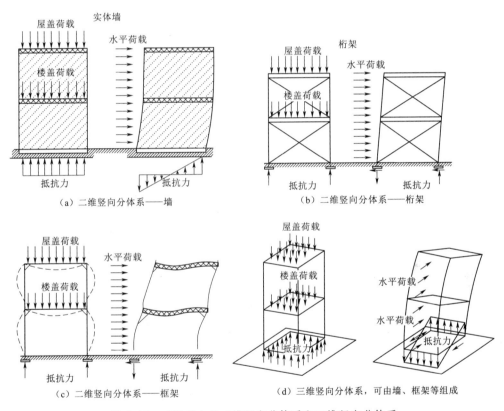

图 7.15 三种基本的二维竖向分体系和三维竖向分体系

墙可以由实心砖砌体、钢筋混凝土板或钢筋混凝土墙体构成。竖向荷载通过水平跨越体系传给墙，墙通过传递压力的方式，把力向下传递，直到其下的基础。水平荷载通过楼盖传给墙，墙通过传递剪力和弯矩的方式，把力传给其下基础。因为墙在本身平面内具有很大抗弯刚度，而平面外的抗弯刚度则远小于平面内，因此单片墙只考虑承受并传递与其平行的水平荷载。

筒由四片墙（可以是实心墙或其上开洞的墙）围成，因两个方向墙互相联系在一起形成筒，是刚性的三维结构。通常是一般建筑使用上可作为电梯间、楼梯间以及其他空调或服务用的竖向于管的通道。筒既可以承受并传递竖向荷载，又能很好地承受并传递多个方向的水平荷载。

框排架体系是由竖向构件（柱）和刚性的水平构件（梁）连接而成。若梁与柱铰接连接，则形成排架结构；若梁与柱刚接连接，则形成框架。梁柱刚性连接使柱弯曲与梁弯曲相互作用，从而形成一个具有相当刚性的同时承受竖向和水平荷载的平面结构。多层和高层建筑一般采用框架体系，而排架体系仅适用于单层建筑。

需要说明的是，一组铰接的细长的柱子只能承受竖向荷载，常常需要把这种铰接柱子看成一维的基本竖向分体系，它和前述三种结构分体系中任何一种组合，就可以在水平荷载作用下保持稳定，如图 7.16 所示。应当注意，在每一类型结构中，较细长的一维竖向结构分体系都通过每一层楼板或屋顶的水平结构和另一个竖向结构分体系连系在一起。

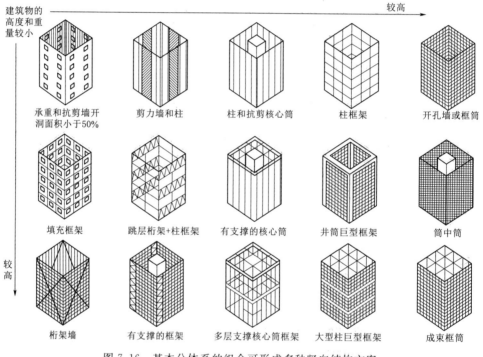

图 7.16　基本分体系的组合可形成多种竖向结构方案

图 7.17 提供了一种采用铰接柱形成开敞式立面的设计，是一种很好的结构方案。下面几节将分别讨论三种主要的竖向结构分体系。

7.3.2　墙体系

建筑物外墙可起围护作用，内墙可起分割内部空间的作用，从这个作用来看它们属于建筑构造部件。但大多数情况下，它们同时可以成为承受竖向与水平荷载的主要承重结构，属于结构体系的主要部件（竖向支承分体系）。前面已经提到，墙体系可以由砌体、混凝土、框架＋填充墙或钢支撑做成（图 7.18），墙在平面布局上根据建

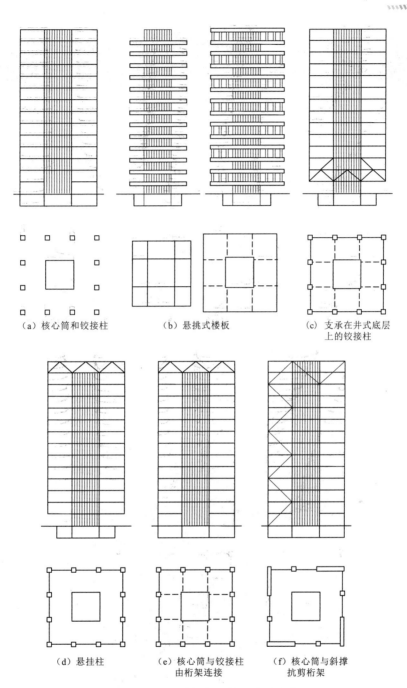

（a）核心筒和铰接柱　　　（b）悬挑式楼板　　　（c）支承在井式底层
　　　　　　　　　　　　　　　　　　　　　　　　　　上的铰接柱

（d）悬挂柱　　　（e）核心筒与铰接柱　　　（f）核心筒与斜撑
　　　　　　　　　　由桁架连接　　　　　　　抗剪桁架

图 7.17　具有内部核心筒的多种方案

筑平面的需求也会是多种形状的（图 7.19），无论哪种情况，墙体都会承担其上连接的楼板或屋面板传来的竖向荷载，并且当墙体与楼板或屋面板连接时，它们也可以很好地抵抗墙体平面内的水平荷载。但是，由于墙太薄，对于抵抗墙平面外（垂直墙面方向）作用的水平荷载是相当弱的。例如砖砌体墙一般厚度为 240~360mm，而墙体的宽度往往达到数米，高度达到十多米甚至几十米。

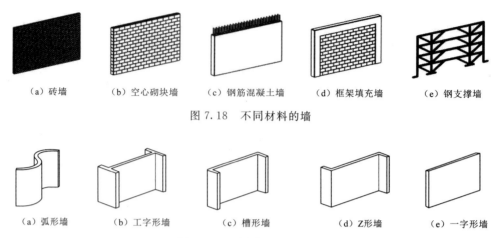

(a) 砖墙　　　　(b) 空心砌块墙　　　　(c) 钢筋混凝土墙　　　　(d) 框架填充墙　　　　(e) 钢支撑墙

图 7.18 不同材料的墙

（a）弧形墙　　　　（b）工字形墙　　　　（c）槽形墙　　　　（d）Z形墙　　　　（e）一字形墙

图 7.19 不同截面形状的墙

在建筑平面的每一个方向，墙的刚度是和截面惯性矩 I 成正比的。根据材料力学知识，矩形截面墙的惯性矩 $I = \dfrac{Ad^2}{12}$，如果墙的宽度是 3m、厚度是 0.3m，则抵抗平面内和平面外的刚度比是 100：1。由此可见，沿墙宽度方向抵抗侧向力的能力是很大的，而沿墙的厚度方向则很弱。

因此，墙的平面外抵抗能力通常可忽略，因而建筑物中则必须有两个或两个以上的墙布置成正交（成直角）或接近正交，以抵抗各个方向的水平力（图 7.20）。

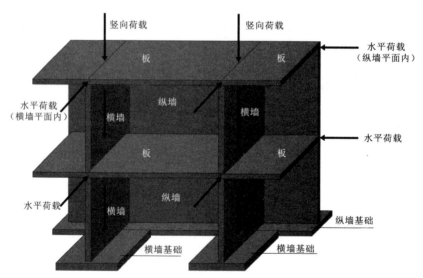

图 7.20 墙-板组合的竖向支承体系与水平跨越体系

砖或砌块墙体一般用于多层建筑物，墙体以承受竖向压力为主，以承受水平作用力为辅。一般根据建筑平面的长短边把墙体分为横墙和纵墙，平行于短边的称为横墙，平行于长边的称为纵墙。根据楼面竖向荷载的传递路线把承重体系又分为横墙承重体系、纵墙承重体系和双向承重体系（图 7.21）。

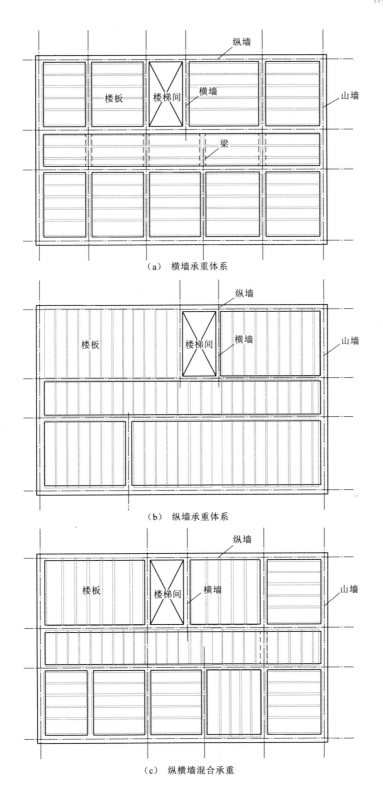

（a） 横墙承重体系

（b） 纵墙承重体系

（c） 纵横墙混合承重

图 7.21 砌体墙承重的三种体系

167

横墙承重体系的楼面荷载传递路径为：楼面荷载→楼板→横墙→横墙基础→地基。其特点是大多数竖向荷载由横墙承担，因横墙较密、数量较多，可使整个结构体系获得较强的横向刚度，纵墙主要起围护、隔断和联系横墙的作用。其缺点是横墙较多导致房间的开间较小，平面布局不够灵活。

纵墙承重体系的楼面荷载传递路径为：楼面荷载→楼板（→梁）→纵墙→纵墙基础→地基。其特点是大多数竖向荷载由内、外纵墙承担，横墙数量可以较少，平面布局较为灵活。整个结构体系纵向刚度较大而横向刚度较小，为抵抗横向水平作用力，仍需在适当位置设置一定数量的横墙。

双向承重体系由横墙承重体系和纵向承重体系结合而成，在纵、横两个方向都具有一定的抵抗水平作用力的能力和刚度，也具有适当的平面布局灵活性。国内几次较大的地震后的调查表明，双向承重体系具有较好的抗震性能。

钢筋混凝土剪力墙一般用于高层建筑物，墙体以承受水平作用力（风、地震）为主，因水平作用在墙内产生较大的剪力，故也称为剪力墙。剪力墙一般采用钢筋混凝土墙或钢支撑墙，应用在框架-剪力墙体系和剪力墙体系中。

如前分析，墙体在其平面内具有较强的抗侧能力和刚度，而在其平面外的抗侧力和刚度都很弱。剪力墙的设置更应考虑这个特点，剪力墙的长度方向应与水平荷载作用的方向平行，并保证墙体的截面积足以抵抗水平力的要求。因为风和地震作用都是各个方向均有可能的，故在墙体设置时，一般设计成纵横两个方向都有一定数量的剪力墙，且这些剪力墙相互之间有一定的联系，以使它们协同工作，共同抵抗来自各个方向的水平荷载。当有斜方向的水平力作用时，可以分解为相互正交的分力，每一个分力作用在某些墙的平面内，由这些墙体来抵抗。

剪力墙一般结合平面布局设置在建筑物的两端、转角、楼梯间、电梯间以及平面刚度有突变的部位，为减少扭转效应，剪力墙应该对称、均匀（图 7.22）。

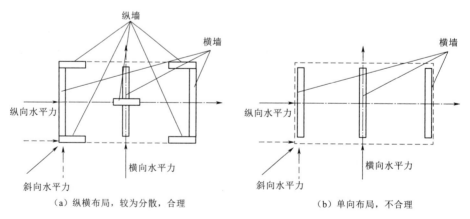

（a）纵横布局，较为分散，合理　　　　　（b）单向布局，不合理

图 7.22　剪力墙纵横向平面布局

7.3.3　筒体系

由剪力墙围合而成的封闭筒体，在使用功能上一般是建筑物中的竖向管道集中的

部位或者垂直运输的通道（楼梯间、电梯间等），而在结构功能上则是结构总体系中的核心筒体，能抵御施加给建筑物的各个方向的水平作用，保证建筑的侧向稳定，还为建筑提供很强的抗扭转能力。

通常有矩形或方形筒体；在圆形建筑中，也可做成圆筒。如果建筑物中只有一个筒体，那么一般都把它放在平面的中央，称为核心筒。当多于一个时，它们可以分散布置在各处，但最好是对称布置。由于筒体结构常用作竖向交通或服务设施通道，常常需要开一些孔洞或者门洞，如果筒体壁是外墙就会有窗洞。对筒体作初步设计时，应当定性地考虑这些孔洞，但是它们对设计的影响可以不计算。例如，与不开孔洞的筒相比，当筒体上有一些孔洞时（孔洞面积小于所在墙面面积的30%），其强度和刚度都会降低一些。但是对于初步设计，这些影响可以忽略。如果筒体表面孔洞大于30%，那么它就接近框筒了，其强度和刚度都会相应地降低。

如果一个高宽比小于3的比较矮而宽的筒体，它主要是刚性抗剪筒体，一般情况下抗弯不会成为这种矮筒的控制因素。当高宽比较大时（3~5），剪力将不起控制作用，而由抗弯要求决定其设计。对于高宽比大于5的更细长的筒体，则是抗弯要求控制设计。如果高宽比大于等于7，则结构将过分柔软，可能需要用大型连系梁将两个或两个以上的筒体连接起来，以便形成前面提到过的巨型框架。

从整体而言，筒体是空间结构，在各个方向都有很大的刚度利承载力，相应地，井筒内力和应力的计算也比墙体复杂一些。

7.3.4 框架体系

前面两节介绍了墙体系和筒体系作为竖向结构分体系，它们都是既能承受楼板传来的竖向荷载，又能抵抗水平作用力。其中，墙既可以作为结构构件，又可以起到围合和隔断建筑空间的作用，然而墙体系和筒体系都在很大程度上限制了平面布局的灵活性。

当建筑层数不多，而需要较开阔的平面空间时，采用框架结构作为竖向支承分体系。由立柱和梁组合而成的可以承担楼板传来的竖向荷载，又可以抵抗水平力的体系称之为框架体系。

关于柱和梁的组合而成的结构体系，可以有多种，根据立柱与基础之间的节点以及立柱与横梁之间的节点是否可以传递弯矩把梁-柱组合结构分为桁架结构、排架结构和刚架结构，如图7.23所示。其中，图7.23（a）和图7.23（b）所示的桁架结构，由于所有节点铰接，不可传递弯矩，若没有中间斜杆作为辅助，则无论在竖向力还是水平力作用下，结构都会倒塌，因为其中的立柱和斜杆都是不受弯矩的，这种组合结构体系承受水平力的能力最差。图7.23（c）和图7.23（d）中，立柱下端与基础之间固接，可以传递弯矩，立柱上端与横梁之间铰接，不可传递弯矩，形成排架结构。其特点是在对称的竖向力作用下，立柱仅受压，横梁仅受弯；而在水平力作用下，横梁仅受压，立柱仅受弯。这种组合结构体系承受水平力的能力略好于桁架体系。图7.23（e）和图7.23（f）中，立柱下端与基础之间铰接，立柱上端与横梁之间刚接，可传递弯矩，形成刚架结构。其特点是梁和柱之间的可以传递弯矩，无论在竖向力还是水平力作用下，梁柱都同时受弯，这种组合结构体系承受水平力的能力与

资源7.8
框架结构
体系

资源7.9
框架结构
位移应力云

资源7.10
框架结构
内力变形
振型动画

资源 7.11
门式刚架
结构体系
的构成

资源 7.12
门式刚架
结构体系
内力与变形

资源 7.13
排架结构
体系构成

资源 7.14
排架结构
内力变形
应力振型

资源 7.15
网架＋框架
结构体系构成

资源 7.16
网架＋框架
结构内力变
形应力振型

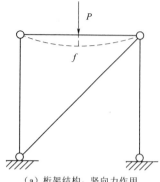

（a）桁架结构，竖向力作用

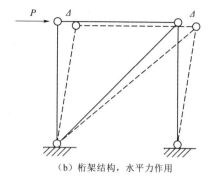

（b）桁架结构，水平力作用

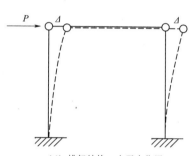

（c）排架结构，竖向力作用

（d）排架结构，水平力作用

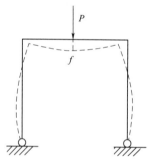

（e）(两铰)刚架结构，竖向力作用

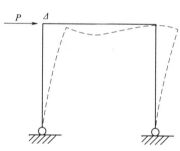

（f）(两铰)刚架结构，水平力作用

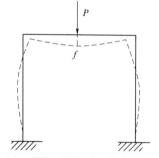

（g）(无铰)刚架结构，竖向力作用

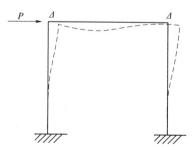

（h）(无铰)刚架结构，水平力作用

图 7.23 梁柱简单组合、排架、刚架结构的受力分析

排架结构相当。图 7.23（g）和图 7.23（h）中，立柱下端与基础之间刚接，立柱上端与横梁之间刚接，所有节点均可传递弯矩，形成刚架结构。其特点是梁和柱、柱和基础之间的节点都可以传递弯矩，可以获得较强的抵抗水平力的能力。

在上述四种梁柱组合结构体系中，若梁、柱截面以及结构的几何尺寸都相同的情况下，抵抗水平力的能力由强到弱排序为：无铰刚架＞排架＞两铰刚架＞桁架。因此，桁架结构一般不作为竖向支承体系，排架结构和两铰刚架结构一般可用于单层建筑，无铰刚架结构（一般称为框架结构）可用于多层及高层建筑。

关于框架结构，我们还可以换个思路来理解：如果我们需要在墙上开洞，以便建筑交通或其他使用需要，当洞口面积较小时，称为"开洞墙"，当洞口逐渐加大时，墙就逐步演化为"壁式框架"，再进一步变化就形成了框架结构，如图 7.24 自（a）至（d）的顺序。反之，当逐步调整框架柱梁的尺寸，使柱截面沿着框架平面内拓宽而另一方向逐步变窄时，框架又逐步退化为"壁式框架"和"开洞墙"，如图 7.24 自（d）至（a）的顺序。

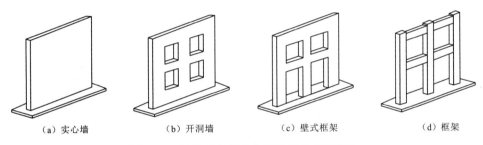

（a）实心墙　　　　　（b）开洞墙　　　　　（c）壁式框架　　　　　（d）框架

图 7.24　墙体系与框架体系之间的相互演化

7.3.5　竖向分体系的抗侧能力对比

竖向分体系的重要作用就是承担并传递竖向荷载的同时抵抗水平作用，而对于越高的建筑，水平作用就越大。对于多层和高层建筑，竖向分体系抵抗水平作用的能力（抗侧能力）是至关重要的。前已述及，框架、排架、两铰钢架、桁架的抗侧能力是逐个降低的。

下面我们进一步分析排架、框架、墙、筒体结构的抗侧能力。图 7.25 对比了 4 种不同的竖向支承体系，在受到相同的水平作用力时的侧向变形，来说明不同的抗侧力及其刚度。假定结构的三维尺度都是 h。

（1）排架结构［图 7.25（a）］。在四根柱上铰接四根横梁（假定横梁轴向不会发生变形），暂且不论立柱在竖向荷载作用下的失稳，仅考虑水平作用力引起的水平位移，由于由轴向不可压缩的横梁连接，所以在图 7.25（a）所示的水平力作用下，四根立柱分担 $2P$ 的水平力，每根立柱顶端的水平力为 $P/2$，根据力学知识，我们知道立柱顶端的水平位移为 $\Delta = \dfrac{Ph^3}{6EI}$。

（2）框架结构［图 7.25（b）］。在四根柱上刚性连接四根横梁（仍假定横梁轴向不会发生变形），此时，横梁与立柱之间保持垂直，横梁在很大程度限制了立柱顶端的转动，从而提高了立柱在竖向荷载作用下的稳定性。仍考虑水平作用力引起的水平位移，四根立柱分担 $2P$ 的水平力，立柱顶端的水平位移为 $\Delta=\dfrac{Ph^3}{17EI}$。

（3）墙结构［图 7.25（c）］。如果用墙代替立柱，四根立柱转换成四片墙，墙顶通过连梁铰接联系。墙的截面积等于所替换的柱截面积，设立柱的边长 b 为 $h/10$，则替换墙的截面积为 $5b\times\dfrac{b}{5}=b^2$，则墙的惯性矩大约为立柱的 25 倍，简单估算墙顶的位移为排架结构立柱顶位移的 1/25，也即 $\Delta=\dfrac{Ph^3}{150EI}$。

（4）筒体结构［图 7.25（d）］。当我们把四片墙连成一个筒体时，仍假设筒体的截面积与四根立柱的截面积相等，则可知筒体惯性矩约为立柱惯性矩之和的 65 倍，则筒体顶部位移约为：$\Delta=\dfrac{Ph^3}{1170EI}$。

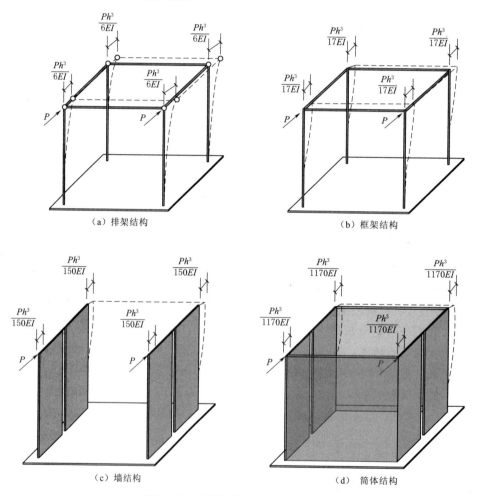

图 7.25　不同竖向支承体系的对比

通过分析可见，上述四种结构体系在相同的水平力作用下顶部位移按照排架→框架→墙→筒体的顺序递减，说明它们的刚度按照排架→框架→墙→筒体的顺序递增，同时也可以简单地理解为抗侧能力同样按照从排架→框架→墙→筒体的顺序逐渐增强。因此，一般情况下，排架体系用于单层建筑，框架体系和砌体墙体系用于多层建筑，剪力墙体系和井筒体系用于高层和超高层建筑。

还要注意，随着结构设计理论和施工技术的发展，多种竖向支承体系混合的结构层出不穷，如框-剪结构、框-筒结构、巨型框架结构、巨型桁架结构等。不论如何，竖向支承体系的作用都是承担和传递竖向荷载以及抵抗水平作用。

7.4 基础结构体系

基础是建筑物和地基之间的连接体，其作用是把建筑物中由竖向支承体系传来的荷载扩散后传给地基，基础的底面会比竖向支承体系的截面积扩大，以便上部荷载通过基础分散施加给地基，使得地基承受的压力不超过其承载力。一般来说，上部荷载相同的情况下，基础的底面积与地基承载力的大小成反比。

基础体系的形式也是多种多样的，设计时一般要考虑上部结构的形式、地基的土层分布情况、地基承载力、地下水位、冻土深度等多种因素，本书仅介绍基础的类型及其特点，与基础设计相关的知识将在"土力学"与"地基基础"等课程中学习。

7.4.1 墙下条形基础

墙下条形基础又称为扩展基础。扩展基础的作用是把墙的荷载侧向扩展到地基上，使之满足地基承载力和变形的要求。扩展基础包括无筋扩展基础和钢筋混凝土扩展基础。无筋扩展基础可以采用毛石、砖、灰土、素混凝土等材料，其截面形式如图7.26所示。单层或多层建筑中的墙体系，其下一般采用条形基础，沿墙体的长度方向布置。

墙下条形基础底面的中心线一般与墙的中心线重合，上部结构传下来的荷载到达条形基础顶部时，主要体现为竖向沿着墙中心线分布的线荷载，经过基础的分散，到达基础底面时分散为面荷载，也称基底反力（基底反力与基础底面给基地的压力是一对作用力和反作用力）。当浅层土时，不能提供足够的地基反力，可通过桩把全部或部分荷载直接传给深层坚硬土。

无筋扩展基础由砖、毛石、混凝土或毛石混凝土、灰土和三合土等材料组成的无需配置钢筋的墙下条形基础。无筋扩展基础的材料都具有较好的抗压性能，但抗拉、抗剪强度都不高，为了使基础内产生的拉应力和剪应力不超过相应的材料强度设计值，使用时需要加大基础的高度。因此，这种基础几乎不发生挠曲变形，故习惯上把无筋扩展基础称为刚性基础。

钢筋混凝土扩展基础通过基础中配置的横向配筋为主要受力钢筋，纵向配筋为次要受力钢筋或者是分布钢筋。

墙下条形基础适用于多层民用建筑和轻型厂房。

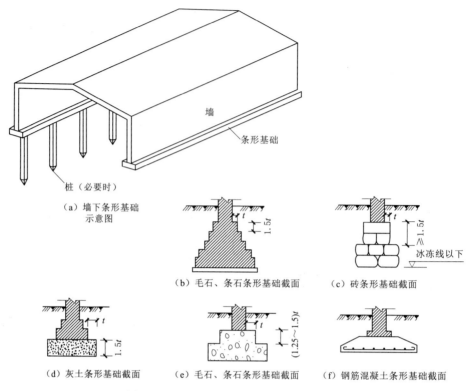

（a）墙下条形基础
示意图

（b）毛石、条石条形基础截面

（c）砖条形基础截面

（d）灰土条形基础截面

（e）毛石、条石条形基础截面

（f）钢筋混凝土条形基础截面

图 7.26　墙下条形基础及其常见截面形式

7.4.2　柱下独立基础

排架结构和框架结构与基础连接的是立柱，其下一般采用独立基础，一般每根柱下方一个独立基础。一般排架柱和框架柱采用钢筋混凝土柱或钢柱，其下的独立基础采用钢筋混凝土独立基础。当墙的荷载较小时，有时墙下也可以采用独立基础。

基础底面可以是方形或矩形，一般排架结构和框架结构柱传给基础的力包括竖向力 N、水平力 Q（Q_x、Q_y 两个方向）和力矩 M（M_x、M_y 两个方向），当水平力和力矩较小时，独立基础底面采用方形，当某一方向的水平力和力矩较大时，经过基础的分散到达矩形基础底面时的压力往往为梯形分布或三角形分布的压力，基底反力也是不均匀的，这时为了减小基地反力的不均匀程度，往往独立基础底面采用矩形。一般应保证基底反力的平均值不超过地基承载力，基底反力的最大值不超过 1.2 倍地基承载力。

当两柱或多根柱距离较近时，独立柱基底面会有重合部分，此时一般会把独立基础改成联合基础，联合基础仍属于独立基础的一种（图 7.27）。当地基分布不均匀，荷载较大，独立基础沉降量较大或有较大的沉降差时，为了加强独立基础体系的整体性，可以用连系梁把独立基础连系起来（图 7.27）。当浅层土较为软弱时，直接作为地基不能满足承载力要求，此时可通过桩把荷载传给较深的土层。

独立基础的形式有阶梯形［图 7.28（a）］、锥形等。当采用预制钢筋混凝土柱时，独立基础做成杯口形，然后将柱子插入，嵌固在杯口内，故称杯形基础［图

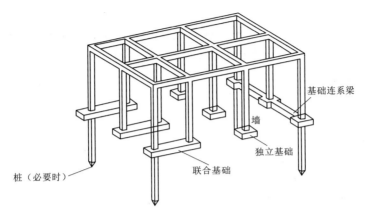

图 7.27 柱下独立基础、桩基础与联合基础示意图

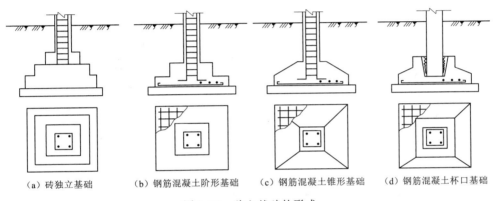

（a）砖独立基础　　　（b）钢筋混凝土阶形基础　　（c）钢筋混凝土锥形基础　　（d）钢筋混凝土杯口基础

图 7.28 独立基础的形式

7.28（b）］。独立基础是柱基础最常用的一种类型，适用于柱距 4～12m、荷载不大且均匀、场地均匀、对不均匀沉降有一定适应能力情况。

独立基础埋置不深，用料较省，无需复杂的施工设备，地基不须处理即可修建，工期短，造价低因而为各种建筑物特别是排架、框架结构优先采用的一种基础形式。

7.4.3 柱下条形、交叉基础

当一排立柱下方的独立基础需要较大的基础底面，同时柱间距较近时，独立基础底面之间会有重合部分或距离较近，这种情况下，把柱下独立基础连接起来形成柱下条形基础 ［图 7.29（a）］是一个更好的选择。柱下条形基础实际上就是联合基础的扩展。柱下条形基础的受力相对复杂，但总体分析基地反力时可以按照类似于墙下条形基础的方法，只不过把墙下条形基础的线荷载换成几个集中荷载。柱传给条形基础的力是不连续也不均匀的，故柱下条形基础本身存在较大的弯矩，为提高柱下条形基础的整体抗弯刚度，沿柱列纵向设置刚性较大的钢筋混凝土梁，由梁承担因集中力引起的条形基础的内力。同时，提高柱下条形基础的纵向抗弯刚度还有利于抵抗地基不均匀时的沉降的不均匀。

如果把纵横交错的柱列下方的独立基础都连成条形基础，则形成柱下交叉梁系基础［图 7.29（b）］，又称为十字交叉基础或交叉条形基础。其特点类似于柱下条形基础，只是柱下交叉梁系基础比柱下条形基础的整体性更好。

7.4.4　筏板基础

如果再进一步扩大基础底面积，柱下条形基础的扩展边都连系起来，就形成下方是一整块的筏板、上方有十字交叉的肋形梁的筏板基础，如图 7.29（c）所示。筏板基础像一个倒放的板梁式楼盖，其下的地基给筏板底板施加的基地反力相当于楼盖上的竖向荷载，而每根立柱又像是支承楼板的立柱。筏板基础的整体性比交叉梁系基础和柱下条形基础的整体性都要更好。有时筏板较厚，我们看不到肋形梁，这是因为肋形梁隐藏在筏板中，称之为暗梁。

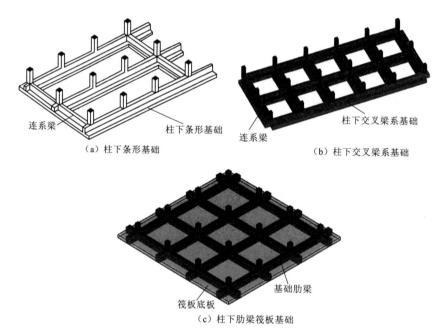

（a）柱下条形基础　　　　　　　　（b）柱下交叉梁系基础

（c）柱下肋梁筏板基础

图 7.29　柱下条形基础向柱下交叉梁系基础和柱下肋梁筏板基础的演变

7.4.5　箱形基础

箱形基础是指由底板、顶板、钢筋混凝土纵横隔墙构成的整体现浇钢筋混凝土结构，如图 7.30 所示。箱形基础具有较大的基础底面、较深的埋置深度和中空的结构形式，上部结构的部分荷载可用开挖卸去的土的重量得以补偿。与一般的实体基础比较，它能显著地提高地基的稳定性，降低基础沉降量。

箱形基础有很大的刚度和整体性，因而能有效地调整基础的不均匀沉降，常用于上部荷载较大、地基软弱且分布不均的情况。

箱形基础有较好的抗震效果，因为箱形基础将上部结构较好的嵌固于基础，基础埋置得又较深，因而可降低建筑物的重心，从而增加建筑物的整体性。在地震区，对

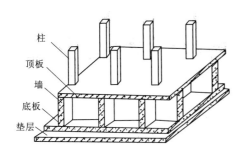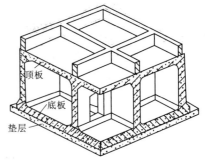

图 7.30 箱形基础

抗震、人防和地下室有要求的高层建筑，宜采用箱形基础。

箱形基础有较好的补偿性，箱形基础的埋置深度一般较大，基础底面处的土自重应力和水压力在很大程度上补偿了由于建筑物自重和荷载产生的基底压力。如果箱形基础有足够埋深，使得基底土自重应力等于基底接触压力，从理论上讲，基底附加压力等于零，在地基中不会产生附加应力，因而也不会产生地基沉降，也不存在地基承载力问题，按照这种概念进行地基基础设计的称为补偿性设计。

7.4.6 桩基础

桩是将建筑物的全部或部分荷载传递给地基土并具有一定刚度和抗弯能力的传力构件，其横截面尺寸远小于其长度。而桩基础是由埋设在地基中的多根桩（称为桩群）和把桩群联合起来共同工作的桩台（称为承台）两部分组成（图 7.31）。

桩基础的作用是将荷载传至地下较深处承载性能好的土层，以满足承载力和沉降的要求。桩基础的承载能力高，能承受竖直荷载，也能承受水平荷载，能抵抗上拔荷载也能承受振动荷载，是应用最广泛的深基础形式。

桩分为摩擦桩和端承桩，摩擦桩在承载能力极限状态下，桩顶竖向荷载由桩侧阻力承担；端

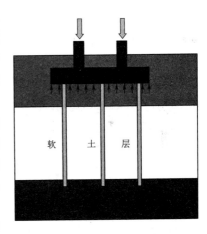

图 7.31 桩基承台示意图

承桩在承载能力极限状态下，桩顶竖向荷载全部由桩端阻力承担；端承摩擦桩在承载能力极限状态下，桩顶竖向荷载主要由桩侧阻力和桩端的阻力共同承担。

7.4.7 沉井基础

沉井基础是一个井筒状的结构物，它是从井内挖土、依靠自身重力克服井壁摩阻力后下沉到设计标高，然后采用混凝土封底并填塞井孔，使其成为桥梁墩台或其他结构物的基础（图 7.32）。沉井基础的特点是埋置深度可以很大，整体性强、稳定性好，有较大的承载面积，能承受较大的垂直荷载和水平荷载。

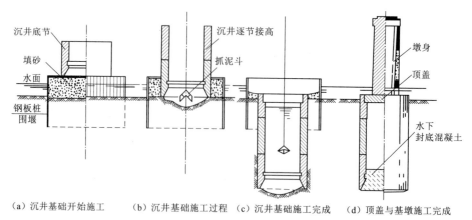

（a）沉井基础开始施工　（b）沉井基础施工过程　（c）沉井基础施工完成　（d）顶盖与基墩施工完成

图 7.32 沉井基础

7.5 其他结构体系

7.5.1 拱结构

拱结构在四千多年前就出现在两河流域文明的建筑中，以后在巴比伦、亚述、印度、罗马应用并有所发展。拱结构在我国经历了空心砖梁板、尖拱、折拱几个发展步骤，到西汉前期形成。

我国现存较早的建于隋代的赵州桥就是一座单孔圆弧形石拱结构的桥，至今已有1400余年历史，仍坚固可靠，举世瞩目。南京紫金山灵谷寺无梁殿建于明朝（1381年建成），长 53.8m，宽 37.85m，顶高 22m，全用砖砌，为国内现存建筑中时代最早、规模最大的砖拱结构建筑。

拱结构可以被视为倒置的索链，当一条索链仅承受自重的时候，它的形状是一条悬链线；若承受沿水平均匀分布的竖向荷载时，它的形状是二次抛物线。无论何种荷载，索链总能通过自身的下垂使的自身仅受拉力，而索链的最大拉力总是发生在支承点处，索链总是会施加给支承点一个与索形状相切的拉力，其中水平分力为主。如果按照索链的悬垂状态倒置过来形成拱，那么拱在水平均布的竖向荷载作用下的内力就是只有压力，且在支承点处压力最大，拱也会对支承点施加一个水平的推力，如图 7.33 所示。

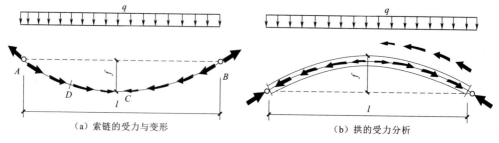

（a）索链的受力与变形　　　　　　　　（b）拱的受力分析

图 7.33 索链与拱的对比

由于拱结构以受压为主，因此在古代以石材和砖为主要建筑材料的时代，拱结构是解决跨越空间的最好结构体系，拱结构中最常用的材料也是石材和砌块。由于钢筋混凝土与钢材等材料具有较强的抗剪和抗弯能力，现代拱结构更多地采用钢筋混凝土和钢材。随着现代拱结构的发展，拱轴曲线更加多样，有圆弧形、椭圆弧形、抛物线形、折线形等多种。拱的形式也更加丰富，有实腹式，也有格构式。按照拱的组合形式，既可以是单跨的，也可以是等高的连拱或不等高的连拱，如图 7.34 所示。按照拱的支承条件、拱顶是否铰接，拱结构可分为三铰拱、两铰拱和无铰拱三种。

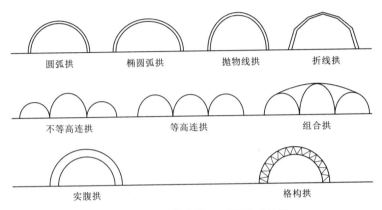

图 7.34　不同轴曲线、不同形式的拱

不论何种拱曲线、不利何种形式、也不论何种支承条件，在均布荷载作用下截面内力明显不同，拱的内力都比同等跨度的梁内力更为优越。如图 7.35 所示，以两铰拱为例，两支承点为铰接，拱身无铰接，承受均布荷载，则拱中任一点 D 的弯矩为 $M_t = M_D^0 - Hy_D$，轴力为 $N_D = V_D^0 \sin\varphi + H\cos\varphi$，剪力为：$V_D = V_D^0 \cos\varphi - H\sin\varphi$。与简支梁对应点 D 处的内力相比，拱的弯矩和剪力都小，而多出的轴力正是拱结构的优势所在。当我们通过调整拱曲线和支承条件使得 M_D^0 与 Hy_D 处处相等时，则拱内弯矩和剪力消失，仅存在轴力，此时的拱轴线称为合理拱轴线。比如均布荷载作用下，两铰拱的合理拱轴线就是一条二次抛物线。不同的拱结构形式，不同的荷载作用，不同的支承条件，合理拱轴线是不同的。实际工程中无法找到在不同荷载作用下都合理的拱轴线，因此拱轴线的选择原则是使得拱结构在主要荷载作用下的弯矩和剪力尽量小，从而最大限度地发挥拱的优越性。

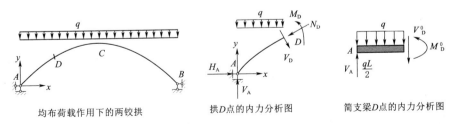

图 7.35　均布荷载作用下两铰拱与简支梁内力对比

需要强调的是，拱会对支承点作用较大的水平推力，这是梁结构不存在的，也是工程设计中需要引起注意的。如图 7.36 所示，承受水平推力的构造措施包括 3 种：

（1）推力由水平拉杆承受，拉杆承受水平推力，可使基础受力简单。

（2）推力由基础直接承受，推力通过基础直接传给地基，荷载传力简洁。

（3）推力由拱结构侧面的结构承受，利用周围已有刚度较大的结构承担水平推力，避免设置水平拉杆，室内空间效果好。

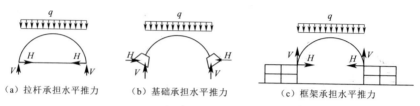

（a）拉杆承担水平推力　　（b）基础承担水平推力　　（c）框架承担水平推力

图 7.36　拱结构水平推力的支承方式

7.5.2　壳体结构

壳体结构的灵感来自于大自然，鸡蛋壳、贝壳、蜗牛壳等薄壳，这些壳形状多样，却有共同的特点：结构薄而强度高。受到大自然的启发，人们制造各种各样的壳体结构，如飞机的壳、潜艇的壳、汽车的车身、塑料的椅子等。

建筑结构的发展史，也不可缺少壳体结构，很多壳结构建筑也成为传世之作。123 年建造的古罗马万神殿，被公认为古代壳体结构的代表之作，万神殿的基础、墙和穹顶都是用火山灰制成的混凝土浇筑而成，非常牢固。万神殿的底平面直径和高度均为 43.4m，下半部为空心圆柱形，从高度一半的地方开始，上半部为半球形的穹顶。万神殿的基础部分底部宽 7.3m，墙和穹顶底部厚达 6m，穹顶顶部厚 1.5m。为使穹顶墙厚的递减更有利于万神殿整体建筑的稳固，万神殿穹顶内壁被整齐地划分为 5 排（每排 28 格），每一格皆被由上而下雕凿成凹陷状，不仅使墙厚的递减更为合理，也增加了万神殿内部的美观性。现代壳体结构的典范则是 1960 年建成的罗马小体育宫。罗马小体育宫平面为圆形，直径 60m，屋顶是一球形穹顶，由 1620 块用钢丝网水泥预制的菱形槽板拼装而成，板间布置钢筋现浇成"肋"，上面再浇一层混凝土，形成整体兼作防水层。球面厚度最薄处 25mm，肋条处厚度 110mm，厚跨比约 1/550，与鸡蛋壳的厚度 0.3mm，直径约 50mm，厚跨比 1/170 相比薄了三倍，充分体现了壳结构的优越性。

我国著名的东江水电站拦河坝是我国自行设计建造的第一座混凝土双曲薄壳拱坝，坝址区位于东江峡谷的上段，坝高 157m，底宽 35m，顶宽 7m，坝顶中心弧长 438m，顶部跨厚比 1/62，底部宽厚比 1/12.5，若水位蓄至离坝顶 7m 位置，则坝体底部将承受 1500kN/m² 的水侧压力。

壳结构的几何特征在于它的形状是曲面，可以是球面、柱面、锥面、椭圆抛物面、旋转曲面、双曲抛物面等多种形状；它的结构特征在于它是空间薄壁结构，壁厚很薄，跨度很大，厚跨比可达到 1/100～1/1000；它的受力特征在于它在荷载作用下主要受力是薄膜内力，以曲面内压力、拉力和剪力为主，剪力很小，弯矩忽略不计。

由于曲面的形状，使得它比平面形结构具有更大的强度和刚度，能够最大限度地利用材料的力学性能优势，达到节约材料境地造价的目的。壳体结构可做成各种形状，以适应工程造型的需要，因而广泛应用于工程结构中，如大跨度建筑物顶盖、中小跨度屋面板、工程结构与衬砌、各种工业用管道压力容器与冷却塔、反应堆安全壳、无线电塔、贮液罐等。工程结构中采用的壳体多由钢筋混凝土做成，也可用钢、木、石、砖或玻璃钢做成。

我国自 20 世纪 50 年代以来，在诸多著名建筑中采用了壳体结构，例如北京天文馆采用了球壳形式，直径达到 25m；大连港仓库屋盖为 16 个 23m×23m 的组合型扭壳。1959 年建成的北京火车站中央大厅和检票口的通廊屋顶共用了 6 个双曲扁壳（图 7.37），其中中央大厅采用 35m×35m 的扁壳，矢高 7m，壳板厚 80mm，厚跨比 1/440；5 个检票口通廊分别采用 21.5m×21.5m（中间 3 个）和 16.5m×16.5m（两边）的扁壳，矢高 3.3m，壳板厚 60mm。

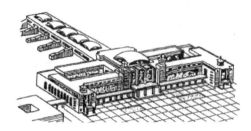

图 7.37　北京火车站

国外采用壳体结构的建筑也有很多，1959 年建成的法国巴黎国家工业与技术中心陈列大厅，其三角形平面的边长达 218m，其屋顶是目前世界上跨度最大的薄壳结构。1973 年建成的悉尼歌剧院由三组巨大的壳片耸立在南北长 186m、东西最宽处为 97m 的现浇钢筋混凝土结构的基座上。

现代建筑结构结合了壳体结构与网架结构，产生了诸多的网桥结构建筑，如 2007 年建成的我国国家大剧院，其外观呈半椭球形（图 7.38），东西方向长轴长度为 212.20m，南北方向短轴长度为 143.64m，建筑物高度为 46.285m，采用了半椭球形钢网壳结构。再如 2008 年建成的首都机场 T3 航站楼，T3B 屋面采用双曲面外形、钢网壳结构形式，呈飞行体形状，南北长约 958m，东西宽约 775m。

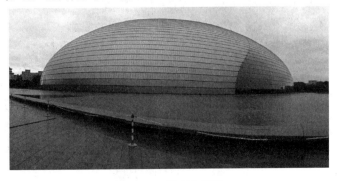

图 7.38　国家大剧院

7.5.3 折板结构

折板结构的灵感也来自于大自然，我们观察蒲葵叶子的时候会发现，叶面特别开阔，外形如肾状扇形，直径达 1m 以上。在大自然的风吹雨打中，蒲葵叶面能够保持挺阔，其主要原因就是叶面呈折板形状。我们再观察扇贝，发现大多数贝壳都是带有折皱的，而这种褶皱在很大程度上提升了贝壳的承载力和刚度，使之能够承受外部海水的巨大的压力。我们现在常用的压型钢板就是据此而来（图 7.39）。

图 7.39 贝壳、蒲葵叶面、压型钢板的折皱增强了承载力和刚度

做手工折纸时，我们发现当把纸平铺在由两本书上模拟桥面时，纸就会在自重作用下下塌，而当我们把纸面折叠数次，形成一个类似于蒲葵叶面状的折板形时，纸面具备了一定的承载力和刚度，纸面桥可以承受较重的重物而不塌陷。这就是折板结构的受力优越性的原理。

折板结构是由若干狭长的薄板以一定角度相交连成折线形的空间薄壁体系（图 7.40）。折板结构适宜于长条形平面的屋盖，两端应有通长的锯齿形墙、圈梁或三角架作为折板的支点。折板结构与拱结构和壳体结构相类似，属于空间结构，但其仍为受弯构件，不可避免地存在弯曲应力，因此跨度一般不宜过大。常用有 V 形、梯形等形式。为了使折板结构的厚度更薄、跨度更大，常用预应力混凝土 V 形折板，具有制作简单、安装方便与节省材料等优点，最大跨度可达 27m。

图 7.40 折板结构建筑

典型的折板结构由折板、横隔和边梁组成，折板起到承受竖向荷载的作用，边梁为折板提供侧向约束，提高折板的稳定性，横隔作为折板的支承构件，承担由折板传来的荷载，如图 7.41 所示。

实际工程中，为适应多样性的建筑造型，折板结构的形式也是多种多样的，常见的有折板屋盖结构、折板框架结构和空间折板结构，如图 7.42 所示。

折板屋盖结构常用的连续 V 形折板是一

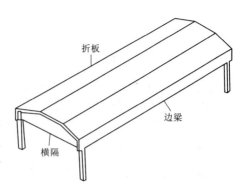

图 7.41 典型折板结构构成

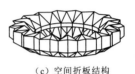

（a）折板屋盖结构　　　（b）折板框架结构　　　（c）空间折板结构

图 7.42 常见折板结构

种单向折板，从横向和纵向两个方向分析其受力特点，如图 7.43 所示。从横向上，折板可视为一块带折皱的连续板，屋脊线和谷底线作为连续板的中间支座；从纵向上，折板可视为截面为折形的梁，两端支承在锯齿形的横隔上。由于横向的支座间距很小，折板横向分析时弯矩和剪力就很小，所以板厚可以做得很薄。而纵向视为折形截面的梁，其截面惯性矩大大提升，因此纵向折板的跨度也可以大幅度地提升。

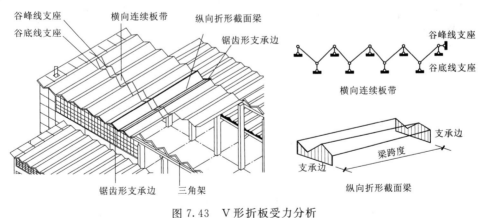

图 7.43 V 形折板受力分析

7.5.4 索结构

索结构只承受拉力，可以跨度很大，适合于大跨度情况下使用。采用索做桥梁和建筑结构已有几千年历史，据记载我国早在公元 1 世纪，就已使用链条建成桥梁。现存的云南澜沧江上的霁虹桥于 1487 年建成，净跨度 57.3m，桥面宽 3.7m，由 18 条索链承载，是典型的悬索桥。1961年建成的北京工人体育馆的车轮式双层悬索屋盖，直径为94m，由288根钢索承载，形似一幅平放的巨型自行车轮，是我国建筑中应用索结构的典型工程（图7.44）。

（a）北京工人体育馆原貌

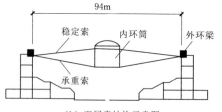
（b）双层索结构示意图

图7.44 工人体育馆建筑外观（改建前）与结构体系示意图

索只能受拉，不能受压，也不能受弯，不存在失稳的问题，因此可以是很长很细的构件。索是柔性构件，只有受拉刚度，没有受压和受弯刚度，用索建成结构都需要另行采取措施保证结构的稳定，以保证当荷载发生变化时索的形状不致发生改变。索只受拉，所以可以采用抗拉强度很高的材料和轻型覆盖面层组成，因此有轻柔的特征，在风荷载作用下易被掀起，也易引起颤振，这是索结构设计中应该避免的。采用索结构时，需要给索提供可靠的能够承担其拉力的支承结构以及锚固件。

索内需要存在拉力才能保证稳定，因此索结构中还要施加预拉力，而预拉力也需要支承结构提供平衡力。索一般采用强度较高的钢绞线或钢索，但有时也采用钢管、圆钢或型钢。

索的形状随荷载位置和大小的变化而变化。一根索承受沿水平投影上均布荷载后形状是一条抛物线；索承受在某点的集中荷载时将变为折线，随着集中荷载位置的变化，索呈不同的形状，索中的内力也有所不同，我们可以根据索的跨度和失高以及施加荷载的位置确定索中的内力，如图7.45所示。

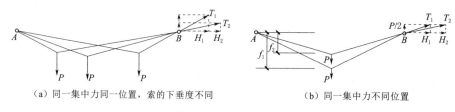
（a）同一集中力同一位置，索的下垂度不同   （b）同一集中力不同位置

图7.45 集中力作用下索的变形与反力

从图7.45中可见，索的下垂度越大，索中内力越小。我们也可以从日常晾衣绳的下垂度中得到启示。无论何种情况，在支承结构获得的由反力都有水平方向的拉力（指向索），又有竖直方向的压力（向下），这些反力由基础或刚性结构来承担。

单根索在均布的竖向力作用下形如抛物线，建立如图7.46所示的坐标系，则抛物线为

$$y = 4f\left(\frac{x}{L}\right)^2$$

根据力的平衡关系有

$$V = \frac{1}{2}qL$$

$$H = \frac{\frac{1}{8}qL^2}{f}$$

索中内力最大值发生在支承点处，即

$$T_{max} = \frac{\frac{1}{8}qL^2}{f}\left(1 + 2\frac{f^2}{L^2}\right)$$

索中内力最小值发生在跨中处，即

$$T_{min} = \frac{\frac{1}{8}qL^2}{f} = H$$

由于索屋盖一般属于轻灵而柔性的屋盖，必然会遇到风的动力效应问题，当风从屋面上方吹过时，会对屋盖产生吸力［图7.47（a）］。如果吸力超过屋盖自重，则屋盖会被掀起或上鼓，而这种由风导致的屋顶变形又会引起风作用的变化［图7.47（b）］。这个风引起变形，变形引起风改变，再引起变形改变的循环过程是一直持续的。所以只要有风存在，屋面就一直处于动态变形中［图7.47（c）］，即所谓的颤振。当屋面的基本自振频率和风的频率接近时，形成共振，颤振的变形越来越大，最终会导致屋面破坏，这是设计者需要避免的。

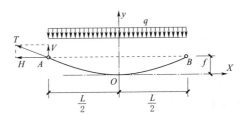

图7.46 竖向均布力作用下的索变形与反力

（a）风产生吸力　　　　　（b）变形引起风作用变化　　　　　（c）可能的几种变形模态

图7.47 索结构屋盖风的动力响应

一般应对措施有两种：一种是增加稳定索，提升屋面刚度，减小风致变形；另一种是加大屋盖自重，以抵消风致屋面吸力。

索结构主要可以分为悬索结构、悬挂结构和斜拉结构三类。

1. 悬索结构

根据屋盖表面形式不同，悬索结构可分为单曲面和双曲面。

（1）单曲面悬索结构。单层单曲面悬索屋面由若干条平行的拉索构成，屋面呈筒形微凹面，如图7.48（a）所示。这种屋面结构构造简单，往往采用装配式钢筋混凝土屋面板组成。为了克服风作用下稳定性差的弱点，实际工程采用双层单曲面拉索体系，每组拉索由下凹的承重索和上凸的稳定索组成。

为使承重索和稳定索协同工作,凹索和凸索之间有联系索或撑杆。如图7.48 (b)所示,给承重索和稳定索施加预拉力,则联系索产生预拉力,可以提升屋盖刚度;同理,如图7.48 (c)所示,给承重索和稳定索施加预拉力,则撑杆产生预压力,也可以提升屋盖刚度。

（a）单层单曲面索,不稳定　　（b）稳定索在下,联系索受拉　　（c）稳定索在上,撑杆受压

图 7.48　单曲面悬索结构

(2) 双曲面悬索结构。平面形状为圆形,由放射状的拉索构成 [图7.49 (a)],表面呈凹形旋转曲面。拉索的一端锚固在受压环梁上,另一端锚固在中心的拉环或立柱上 [图7.49 (b)]。在屋面均布荷载作用下,圆形的双曲面内的全部拉索的挠度(下垂度)相等,因此全部拉索的内力相等。如前分析,索面的挠度越大,拉索的内力越小。

单层双曲面悬索屋面同样不稳定,因此也常用双层双曲面。图7.49 (c) 所示的双层双曲面屋面在圆心处设中心拉环,沿屋面的圆周设刚性环筒,筒的上沿固定承重索,筒的下沿固定稳定索,索中施加预拉力,保证屋盖刚度。图7.49 (d) 所示的双层双曲面屋面在圆心处设中心筒,沿屋面的圆周设刚性环梁,筒的上沿固定稳定索,筒的下沿固定承重索,索中施加预拉力,保证屋盖刚度。

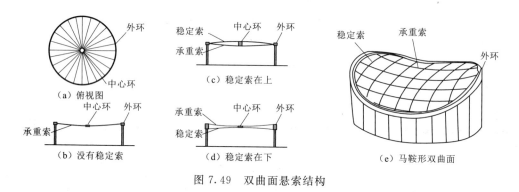

（a）俯视图　　（c）稳定索在上　　（e）马鞍形双曲面

（b）没有稳定索　　（d）稳定索在下

图 7.49　双曲面悬索结构

(3) 马鞍形索网结构。由两组曲率相反的拉索交叉组合而成,主索为承重索,中部下凹,一般呈抛物线形;副索为稳定索,中部上凸,与主索正交。组合后屋面呈马鞍形,如图7.49 (e) 所示。由于屋面由稳定索和承重索正交组合而成,故屋面自身具有刚度和稳定性,无需再设双层索网。

悬索结构一般由索网、边缘构件和支承构件组成。索网的钢索有束索、钢绞线和钢丝绳三种,由高强度钢丝组成,高强度钢丝的抗拉强度可达 $1800\text{N}/\text{mm}^2$,综合考虑索的抗拉强度 $1200\text{N}/\text{mm}^2$。悬索结构的边缘构件一般采用钢筋混凝土做成的梁、环梁或拱等构件,因悬索结构的类型与建筑平面而不同。均需要足够的刚度和承载力,以有效地承受索网的拉力。

悬索结构的支承结构需要抵抗索网传来的水平拉力和竖向压力，如何能够保证支承结构可靠是设计时的重要问题。工程上有以下几种支承结构形式：

1）通过斜向牵索锚固传递拉力至基础，如图 7.50（a）所示。

2）设置悬臂柱或支腿柱抵抗拉力，如图 7.50（b）所示。

3）设置对称的斜撑体系平衡拉力，如图 7.50（c）所示。

4）设置交叉的斜拱体系平衡拉力，如图 7.50（d）所示。

5）设置封闭的圆环梁平衡拉力，如图 7.50（e）所示。

6）设置封闭的马鞍形环梁平衡拉力，如图 7.50（f）所示。

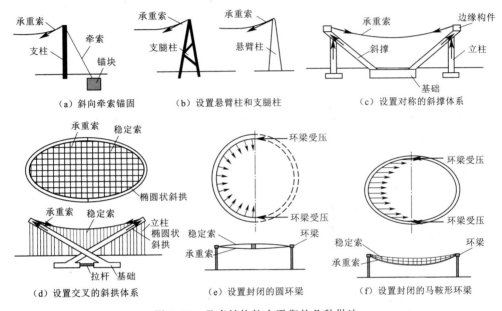

图 7.50 悬索结构拉力平衡的几种做法

悬索结构的屋面一般采用轻柔型屋面，如压型钢（铝合金）板，塑料波纹板，轻薄的混凝土板等，这种轻柔屋面能够适应悬索结构的较大变形。此时应注意屋面总重力荷载一般应能够达到抵消风吸力的值，以减小风作用下屋面上下振动的可能。悬索结构的优点就在于可以实现很大的跨度而结构本身所占空间较小，因此屋面重力荷载不宜过大，否侧拉索内力会非常大，边缘结构的内力也很大，从经济和技术上都是不划算的。

2. 悬挂结构

高层建筑一般有一个（或多个）刚度很大的核心筒，可以通过核心筒的不同高度处挑出若干巨型梁，再通过吊杆悬挂其下的楼层。此时吊杆只受拉，不存在受弯和压屈的不稳定的问题，因此吊杆截面可以很小，同时也减少了立柱占据的室内空间，经济实用。

由于各楼层吊挂起来，在水平荷载和作用发生时，楼层会产生水平位移和振动。为避免水平位移和水平振动过大，应使每层吊挂的楼层都与核心筒之间可靠连接以保证整个建筑物的稳定性。这种结构形式，吊杆承受了所有吊挂楼层的重力，在顶端集中力很大，必须保证力能够可靠地传递至核心筒。

吊杆可以有两种方案，即竖向吊杆和斜向吊杆，如图 7.51 所示。竖向吊杆的优点是不影响吊挂层建筑的使用空间，但应该注意楼层整体水平摆动的风险；斜向吊杆其实是借鉴了斜拉桥体系，其优点是楼层通过斜拉索（杆）悬挂，此时斜拉索承受拉力，楼面承受一定的压力，可以提高楼面混凝土的抗裂性能，是一举多得的结构形式。

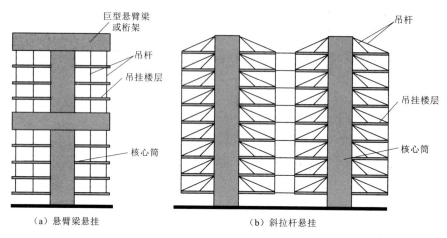

（a）悬臂梁悬挂　　　　　　　　　　（b）斜拉杆悬挂

图 7.51　悬挂结构

悬挂结构在整体分析时，按竖向悬臂结构来考虑。由一个筒或多个筒承受建筑物的全部重力荷载，同时承受水平地震作用和风作用，筒体本身荷载较大，需要很大的承载力和刚度，同时筒体的基础也会很大。

应该引起注意的是，重力通过索传给筒体，而索与筒之间的刚度差别很大，需谨慎处理两者之间的相对变形和位移。

此外，荷载传力路线长，连接部位就多，结构分析相对复杂，这是悬挂结构的缺点。

图 7.52 为香港汇丰银行悬挂结构示意图，该建筑总高 180m，共 43 层。整体建筑由 8 根巨型钢立柱（相当于 8 个筒体）支承，沿着巨型立柱不同高度处设置 5 个巨型桁架，分布吊挂 4～7 个楼层。每个巨型外伸桁架高两层，由上下弦和腹杆组成，相当于外伸梁。

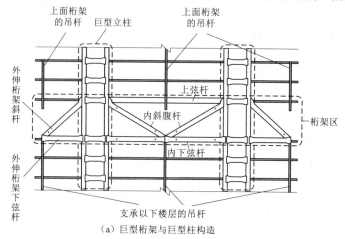

（a）巨型桁架与巨型柱构造

图 7.52（一）　香港汇丰银行悬挂结构示意图

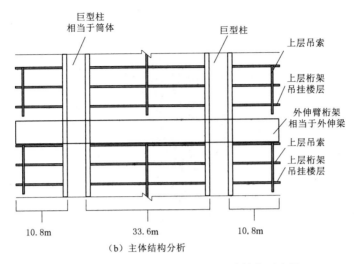

（b）主体结构分析

图 7.52（二）　香港汇丰银行悬挂结构示意图

此外，还有一类悬挂结构，较多地应用于大跨度桥梁，如图 7.53 所示，分别为悬索结构和斜拉结构，均属于悬挂结构。其中斜拉结构传力更为简洁，结构更加合理，在我国大跨度桥梁中得到大量应用。随着建筑技术的发展，斜拉结构也逐渐应用于建筑结构，形成多种形式的结构体系创新，如图 7.51（b）所示。

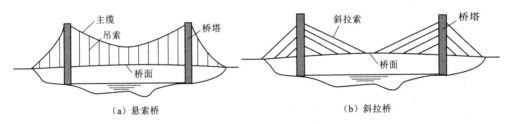

（a）悬索桥　　　　　　　　　　　　　　　　（b）斜拉桥

图 7.53　悬索桥与斜拉桥结构

7.6　案例分析：超高层建筑的结构体系

7.6.1　上海中心大厦结构体系

上海中心大厦是位于上海市浦东新区陆家嘴的一座超高层地标性建筑，建筑形态如图 7.54 所示。该建筑是集办公、酒店、商业、观光为一体的现代化多功能摩天大楼。塔楼建筑高度 632m，共 124 层；裙房建筑高度 38m，地上 7 层，地下 5 层。

上海中心大厦在外观上呈螺旋式的上升形态，隐喻着可持续发展的绿色建筑理念。建筑的围护结构为内外幕墙以及其间中庭构成，外幕墙近似呈三个尖角被削圆的等边三角形，并从底部到顶部按规律扭转，且沿高度方向逐渐收缩，形成了独特的非线性曲面形式，使整个塔楼从平面到空间都具有独特的标志性造型。内幕墙为圆筒形，从上到下分为六段圆筒体。外幕墙为结构遮挡风雨，内幕墙则起到隔热保温的作用，两

189

者之间的中庭部分为人员休闲提供了场所并兼具环境缓冲作用，如图 7.55 所示。

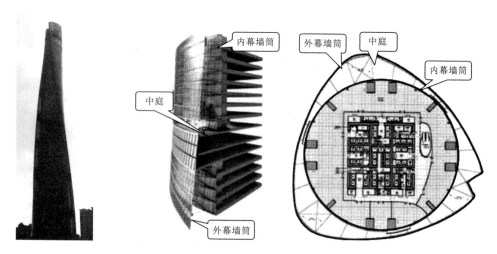

图 7.54 上海中心大厦建筑外观　　图 7.55 上海中心大厦内、外筒玻璃幕墙与中庭示意图

1. 结构体系特点

巨型框架＋核心筒＋伸臂桁架构成了上海中心大厦的抗侧力结构体系，如图 7.56 所示。巨型框架通过伸臂桁架与核心筒相连，协同抵抗风荷载和地震作用下的水平力。竖向的重力荷载则大部分由外围的巨型框架承担。

（1）巨型框架。巨型框架结构由一通到顶的 12 根巨型柱（每边 2 根，再加 4 根角柱），以及沿着塔楼竖向大致均匀布置的 8 道位于设备层的两层高箱形空间环带桁架组成。巨型柱均采用型钢混凝土柱，自下而上巨型柱的尺寸从 3.7m×5.3m 到 1.9m×2.4m 逐渐变化。环带桁架为两层楼高度的桁架，由上弦、下弦与腹杆均为型钢，节点连接板的厚度达到 30mm 以上。

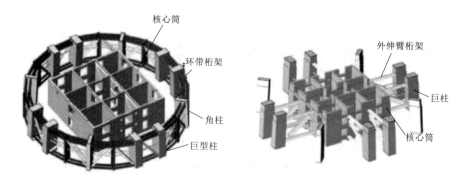

图 7.56 巨型柱与核心筒布局示意图

由于巨型框架构件截面巨大，长度和跨度较大，与常规梁柱刚接的框架结构受力有较大区别，其构件的布置与设计也有其特殊性。据分析，该建筑巨型框架在风荷载、地震作用下承担的基底剪力与倾覆弯矩占到总内力的 50％ 与 70％ 以上。

（2）核心筒。核心筒是钢筋混凝土结构，平面形式根据建筑功能布置由低区的方格形逐渐过渡到高区的十字形，在地下室以及1～2竖向分区核心筒翼墙和腹墙中设置钢板，形成了钢板组合剪力墙结构。把若干单片剪力墙组合在一起，形成核心筒，在低区构成了9×9的束筒结构，更增大了其抗侧力刚度和承载力。

（3）伸臂桁架。沿塔楼竖向共布置6道伸臂桁架，分别位于建筑竖向分区的加强层。伸臂桁架在加强层处贯穿核心筒的腹墙，并与两侧的巨型柱连接起来，增加了巨型框架在总体抗倾覆力矩中所占的比例，同时加强了巨型框架与核心筒之间的联系，如图7.57所示。

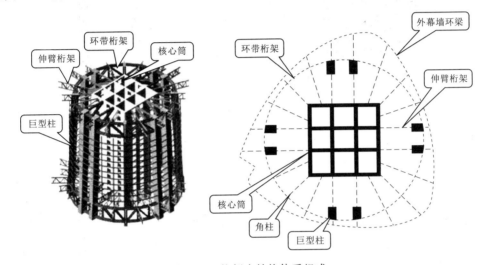

图7.57 抗侧力结构体系组成

2. 结构优化

（1）抗风优化设计。上海中心大厦建筑外形高宽比为7，自振周期大于9s，风荷载是影响结构设计的关键因素之一。考虑到超高层结构所受风荷载的复杂性，通过风致响应试验结果确定了结构的设计风荷载，保证了抗风设计的可靠性及准确性。

基于空气动力学的结构体型优化，探究最优结构外形形式，确定了建筑外幕墙筒逐步旋转120°的竖向变形，平面尺寸沿竖向逐步收缩的最优结构受力形式，塔楼整体风荷载相比同等高度建筑减小1/4，与传统的方形截面结构相比，设计风荷载仅为方形截面结构的60%，大幅度减小了风荷载，从而节省了材料。

（2）控振设计技术。为减小结构在水平作用力（风和地震）的位移、速度、加速度以及内力响应，在屋顶塔冠处布置了调谐质量阻尼器（TMD），TMD的作用是将阻尼器系统自身的振动频率调整到与结构振动的主要频率相近，通过TMD与主结构间的相互作用，实现能量由主结构向阻尼器系统的转移。

该阻尼器位于大厦顶部，距离地面583m，又被称为"上海慧眼"。它由配重物和吊索构成，类似巨型复摆（图7.58）。这是一个重达1000t的阻尼器，是目前世界上最重的阻尼器，重量约占大厦的1.2‰。这个巨大的阻尼器由12根钢索吊在大厦内部，每根钢索都长达 25m。

图 7.58　"上海慧眼"风阻尼器

据介绍，如果不安装阻尼器，那么瞬时加速度大，人就感觉到晃动，会感觉眩晕。该阻尼器可降低风致振动的峰值加速度幅度达 43%，令大厦内 90% 的人感受到较大的舒适度。据报道，2019 年台风"利奇马"影响期间，阻尼器单边摆幅超过 50cm，瞬时峰值一度达到 70cm，摆幅创下上海中心大厦启用以来的最大纪录据报道。阻尼器同时也可以起到降低建筑振动和内力的作用。

（3）抗震性能设计。上海中心大厦为重点抗震设防类建筑，在不同级别地震的作用下，分别设定了不同的抗震性能目标。对应多遇地震、设防地震和罕遇地震下采用的抗震性能目标分别为：完全可使用、基本可使用和生命安全。

为此，设计师们采用弹塑性时程分析方法，根据结构的频谱特征选取了满足计算要求的地震动加速度时程，分别采用 ABAQUS、ANSYS 和 PERFORM 等有限元软件对结构的抗震性能进行建模计算，并对计算结果进行了分析比对，采用合理的设计确保主要构件不失效，并使耗能元件在罕遇地震作用下能够进入屈服耗能，既确保了生命安全，又体现了设计的经济性和合理性。

同时，还分别在同济大学和中国建筑科学研究院进行了振动台试验，试验模型按照结构真实模型进行缩尺设计，分别为 1∶50 和 1∶40，通过 2 次振动台试验，获得了相应的结构动力响应特征，通过将试验数据进行分析比对，验证了结构抗震安全性。

（4）竖向荷载优化设计。因为建筑物层数较多，楼面的活荷载在每层都同时达到满荷载是不可能的，因此在进行结构整体竖向荷载分析时，进行了适度折减，在保证结构满足承载能力和变形要求的前提下，细化模型分区，调整构件截面，实现用钢量的优化，取得了明显的经济效益。

上海中心大厦作为中国第一高楼、世界第三高楼，有诸多创新，其主要科技成果包括超高层桩基和基坑工程关键技术、超高层巨型结构设计关键技术、超高层巨型混凝土结构建造关键技术、超高层巨型钢结构建造关键技术、超高层数字建造及绿色建筑技术等。它因此荣获世界高层建筑学会"最佳高层建筑奖"、国际桥梁与结构工程协会"杰出结构奖"、中国施工企业管理协会科学技术特等奖、中国土木工程学会詹天佑奖、中国建筑业协会鲁班奖、中国施工企业管理协会国家优质工程金奖等众多国内外奖项。

上海中心大厦充分展示了我国综合国力和科技水平，推进了我国从超高层建造大国向建造强国迈进的进程。其先进的建设理念、创新的设计和施工技术以及高效的运维管理，反映了当今世界建造技术的最高水平，彰显了我国超高层建造技术国际领先的综合实力，引领了世界超高层建筑技术的发展。

除了上海中心大厦外，我国还有一批超高层建筑，这些建筑也都有诸多创新之处，其结构体系与结构细节都有诸多亮点。

7.6.2 其他超高层建筑的结构体系

1. 深圳平安大厦

全称深圳平安金融中心大厦，共有 116 层，高达 599m，是深圳的第一高楼。总建筑面积约 46 万 m^2，大厦自 2009 年开工建设，于 2016 年 12 月竣工，创下了国内建筑类最大的 8m 超大直径工程桩等多个国际国内纪录。

深圳平安大厦结构高度为 555.5m，建筑层数：塔楼层数 118 层，地下层数 5 层。采用巨型斜撑框架-核心筒-外伸臂结构体系（图 7.59）：结构设置了 4 道外伸臂桁架，将核心筒与巨型柱有效地连接在一起；7 道空间双桁架均匀布置于每个避难与机电层，用于连接巨型柱，使结构的外围形成巨型框架。

2. 北京中国尊

北京中国尊又称北京中信大厦，占地面积 $11478m^2$，总建筑面积 43.7 万 m^2，其中地上 35 万 m^2，地下 8.7 万 m^2，建筑总高 528m，建筑层数地上 108 层、地下 7 层（不含夹层），可容纳 1.2 万人办公，集甲级写字楼、会议、商业、观光以及多种配套服务功能于一体。

中国尊大厦建筑外形仿照古代礼器"尊"进行设计，结构采用巨型带支撑框架＋混凝土核心筒（型钢柱＋钢板剪力墙）结构体系（图 7.60），4 根世界最大的多腔体

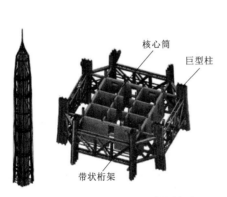

图 7.59 深圳平安大厦结构体系

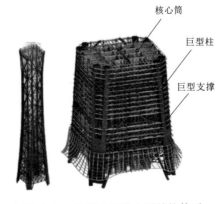

图 7.60 北京中国尊大厦结构体系

巨型钢柱与翼墙、核心筒钢板墙等1.3万t钢构件一起。塔楼结构高度约522m，首层结构宽度为72.7m，高宽比约7.2。北京作为首都且处于中国北方地震高烈度区，其设计地震力高，对于设计如此高的建筑，且同时罕有设计实例可供参考，必须采取更为严格的控制标准，因此结构抗震设计面临更为严峻的技术要求和条件。

3. 天津高银117大厦

天津高银117大厦位于天津市高青区，近邻天津高铁南站，为天津市高新区软件和服务外包基地综合配套区——中央商务区一期（由塔楼、总部办公楼及商业裙房组成）的重要建筑单体。塔楼地下4层，典型楼层高4.0m，地上部分共117层（不含部分夹层）。建筑高度约597m，总建筑面积约37万m²。

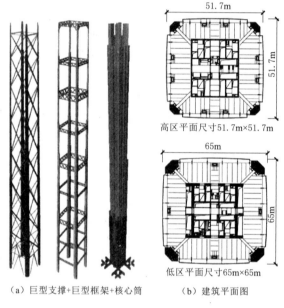

（a）巨型支撑+巨型框架+核心筒　　（b）建筑平面图

图7.61　天津高银117大厦结构体系

结构大屋面高度为596m，采用筒中筒结构体系，即外围的巨型框架支撑筒＋内部的核心筒抗侧力结构体系，如图7.61所示。平面基本为正方形，楼层平面随着斜外立面由底至顶渐渐变小。塔楼首层平面尺寸约65m×65m，渐变至顶层时平面尺寸约45m×45m，高宽比9.7，是目前国内高地震烈度区最细长的超高层建筑之一。

巨型支撑采用焊接箱形钢截面，设置于大厦四边的垂直立面与巨型柱连接。巨型斜撑与梁柱相互脱开，为楼面系统提供了侧向支持以控制巨型支撑平面外的屈曲。转换桁架配合建筑及机电专业要求，设置于避难及设备层。由9组沿塔楼每12～15层均匀分布。转换桁架承担其间隔楼层竖向荷载并将其转换至角柱，并与四角的巨型柱共同作用，提供部分抗侧刚度，增加大厦的抗扭性能。

4. 武汉绿地中心大厦

武汉绿地中心大厦地处武昌滨江商务区中心区域，是综合体项目，有办公、公寓、酒店及会所等建筑功能。原设计建筑高度为636m，结构高度为575m，高宽比达到8.5，需要高效的抗侧力结构体系。原设计方案地上120层，地下5层，地下部分埋深达30m。2018年建筑设计进行了调整，现方案建筑高度为475m，地上99层。

主塔楼结构抗侧力体系为核心筒＋12根巨柱＋3道伸臂桁架＋9道环带桁架＋首层至66层角部巨柱间支撑，其中环带桁架及伸臂桁架所在的楼层如图7.62（a）所示。

（1）塔楼主要抗侧力体系。核心筒＋巨柱＋外伸臂体系，如图 7.62（b）所示。塔楼在角部及中部设置 12 根巨柱；在 34～36 层、63～66 层、97～99 层以及 116～118 层设置 4 道伸臂桁架，连接巨柱与核心筒形成空间抗侧力工作机制。

（2）塔楼次级抗侧力体系。设置 10 道竖向倾斜及平面为折线形的环带桁架。桁架采用带斜杆的传统桁架形式；为了提高塔楼（特别是外框）的刚度，提高外框承担的地震剪力比，在底部 62 层的每组巨柱 SC1 间布置钢中心支撑；外围为钢框架体系，即重力柱与钢边梁刚接连接的外框架，如图 7.62（c）所示。

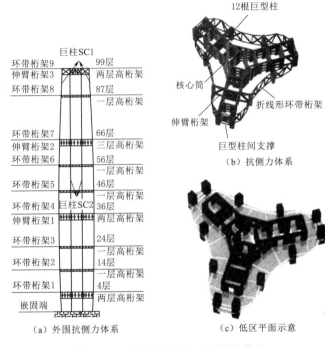

图 7.62　武汉绿地中心大厦结构体系

资源 7.17
体育馆常用
结构体系
实例分析

资源 7.18
某钢框架
悬挂实验楼
结构分析

资源 7.19
井字梁结构
楼盖案例分析

资源 7.20
钢筋混凝土
与钢结构框
架组合分析

资源 7.21
古建筑木结构
屋盖体系分析

资源 7.22
金中都公园宣
阳桥结构分析

资源 7.23
某钢结构厂
房施工过程

上述案例都是我国改革开放以后建筑艺术与结构技术以及政治经济快速发展的产物，体现了中国建筑行业广大科研、设计、教育、施工工作者的伟大成就。改革开放 40 多年来，随着我国经济社会、人民生活水平和现代建筑技术的发展，人民对房屋建筑的使用功能和质量有了越来越高的要求，现代建筑超高层、超大跨度层出不穷，各种新的建筑体系和新的结构及功能材料应运而生。现今中华民族迈入第二个百年征程，国家一系列的战略规划新形势下，更是提倡节能环保型智能建筑。

思 考 题

1. 结构总体系是如何构成的？
2. 水平跨越分体系有哪几种？分别有何受力、变形与传力特点？

3. 竖向支承分体系有哪几种？分别有何受力、变形与传力特点？

4. 基础结构体系有哪几种？分别有何受力、变形与传力特点？

5. 拱结构有哪几种？分别有何受力、变形与传力特点？

6. 壳体结构有哪几种？分别有何受力、变形与传力特点？

7. 折板结构有哪几种？分别有何受力、变形与传力特点？

8. 索结构有哪几种？分别有何受力、变形与传力特点？

9. 竖向荷载和水平荷载传力的路径有何不同？

第 8 章
结构可靠性设计基础

知识拓展：营造法式与宋代建筑

1. 营造法式

宋朝建立以后的百余年间，土木大兴，宫殿、衙署、庙宇、园囿的建造连续不断，造型豪华精美。然而，负责工程的大小官吏贪污成风，致使国库无法应付浩大的开支。因此，建筑的各种设计标准、规范和有关材料、施工定额、指标急待制定，以明确房屋建筑的等级制度、建筑的艺术形式及严格的功限料例以杜防贪污盗窃被提到议事日程。哲宗元祐六年（1091 年），将作监❶第一次编成《营造法式》，由皇帝下诏颁行，称为《元祐法式》。因该书缺乏用材制度，工料太宽，不能避免工程中的各种弊端，所以北宋绍圣四年（1097 年）又诏李诚重新编修。李诚以其 10 余年修建工程的丰富经验为基础，参阅大量文献和旧有的规章制度，收集工匠讲述的各工种操作规程、技术要领及各种建筑物构件的形制、加工方法，编成流传至今的这本《营造法式》，于崇宁二年（1103 年）刊行全国。

全书共三十四卷，分释名、制度、功限、料例和图样等五部分，成为当时官方建筑的规范，纵观全书，纲目清晰，条理井然。其中，第一、二两卷是对土木建筑名词术语的考证及定额的计算方法；第三至第十五卷是壕寨、石作、大木作、小木作、雕作、旋作、锯作、竹作、瓦作、泥作、彩画作、砖作、窑作等十三个工种的制度，说明每一工种的选材、加工方法及各构件的相互关系和位置；第十六至第二十五卷规定了各工种的劳动定额；第二十六至第二十八卷规定了各工种的用料定额；第二十九至第三十四卷是图样。

《营造法式》附有建筑图样，附图共占六卷，凡是各种木制构件、屋架、雕刻、彩画、装修等都有详细图样。其中既有工程图，也有彩画画稿，既有分件图，也有总体图，充分反映了中国古代工程制图学和美术工艺的高度水平。这些图样不仅能够帮助人们更清楚地理解文字表达的内容，而且可以使人们从中看出当时建筑艺术风格。

"构屋之制，以材为祖。""材"是一个标准尺寸单位，相当于模数，凡设计和建造房屋，都要以"材"作为依据。"材"有八等（八种尺寸），可以按房屋的种类和规模来选用，详见表 1。《营造法式》给出了一整套木构架建筑的模数制设计方法。

---

❶ 古代官署名，掌管宫室建筑、金玉珠翠、犀象宝贝和精美器皿的制作与纱罗缎匹的刺绣及各种异样器用打造的官署。

表 1 宋 代 八 等 材 栔 表

材等	广度/寸	厚度/寸	用于建筑类别	高宽比	截面示意
一等	9	6	九、十一开间大殿	3∶2	
二等	8.25	5.5	五、七开间殿堂	3∶2	
三等	7.5	5	三、五开间殿、七开间堂	3∶2	
四等	7.2	4.8	三开间殿、五开间厅堂	3∶2	
五等	6.6	4.4	小三开间殿、大三开间厅堂	3∶2	
六等	6	4	亭榭、小厅堂	3∶2	
七等	5.25	3.5	亭榭、小殿	3∶2	
八等	4.5	3	小亭榭、藻井	3∶2	

注 1. 宋代的寸相当于现在的 31.68mm。

2. 栔指的是上下拱之间填充物的断面尺寸。

　　《营造法式》就是当时的建筑法规，既规定了建筑的制度，有规定了结构的模数，还规定了工料的预算。有了它，无论是对群体建筑的布局设计和单体建筑及构件的比例、尺寸的确定，以及编制各工种的用工计划、工程总造价，还是编制各工种之间先后顺序、相互关系（相当于现在的施工组织设计和进度计划）和质量标准都有法可依、有章可循，既便于建筑设计和施工顺利进行，也便于随时质检和竣工验收。

　　《营造法式》还是一套当时执行的结构设计规范，它规定了结构所用的材料尺寸，规定了结构体系与构件尺寸，按照规定的构件连接节点形式，承受规定的荷载，保证建筑结构的安全可靠。它的编修来源于古代匠师的实践，收录了历代工匠相传，经久通行的做法，反映了我国古代建筑工人的智慧和技艺所达到的高超水平。

　　《营造法式》中暗含了工程结构可靠性设计朴素原理，在中国古代建筑史上起着承前启后的作用，对后世的建筑技术的发展产生了深远影响。

2. 佛头寺

　　佛头寺位于山西平顺县车当村，原有两进院落，现只存一进，为一佛殿，从斗拱、梁架等特征来看，是一处建筑形制较为独特的宋代建筑（图 1）。其构造之奇特，

图 1　佛头寺大殿

做工之精美，就是在今天，也有借鉴意义。大殿面阔三间，进深四间（九椽），平面近似方形，整个架构非常简洁，柱头斗拱五铺作出双昂，昂呈琴面式。单檐歇山顶，筒板瓦屋面，琉璃脊饰。斗拱五铺作双下昂，梁架结构为三椽栿对后搭牵通檐用三柱。柱侧角、升起显著。斗拱部分约占了柱高的一半，内部梁架较完整地保存了宋式做法。

昂嘴部分据说曾经全部都被锯掉，如今一部分在后期维修的时候拼接起来（图2），另一少部分依然能看出被割锯过的模样。

图 2 佛头寺外檐木构与角部昂嘴

8.1 可靠性设计的基本概念

结构可靠性设计基本思想是在一定的经济条件下，赋予结构以适当的可靠度，也就是把结构失效的概率控制在人们所能接受的范围之内。建筑结构设计的目的就是在保证适当可靠度的前提下，使建筑结构尽可能的用材节省、施工简便和造价低廉。

8.1.1 结构的可靠性

结构的可靠性是结构在规定的时间内，规定的条件下，完成预定的功能的能力。结构可靠度的定义是结构在规定的时间内，规定的条件下，完成预定的功能的概率 P_s。显然，结构可靠度是用来衡量结构可靠性的指标。与可靠度相对应的是失效概率 P_f，结构失效概率的定义是结构在规定的时间内，规定的条件下，不能完成预定的功能的概率。

$$P_s = P(结构完成预定功能) \qquad (8.1)$$

式中　P_s——结构可靠度，也称为可靠概率；

　$P(\ )$——括号中事件发生的概率。

$$P_f = P(结构不能完成预定功能) \qquad (8.2)$$

式中　P_f——结构的失效概率。

上面所说的"规定的时间内"是指结构可靠性分析时考虑各项基本变量与时间关系时所采用的设计使用年限，包括施工阶段和使用阶段。"规定的条件下"是指正常设计、正常施工、正常使用与正常维护，不考虑设计失误、偷工减料、超限使用和不正当改造等人为过失的影响。

结构失效主要包括构件破坏、整体变为可变体系、整体变形过大、整体倾覆和滑移，如图 8.1 所示。其中构件破坏主要包括弯曲破坏、剪切破坏、压缩破坏、屈曲失稳破坏，如图 8.1（a）所示，此外还可能有拉断、弯扭失稳破坏、局部屈曲失稳等破坏形态。

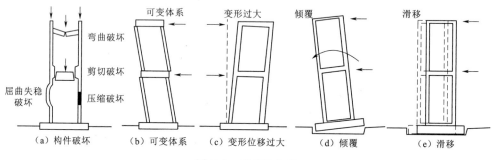

图 8.1　结构的失效

8.1.2　结构的功能要求

结构在规定的设计使用年限内，以规定的可靠度满足规定的各项基本功能要求。

（1）能承受在施工和使用期间可能出现的各种作用，指结构能够承受由于永久荷载、可变荷载、雪荷载、风荷载、土压力、温度变化、水位变化、地基变形等引起的内力）。

（2）保持良好的使用性能，指结构不发生影响使用的变形、裂缝或振动等。

（3）具有足够的耐久性能，指结构不发生影响耐久性的变形、裂缝或振动等。

（4）当发生火灾时，在规定的时间内可保持足够的承载力，指控制结构发生因火灾而引起的承载力下降的速度，为人员疏散和采取临时补救措施留出时间。

（5）当发生爆炸、撞击、人为错误等偶然事件时，结构能保持必要的整体稳固性，不出现与起因不相称的破坏后果，防止出现结构的连续倒塌。

上述 5 条是我国现行《建筑结构可靠性设计统一标准》（GB 50068—2018）中关于结构设计、施工和维护的相关规定。这里所说的结构包括建筑物和构筑物的结构，也可以推广到桥梁工程、通讯设施、水利工程等的结构。规定的设计使用年限，是指结构和构件在正常维护的条件下应能保持其使用功能，而不需进行大修加固的年限。例如普通房屋的设计使用年限为 50 年，是指普通房屋结构在正常使用、正常维护的情况下，当建筑超过 50 年时，其可靠度可能略有下降，但仍能满足可靠性要求。

8.1.3　结构的极限状态

所有的结构或构件都存在一个临界状态，这个临界状态划分了结构可靠与失效，结构处于这个临界状态的"左边"则失效，处于这个临界状态的"右边"则可靠。建筑结构设计相关规范中把这一临界状态称为极限状态，我国采用极限状态设计法。

极限状态可分为承载能力极限状态、正常使用极限状态、耐久性极限状态及连续倒塌极限状态。

1. 承载能力极限状态

（1）结构构件或构件之间的连接因超过材料强度而破坏，或因过度变形而不适于继续承载。
（2）整个结构或其一部分作为刚体失去平衡。
（3）结构转变为机动体系。
（4）结构或结构构件丧失稳定。
（5）结构因局部破坏而发生连续倒塌。
（6）地基丧失承载力而破坏。
（7）结构或结构构件的疲劳破坏。

2. 正常使用极限状态

（1）影响正常使用或外观的变形。
（2）影响正常使用的局部损坏。
（3）影响正常使用的振动。
（4）影响正常使用的其他特定状态。

3. 耐久性极限状态

（1）影响承载能力和正常使用的材料性能劣化。
（2）影响耐久性能的裂缝、变形、缺口、外观、材料削弱等。
（3）影响耐久性能的其他特定状态。

4. 连续倒塌极限状态

结构因偶然作用造成局部破坏后，其余部分发生连续破坏甚至倒塌的特定状态。偶然作用包括超过设计规定烈度的地震、爆炸、撞击及地基塌陷等作用。

8.1.4 结构的功能函数

结构可靠度通常受到各种作用和材料性能的变异性、几何参数与计算公式的精确性等随机因素的影响，这些因素称为随机变量，记作 X_i（$i=1，2，\cdots，n$），则结构的功能可用功能函数表示：

$$Z=g(X_1,X_2,\cdots,X_n) \tag{8.3}$$

规定：

$Z>0$ 时，结构处于可靠状态；

$Z=0$ 时，结构处于极限状态；

$Z<0$ 时，结构处于失效状态。

当结构处于极限状态时，有极限状态方程：

$$Z=g(X_1,X_2,\cdots,X_n)=0 \tag{8.4}$$

由于结构的基本变量 X_i 为随机变量，结构的功能函数 Z 也是随机变量，结构可靠度可用概率来表示：

$$P_s=P(Z>0) \tag{8.5}$$

结构的失效概率可以表示为

$$P_f=P(Z<0) \tag{8.6}$$

结构处于极限状态的概率表示为

$$P_1=P(Z=0) \tag{8.7}$$

由概率论知识可知，结构处于极限状态的概率为 0，$P_1=0$，故有式（8.8）和式（8.9）的成立。这就是说结构可靠性分析中，只考虑结构的可靠与失效两种状态，可靠概率与失效概率同样可以描述结构的可靠性，即

$$P_f+P_s=1 \tag{8.8}$$

或

$$P_f=1-P_s \tag{8.9}$$

8.2　结构可靠性设计理论的发展与应用

8.2.1　结构设计理论的发展

1. 容许应力设计法

19 世纪，随着材料力学、理论力学和材料试验科学的发展，钢材得到广泛应用，Navier 等人提出了基于弹性理论的容许应力设计法，在当时的结构设计中得到广泛的应用。

容许应力设计法规定构件在使用期间的各种作用下任一截面的任一点的应力必须小于或等于容许应力的设计法。其设计表达式为

$$\sigma\leqslant[\sigma]=f/K \tag{8.10}$$

式中　σ——构件截面上任一点的应力（按材料力学计算）；

　　　$[\sigma]$——容许应力；

　　　f——结构材料的性能，一般由试验测得；

　　　K——安全系数，由经验确定。

容许应力设计法应用简便，除钢结构外，木结构和混凝土结构也可采用此法设计。由于在使用期间荷载作用下可以控制应力较小，梁的挠度和裂缝宽度很少达到正常使用极限状态的临界值。但该设计法存在明显的缺陷，一是按线弹性理论以一点的强度来确定整个结构是否可靠，对于弹塑性材料制作的构件而言，没有考虑到非弹性阶段的承载力，存在不合理性；二是没有可靠性的概念，没有把荷载、抗力等作为随机变量来考虑，凭经验确定的安全系数无法保证各种结构构件的可靠度水准一致；三是当各种荷载的比例发生变化或荷载效应互相抵消时，仍采用单一固定的安全系数，无法保证结构的安全。

针对以上问题，容许应力法也得到了改进。对于塑性材料制作的构件，采用按塑性理论计算的容许应力；对于不同荷载情况，通过调整安全系数给出不同的容许应力等。在某些国家的设计规范中，容许应力设计法仍在单一材料结构构件设计中应用。

2. 破损阶段设计法

破损阶段设计法，是指以结构或构件破坏时的受力情况为依据，考虑了材料的塑性性能，在表达式中引入安全因数，使得构件有了总安全度的概念。该设计法考虑结构的部分材料进入破损阶段后的工作状态，考虑了结构构件的非弹性阶段的承载力。20 世纪 30 年代，苏联学者格沃兹捷夫、帕斯金尔纳克等提出以下计算公式：

$$KN \leqslant \Phi \tag{8.11}$$

式中　K——安全系数；

　　　N——标准荷载引起的构件内力；

　　　Φ——构件进入破损阶段的承载力。

破损阶段设计法的特点：以截面内力（而不是应力）为考察对象，考虑了材料的塑性性质及其极限强度，内力计算多数仍采用线弹性方法，少数采用弹性方法，仍采用单一的、经验的安全系数。

优点：这种方法以构件破坏时的受力状态为依据，考虑了材料的塑性性能，在表达式中引入了安全系数，使得构件有了总体安全度的概念。

缺点：安全系数的取值仍然凭经验确定。而且没有考虑到构件在正常使用时的变形和裂缝问题。

3. 极限状态设计法

极限状态设计法，是考虑结构在使用期间达到临界状态，这种临界状态即为极限状态。主要包括三种极限状态：承载力极限状态、正常使用极限状态和耐久性极限状态。承载力极限状态要求结构的最小承载力不小于可能的最大外荷载所产生的截面内力。正常使用极限状态则是对构件的变形和裂缝的形成或开裂程度的限制。耐久性极限状态指影响结构初始耐久性能、影响结构正常使用和影响结构安全性能的三类极限状态，如：碳化或氯盐侵蚀深度达到钢筋表面导致钢筋开始脱钝、钢结构防腐涂层作用丧失；钢结构的锈蚀斑点、混凝土保护层的脱离等现象。

承载力极限状态设计表达式为

$$R - S \leqslant 0 \tag{8.12}$$

式中　R——结构的抗力，即结构对应各种内力的承载力；

　　　S——结构的作用效应，即结构上作用引起的各种内力（轴力、弯矩、剪力、扭矩）。

正常使用极限状态设计表达式为

$$S_d \leqslant C \tag{8.13}$$

式中　S_d——作用组合的效应，即结构上作用引起的变形、位移、裂缝等；

　　　C——结构设计对变形、位移、裂缝等规定的相应限值。

耐久性的作用效应与构件承载力的作用效应不同，其作用效应是环境影响强度和作用时间跨度与构件抵抗环境影响能力的结合体。目前较多采用的有经验的方法、半定量的方法和定量控制耐久性失效概率的方法。

极限状态设计法把单一的安全系数转化为结构重要性系数 γ_0、作用分项系数 γ_G、γ_Q 和抗力分项系数 γ_R 等多系数，在荷载组合时还考虑了组合系数等，同时考虑了荷载的变异、材料性能的变异和工作条件的不同。对于荷载组合，承载能力极限状态采用荷载效应的基本组合和偶然组合；正常使用极限状态按荷载的短期效应组合和长期效应组合。

其实，极限状态设计法是一种半概率设计方法，由于照顾工程设计人员的习惯，采用多系数设计表达式，通过要求表达式中各项设计值都在一定概率意义上取值，来间接保证结构以规定的小概率进入极限状态。例如，设计表达式中荷载效应项，以一个较小的超越概率取其设计值，而抗力项，则以一个较大的保证概率取其设计值。由于不能穷尽且精确地描述所有随机变量的概率分布和统计参数，也不能过细地规定各种分项系数，因此极限状态设计法仍称为半概率设计法，在结构可靠性设计方面仍存在缺陷。

4. 概率设计法

概率设计法将影响结构可靠度的各种主要变量作为随机变量的设计方法，是一种非确定性方法。这种方法采用以概率理论为基础确定的失效概率或可靠指标，定量地度量结构可靠性。采用这种新的设计方法，可使所设计的各类结构构件具有大体相等的可靠度，从而在宏观上做到合理利用材料。

但由于目前对结构基本变量的客观统计规律认识的不足，对基本变量的概率分布和统计参数难以实现精准描述，因此该设计法在实际工程应用上还存在一定的困难，目前处于研究阶段。

8.2.2　结构可靠性理论的发展

结构可靠度研究始于飞机失效，20 世纪 30 年代，人们围绕飞机失效概率进行研究。第二次世界大战中，德国曾用可靠度方法分析过火箭，美国也对 B-29 飞机进行过可靠度分析。可靠度在结构设计中应用始于 20 世纪 40 年代，1946 年美国人 A. M. 弗洛伊詹特（A. M. Freudenthal）发表了题为《结构的可靠度》的论文，同期，苏联人尔然尼尔提出了一次二阶矩理论的基本概念和计算结构失效概率的方法及对应的可靠指标公式。当时设计中随机变量由均值和标准差确定，一次二阶矩法适合于随机变量都服从正态分布的条件。1969 年，美国学者 C. A. 康乃尔（C. A. Cornell）提出了与结构失效概率相联系的可靠指标 β 作为衡量结构可靠度的统一指标，并建立了二阶矩模式。1971 年加拿大学者 N. C. 林德（N. C. Lind）利用分离函数法把可靠指标表达成设计人员习惯采用的分项系数形式，这些研究成果加速了结构可靠度方法的实用化。1976 年，国际结构安全度联合委员会（The Joint Committee on Strural Safety，JCSS）采用拉克维茨（Rackwitz）和菲斯来（Fiessiler）等人提出的"当量正态化法"以考虑随机变量实际分布的二阶矩模式,对提高二阶矩模式的可靠指标计算精度有了很大改进。此后,二阶矩模式的结构可靠度表达式与设计方法进入实用阶段。

我国工程结构可靠性设计方面的研究始于20世纪60年代。20世纪80年代,我国大批学者投入到工程结构可靠性设计研究方面,他们在荷载统计分析、结构可靠指标的迭代计算方法、二次二阶矩公式、随即空间内结构可靠度分析、多失效准则可靠度分析、模糊失效准则的可靠度分析、结构抗震可靠度分析、全寿命可靠度分析、结构体系可靠度分析等方面取得了大量的研究进展,主要的研究者有黄兴棣、杨传军、程耿东、赵国藩、贡金鑫等。

8.2.3 可靠性理论在我国结构设计中的应用

我国第一部涉及建筑结构可靠性设计的国家标准是1985年开始执行的《建筑结构设计统一标准》(GBJ 68—1984),第一部关于工程结构可靠性设计的国家标准是1992年开始执行的《工程结构可靠度统一标准》(GB 50153—1992),2008年该标准修订为《工程结构可靠性设计统一标准》(GB 50153—2008),并于2009年开始执行。

我国涉及结构可靠性设计的标准分为三个层次(图8.2):第一层次的是国家标准《工程结构可靠性设计统一标准》(GB 50153);第二层次的是在国家标准GB 50153的指导下编制的用以指导有关部门第三层次规范编制的国家标准,包括:《建筑结构可靠性设计统一标准》(GB 50068)、《铁路工程结构可靠性设计统一标准》(GB 50216)、《公路工程结构可靠度设计统一标准》(GB/T 50283)、《水利水电工程结构可靠性设计统一标准》(GB 50199)、《港口工程结构可靠性设计统一标准》(GB 50158)。第三层次的是有关部门编制的国家设计、施工、验收、检测等相关标准和规范,建筑结构方面的国家规范包括《建筑结构荷载规范》(GB 50009)、《混凝土结构设计规范》(GB 50010)、《钢结构设计标准》(GB 50017)、《木结构设计标准》(GB 50005)、《砌体结构设计规范》(GB 50003)等,都是在GB 50068的指导下编制的。

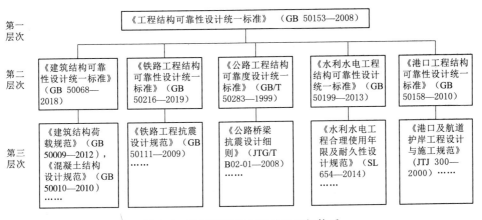

图 8.2 我国工程结构设计的国标体系

8.3 结构可靠性设计方法概述

8.3.1 结构可靠指标的定义

在结构设计中,最基本的情况是功能函数由两个随机变量线性组合的情况。如式 (8.12) 所示,用 R 来表示结构的抗力,用 S 来表示结构的作用效应,则功能函数为 $Z=R-S$,对应的极限状态方程为 $R-S=0$。

当 R 和 S 相互独立且均服从正态分布时,由概率论知识可知,功能函数 Z 也服从正态分布,其均值和标准差分别为 $\mu_Z=\mu_R-\mu_S$,$\sigma_Z=\sqrt{\sigma_R^2+\sigma_S^2}$。

Z 的概率密度函数为

$$f_Z(z)\frac{1}{\sigma_Z\sqrt{2\pi}}\exp\left[-\frac{1}{2}\left(\frac{Z-\mu_Z}{\sigma_Z}\right)^2\right] \quad -\infty<Z<\infty \tag{8.14}$$

Z 的分布函数为

$$F_Z(z)\frac{1}{\sigma_Z\sqrt{2\pi}}\int_{-\infty}^{z}\exp\left[-\frac{1}{2}\left(\frac{Z-\mu_Z}{\sigma_Z}\right)^2\right]\mathrm{d}t \tag{8.15}$$

经变换 $u=(t-\mu_Z)$,可将分布函数标准化成标准正态分布函数

$$F_Z(z)\frac{1}{\sqrt{2\pi}}\int_{-\infty}^{\frac{Z-\mu_Z}{\sigma_Z}}\exp\left(-\frac{1}{2}u^2\right)\mathrm{d}u=\Phi\left(\frac{Z-\mu_Z}{\sigma_Z}\right) \tag{8.16}$$

进一步可得结构失效概率 P_f 为

$$P_f=P(Z<0)=F_Z(0)=\Phi\left(\frac{-\mu_Z}{\sigma_Z}\right) \tag{8.17}$$

当功能函数 Z 服从正态分布时,可由 Z 的均值 μ_Z 与标准差 σ_Z 的商按标准正态分布函数计算得出结构的失效概率。定义可靠指标为

$$\beta=\frac{\mu_Z}{\sigma_Z}=\frac{\mu_R-\mu_S}{\sqrt{\sigma_R^2+\sigma_S^2}} \tag{8.18}$$

则有 $P_f=\Phi(-\beta)$ 和 $\beta=\Phi^{-1}(1-P_f)$,可见可靠指标与失效概率之间一一对应(如表 8.4 所示)。

可靠指标是在假定基本变量 R、S 服从正态分布的条件下定义的,但其具有普适性,根据概率论中"中心极限"定理,当 R、S 不服从正态分布时,可用相应的正态分布函数来近似处理,即当量正态化。这样,不论 R、S 是否服从正态分布,均可通过计算功能函数 Z 的均值 μ_Z 和标准差 σ_Z 计算结构的可靠指标。

8.3.2 计算结构可靠指标的一次二阶矩法

实际工程中,大多数功能函数 $Z=g(x_1,x_2,\cdots,x_n)$ 是非线性函数,将其在中心点展 Talor 级数,忽略高次项,仅保留一次项,这样就把非线性函数转换成近似的线性函数。

再设随机变量均服从正态分布,则功能函数也服从正态分布,利用随机变量 X_i $(i=1,2,\cdots,n)$ 的一阶矩、二阶矩计算 Z 的均值和标准差,直接计算出可靠

指标。

基本步骤：

（1）展开 Talor 级数，保留一次项和 0 次项：

$$Z = g(x_1, x_2, \cdots, x_n) \approx g(\mu_{x_1}, \mu_{x_2}, \cdots, \mu_{x_n}) + \sum_{i=1}^{n} \frac{\partial g}{\partial X_i}(X_i - \mu_{x_i})|_\mu \quad (8.19)$$

（2）此时，功能函数的统计参数为

$$\mu_Z = g(\mu_{x_1}, \mu_{x_2}, \cdots, \mu_{x_n}), \sigma_Z = \sqrt{\left(\sum_{i=1}^{n} \frac{\partial g}{\partial X_i}(X_i - \mu_{x_i})|_\mu\right)^2} \quad (8.20)$$

（3）则，可靠指标为

$$\beta = \frac{\mu_Z}{\sigma_Z} = \frac{g(\mu_{x_1}, \mu_{x_2}, \cdots, \mu_{x_n})}{\sqrt{\left(\sum_{i=1}^{n} \frac{\partial g}{\partial X_i}(X_i - \mu_{x_i})|_\mu\right)^2}} \quad (8.21)$$

由于一次二阶矩法是在中心点把功能函数展开 Talor 级数，从而近似处理为线性函数，因此一次二阶矩法也叫中心点法。当功能函数是线性函数或近似线性函数时，可靠指标计算是较为精确的，当功能函数为非线性时，可靠指标的计算误差就在所难免了。此外，当随机变量不服从正态分布或对数正态分布时，误差也是比较大的。很多学者针对中心点法的缺陷，提出了改进的中心点法，即验算点法。验算点法在验算点把功能函数展开 Talor 级数而消除功能函数非线性带来的误差，验算点通过迭代逐步逼近。通过当量正态化法消除随机变量非正态分布或对数正态分布带来的误差。有关验算点的迭代和当量正态化，此书不做详细介绍，读者可参考相关文献。

【例 8.1】 一圆截面直杆，承受拉力 $P = 100\text{kN}$，已知材料强度的设计值均值为 $\mu_{f_y} = 209\text{MPa}$，标准差为 $\sigma_{f_y} = 25\text{MPa}$，杆的直径的均值为 $\mu_d = 30\text{mm}$，标准差为 $\sigma_d = 3\text{mm}$，试计算此杆件的可靠指标 β。

【解】 先列出极限状态方程，即

$$Z = g(f_y, d) = f_y - \frac{4P}{\pi d^2} = 0$$

显然此功能函数为非线性函数。

在中心点展开 Talor 级数为 $\quad Z \approx g(\mu_{f_y}, \mu_d) + \frac{\partial g}{\partial f_y}|_{(\mu_{f_y}, \mu_d)} + \frac{\partial g}{\partial d}|_{(\mu_{f_y}, \mu_d)}$

即 $\quad Z \approx 290 - 4 \times 100 \times \frac{10^3}{\pi \times 30^2} + 1 \times (f_y - 290) - 8 \times 100 \times \frac{10^3}{\pi \times 30^3} \times (d - 30)$

$$\approx 148.46 + 1 \times (f_y - 290) - 9.44 \times (d - 30)$$

功能函数的均值为 $\quad \mu_Z = 290 - 4 \times 100 \times \frac{10^3}{\pi \times 30^2} = 148.46 \text{（MPa）}$

功能函数的标准差为 $\quad \sigma_Z = \sqrt{(1 \times 25)^2 + (9.44 \times 3)^2} = 37.76 \text{（MPa）}$

可靠指标为 $\quad \beta = \frac{\mu_Z}{\sigma_Z} = \frac{148.46}{37.76} = 3.93$

8.3.3　结构可靠性的直接设计法

已知构件所承受的作用，欲根据目标可靠指标进行构件截面设计，即为结构可靠性的直接设计法。结构可靠指标已知，作用及其效应已知，构件截面尺寸未知，故其抗力未知。

采用直接设计法设计时，结构作用效应的概率分布模型和统计参数为已知，欲进行结构是截面尺寸设计，实质是求解结构抗力的标准值，而抗力的标准值可由抗力的概率分布模型、均值和标准差求得。基本步骤如下：

（1）针对结构的功能构建功能函数并确定极限状态方程，一般假定结构的功能函数为

$$Z = R - S \tag{8.22}$$

式中　R——结构的抗力；

　　　　S——结构的作用效应。

（2）确定功能函数中个基本变量的概率分布模型（包括作用效应和抗力），作用效应的统计参数（包括均值、标准差和变异系数），确定抗力的变异系数 $\delta_R = \mu_R / \sigma_R$。

永久荷载一般服从正态分布，可变荷载服从极值分布，楼面活荷载、风、雪荷载服从极值 I 型分布，抗力一般服从对数正态分布。

（3）针对极限状态方程，根据预定的可靠指标，确定结构构件的抗力均值。

（4）根据已求得的抗力均值及变异系数，确定抗力的标准值，再根据抗力标准值确定截面尺寸及配筋。

【例 8.2】　欲设计一景观桥的竖向吊杆，只受拉力，已知材料采用 Q345 钢材，要求可靠指标为 $\beta = 3.2$，所承受的拉力包括永久荷载效应和可变荷载效应，假定均服从正态分布，统计参数为：$\mu_{N_G} = 50kN$，$\sigma_{N_G} = 5kN$；$\mu_{N_Q} = 70kN$，$\sigma_{N_Q} = 20kN$。假定拉杆抗力也服从正态分布，统计参数为：$\mu_R = 1.33R_k$，$\sigma_N = 0.10\mu_R$。其中，$R_k = f_k A_k$，为拉杆截面受拉承载力的标准值，$f_k = 345kPa$ 为拉杆材料抗拉强度标准值由所选材料确定，需设计杆件的几何参数 A_k（钢拉杆截面积的标准值，即为加工时的标志尺寸）。

【解】　采用一次二阶矩法，功能函数为

$$Z = R - N_G - N_Q$$

根据可靠指标的定义，有

$$\beta = \frac{\mu_Z}{\sigma_Z} = 3.2$$

其中

$$\mu_Z = \mu_R - \mu_{N_G} - \mu_{N_Q} = 1.33R_k - 120 \ (kN)$$

$$\sigma_Z = \sqrt{(\sigma_R)^2 + (\sigma_{N_G})^2 + (\sigma_{N_Q})^2} = \sqrt{(0.10 \times 1.33R_k)^2 + 5^2 + 20^2} \ (kN)$$

则

$$(1.33R_k - 120)^2 = [(0.10 \times 1.33R_k)^2 + 5^2 + 20^2] \times 3.2^2$$

解方程得

$$1.33R_k = 212.4 \ (kN)$$

进一步可求得

$$A_k = \frac{R_k}{f_k} = \frac{212.4 \times 10^3}{1.33 \times 345} = 462.9 \ (mm^2)$$

本例假定所有随机变量服从正态分布，而功能函数是各随机变量的线性组合，故功能函数也服从正态分布。当某些随机变量不服从正态分布时，功能函数也不服从正态分布，此时不能直接用可靠指标公式进行计算，需采用当量正态化的方法把非正态

分布变量转化为正态分布。

设结构设计验算点为 $P^*(\mu_R-a_R\sigma_R, \mu_{N_G}+a_{N_G}\sigma_{N_G}, \mu_{N_Q}+a_{N_Q}\sigma_{N_Q})$，则验算点处极限状态方程为

$$\mu_R-\mu_{N_G}-\mu_{N_Q}-a_R\sigma_R-a_{N_G}\sigma_{N_G}-a_{N_Q}\sigma_{N_Q}=0$$

其中，抗力项为 $$R^*=\mu_R-a_R\sigma_R$$

永久荷载项为 $$N_G{}^*=\mu_{N_G}+a_{N_G}\sigma_{N_G}$$

可变荷载项为 $$N_Q{}^*=\mu_{N_Q}+a_{N_Q}\sigma_{N_Q}$$

式中 a_R，a_{N_G}，a_{N_Q}——确定各随机变量保证概率的参数，各参数均取 2 时，抗力保证率 97.73%，永久荷载和可变荷载的超越概率均为 2.27%。

在验算点处功能函数接近于 0，故在验算点处展开 Talor 级数得到的近似函数误差较小。

8.3.4 建筑结构的目标可靠度

目标可靠度是结构设计时预先设定的可靠指标的目标值，对于一般结构所规定的、作为设计依据的可靠指标。提高结构的目标可靠度会引起一般结构用材增加，建造成本就增加，同时失效概率降低，因结构失效引起的损失（包括直接损失和间接损失）期望值也降低。反之降低结构的目标可靠度会引起结构用材减少，结构的建造成本降低，同时结构失效的概率提高，因结构失效引起的损失期望值也提高。

目前我国建筑结构目标可靠度确定的方法是经验校准法。从工程技术的角度看，提高工程技术水平的目的就是提高目标可靠度的同时尽可能地节省能源和材料，简便施工和降低成本。而经验校准法的基本前提是认同现有工程技术水平，传统设计方法和施工方法完成的现有建筑结构的安全性是可接受的。则大致上可以按照现有建筑结构的实际可靠度适当调整后来作为未来建筑结构的目标可靠度。为此，我国学者做了大量的现有建筑结构的可靠度计算，得到了各种结构和构件的平均可靠度，在此基础上再考虑各种结构的重要性和各种破坏性质的危害性，《建筑结构可靠性设计统一标准》给出了表 8.1 所示的现行建筑结构持久状况承载力极限状态目标可靠指标与对应失效概率。还规定了房屋建筑结构构件持久设计状况正常使用极限状态设计的可靠指标，宜根据其可逆程度取 0~1.5，可逆 0，不可逆 1.5，对应允许失效概率为 50%~6.68%。

表 8.1 建筑结构持久状况承载力极限状态目标可靠指标与对应失效概率

破坏性质	安全等级					
	一级		二级		三级	
	可靠指标	失效概率	可靠指标	失效概率	可靠指标	失效概率
延性破坏	3.7	1.1×10^{-4}	3.2	6.9×10^{-4}	2.7	3.5×10^{-3}
脆性破坏	4.2	1.3×10^{-5}	3.7	1.1×10^{-4}	3.2	6.9×10^{-4}

注 本表摘自《建筑结构可靠性设计统一标准》（GB 50068—2018）。

8.4 分项系数设计法

对大量的一般建筑结构应用可靠度直接设计法尚不具备条件，一是大量的随机变

量的统计分析仍在进行，二是到广大工程设计人员并不习惯于把结构设计各因素视为随机变量。为照顾工程师的设计习惯，我国规范给出了多系数表达式设计法，也称分项系数表达式设计法。

8.4.1　分项系数设计表达式

根据可靠度设计方法，在设计验算点 $P^*(R^*, S_G^*, S_Q^*)$ 处的极限状态方程为

$$R^* - S_G^* - S_Q^* = 0 \qquad (8.23)$$

结构设计的分项系数表达式为

$$R_d \geqslant \gamma_G S_G + \gamma_Q S_Q \qquad (8.24)$$

式中　γ_G，γ_Q——永久荷载分项系数、可变荷载的分项系数；

S_G，S_Q——永久荷载作用效应和可变荷载作用效应的标准值，此标准值为各随机变量的一定保证概率的取值；

R_d——结构抗力的设计值。

R_d 是材料强度标准值 f_k 和材料分项系数 γ_M 以及几何参数设计值 a_d 的函数，即

$$R_d = R\left(\frac{f_k}{\gamma_M}, a_d\right) \qquad (8.25)$$

要使得分项系数设计法〔式（8.24）〕与可靠度设计法〔式（8.23）〕等价，应有

$$R^* = R\left(\frac{f_k}{\gamma_M}, a_d\right), \quad S_G^* = \gamma_G S_G, \quad S_Q^* = \gamma_Q S_Q \qquad (8.26)$$

分项系数随着验算点的不同而不同，这使得每次设计时分项系数都不同，这让设计者无所适从。为了解决这个问题，在设计规范编制过程中，不同的结构给出了相同的分项系数。分项系数确定的原则为：根据分项系数设计表达式设计的各类结构构件所具有的可靠指标应与预定的目标可靠指标总体差异最小。

1. 承载力极限状态设计表达式

结构或构件的破坏或过度变形的承载力极限状态设计，采用式（8.27），即

$$\gamma_0 S_d \leqslant R_d \qquad (8.27)$$

式中　γ_0——结构重要性系数；

S_d——作用组合的效应设计值。

结构整体或其一部分作为刚体失去静力平衡的承载力极限状态设计，采用式（8.28），即

$$\gamma_0 S_{d, \text{dst}} \leqslant S_{d, \text{sth}} \qquad (8.28)$$

式中　$S_{d, \text{dst}}$——不平衡作用效应的设计值；

$S_{\mathrm{d,sth}}$——平衡作用效应的设计值。

多数情况下，结构会同时受到多个作用，如永久荷载和多个可变荷载同时作用的情况。在承载力极限状态设计时，应考虑不同的设计状况，采用不同的作用组合。设计状况分为持久状况、短暂状况和偶然状况。作用组合的效应设计值的最不利计算如下：

（1）对于持久状况和短暂状况，应考虑基本组合。考虑作用效应与作用之间为非线性关系时，基本组合的效应设计值按式（4.8）的最大值计算；当考虑作用效应与作用之间为线性关系时，基本组合的效应设计值按式（4.9）的最大值计算。

（2）对于偶然状况，应考虑偶然组合。考虑作用效应与作用之间为非线性关系时，偶然组合的效应设计值按式（4.10）的最大值计算；当考虑作用效应与作用之间为线性关系时，偶然组合的效应设计值按式（4.11）的最大值计算。

2. 正常使用极限状态设计表达式

标准组合时设计表达式为

$$C \geqslant \sum_{i=1}^{m} S_{\mathrm{G}_{ik}} + S_{\mathrm{P}} + S_{\mathrm{Q}_{1k}} + \sum_{j=2}^{n} \psi_{\mathrm{q}j} S_{\mathrm{Q}_{jk}} \tag{8.29}$$

频遇组合的设计表达式为

$$C \geqslant \sum_{i=1}^{m} S_{\mathrm{G}_{ik}} + S_{\mathrm{P}} + \psi_{\mathrm{f1}} S_{\mathrm{Q}_{1k}} + \sum_{j=2}^{n} \psi_{\mathrm{q}j} S_{\mathrm{Q}_{jk}} \tag{8.30}$$

准永久组合的设计表达式为

$$C \geqslant \sum_{i=1}^{m} S_{\mathrm{G}_{ik}} + S_{\mathrm{P}} + \sum_{j=1}^{n} \psi_{\mathrm{q}j} S_{\mathrm{Q}_{jk}} \tag{8.31}$$

式中 i——永久荷载（作用）的编号；

j——可变荷载（作用）的编号；

$S_{\mathrm{G}_{ik}}$——第 i 个永久荷载效应的标准值；

S_{P}——预应力作用效应的代表值；

$S_{\mathrm{Q}_{jk}}$——第 j 个可变荷载效应的标准值；

ψ_{f1}——第 1 个可变作用的频遇值系数；

$\psi_{\mathrm{q}j}$——第 j 个可变作用的准永久值系数；

C——结构或结构构件达到正常使用要求的规定限值，如变形、裂缝、振幅、加速度、应力等的限值。

【例 8.3】 设永久荷载效应的标准值效应 $N_{\mathrm{G}_k} = 10\mathrm{kN}$，可变作用效应标准值 $N_{\mathrm{Q}_k} = 10\mathrm{kN}$，钢筋抗拉强度标准值 $f_{\mathrm{y}_k} = 400\mathrm{MPa}$，求所需钢筋面积 A_s。

【解】 根据承载力极限状态基本组合设计表达式

$$N_{\mathrm{d}} = \gamma_{\mathrm{G}} N_{\mathrm{G}_k} + \gamma_{\mathrm{Q}} \gamma_{\mathrm{L}} N_{\mathrm{Q}_k} \leqslant R(\gamma_{\mathrm{R}}, f_{\mathrm{k}}, a_{\mathrm{k}}) = \frac{A_s f_{\mathrm{y}_k}}{\gamma_{\mathrm{R}}}$$

取 $\gamma_G = 1.3$，$\gamma_Q = 1.5$，$\gamma_L = 1.0$，得　$N_d = 1.3 \times 10 + 1.5 \times 1.0 \times 20 = 43$（kN）

取 $\gamma_R = 1.1$，得　$\dfrac{A_s f_{y_k}}{\gamma_R} \geqslant 43$

则　$$A_s = 43 \times \frac{1.1}{400 \times 0.001} = 118.3 \text{（mm}^2\text{）}$$

8.4.2　可靠性相关的参数与系数

1. 结构的安全等级

不同建筑结构重要性不同。我国根据结构破坏可能产生的后果，即危及人的生命、造成经济损失、对社会或环境产生影响等的严重性，把建筑划分为三级安全等级，详见表8.2。

表 8.2　　　　　　　　　　建 筑 结 构 安 全 等 级

安全等级	破 坏 后 果
一级	很严重：对人的生命、经济、社会或环境影响很大
二级	严重：对人的生命、经济、社会或环境影响较大
三级	不严重：对人的生命、经济、社会或环境影响较小

注　本表摘自《建筑结构可靠性设计统一标准》（GB 50068—2018）。

2. 结构重要性系数

建筑结构的安全等级不同，结构的重要性就不同。依据结构的安全等级、结构设计的工作状况给出了结构重要性系数 γ_0，用于调整设计表达式中结构的作用效应，详见表8.3。

表 8.3　　　　　　　　　　结 构 重 要 性 系 数

结构重要性系数	对持久设计状况和短暂设计状况			对偶然设计状况和地震设计状况
	安全等级			
	一级	二级	三级	
γ_0	1.1	1.0	0.9	1.0

注　本表摘自《建筑结构可靠性设计统一标准》（GB 50068—2018）。

3. 设计使用年限

建筑结构的设计使用年限是设计规定的结构或构件不需进行大修即可按其预定目的使用的时期。在这一规定时期内，房屋建筑在正常设计、正常施工、正常使用和维护下不需要进行大修就能按其预定目的使用。根据建筑的重要性以及建筑结构的可替换性，规定了不同建筑的不同设计使用年限，见表8.4。如达不到这个年限则意味着在设计、施工、使用与维护的某一环节上出现了非正常情况，应查找原因。所谓"正常维护"包括必要的检测、防护及维修。

表 8.4   建筑结构的设计使用年限

类别	设计使用年限/年
临时性建筑结构	5
易于替换的结构构件	25
普通建筑物和构筑物的结构	50
标志性建筑物和特别重要的建筑物结构	100

注　本表摘自《建筑结构可靠性设计统一标准》(GB 50068—2018)。

设计使用年限是房屋建筑的地基基础工程和主体结构工程"合理使用年限"的具体化。当结构的使用年限超过设计使用年限后，并不是就不能使用了，而是结构失效概率可能较设计预期值增大。例如商品化住宅，设计使用年限一般不考虑土地使用年限而直接按最低要求确定为 50 年。

4. 设计基准期

结构设计所采用的荷载统计参数、与时间有关的材料性能取值，都需要选定一个时间参数，它就是设计基准期。设计基准期是一个基准参数，它的确定不仅涉及可变作用（荷载），还涉及材料性能，是在对大量实测数据进行统计的基础上提出来的，一般情况下不能随意更改。例如我国相关规范所采用的设计地震动参数（包括反映谱和地震最大加速度）的基准期为 50 年，如果要求采用基准期为 100 年的设计地震动参数，则不但要对地震动的概率分布进行专门研究，还要对建筑材料乃至设备的性能参数进行专门的统计研究。

5. 荷载重现期

可变荷载的取值是做结构计算分析时的关键参数，因可变荷载的大小是随时间变化的，其荷载标准值由设计基准期内最大值概率分布的统计特征值来给定，采用数理统计的方法需要大量的可变荷载统计资料。但一些情况下，如风、雪、洪水、地震等自然荷载，采用统计理论的重现期来表达可变荷载的标准值更为方便，工程上习惯称为"50 年一遇"，这就是荷载重现期的概念。

设计基准期和重现期都是定义荷载标准值的时间参数，但两者间的概念是完全不同的。设计基准期是一个规定的时间段，在确定荷载标准值时还需规定一个超越概率值，当概率值小时对应的标准值大，当概率值大时对应的标准值小。重现期是指荷载值两次达到或超过标准值的平均时间间隔，此时荷载的年超越标准值的概率值为 1/重现期，对于同一可变荷载，当重现期小时对应的标准值小，当重现期大时对应的标准值大。对于荷载来说，重现期虽然是一个时间段，但描述的是荷载的大小，所以即使设计基准期和重现期所规定的时间段是相同，也不能将设计基准期和重现期的概念等同理解。

6. 荷载分项系数

荷载分项系数是指极限状态设计时，为满足可靠度的要求，在实际设计中计算杆件内力时，对荷载标准值乘以大于 1 的系数。荷载分项系数反映了荷载的不确定性并与结构可靠度概念相关联的一个数值。对永久荷载和可变荷载，规定了不同的分项系数。针对不同的极限状态，荷载分项系数不同。如承载力极限状态设计时采用表 8.5 中的分项系数。而正常使用极限状态设计时，荷载分项系数均为 1.0。

表 8.5　　　　　　　　承载力极限状态的荷载（作用）分项系数

荷载分项系数	适 用 情 况	
	当作用效应对承载力有利时	当作用效应对承载力不利时
永久荷载分项系数γ_G	$\leqslant 1.0$	1.3
预应力作用的分项系数γ_P	$\leqslant 1.0$	1.3
可变荷载分项系数γ_Q	0	1.5

注　本表摘自《建筑结构可靠性设计统一标准》（GB 50068—2018）。

7. 荷载调整系数

因现行荷载的标准值是按照设计基准期（50 年）统计得出的，对应的极限状态设计法得出的可靠性标准适合于设计使用年限 50 年建筑结构的，而有些建筑结构的设计使用年限并不是 50 年，为了获得相当的结构可靠度，应对荷载取值进行适当调整，表 8.6 给出了活荷载调整系数。

表 8.6　　　　　　建筑结构考虑设计使用年限的活荷载调整系数

结构的设计使用年限/年	γ_L	结构的设计使用年限/年	γ_L
5	0.9	100	1.1
50	1.0		

注　1. 本表摘自《建筑结构可靠性设计统一标准》（GB 50068—2018）。
　　2. 对设计使用年限为 25 年的结构构件，γ_L 应按各种材料结构设计标准的规定采用。

8.5　案例分析：某桥梁结构的健康监测与可靠性分析

某桥梁结构跨度 30m，桥面宽 12m，为微拱形预应力混凝土箱形截面桥梁，截面如图 8.3（a）所示。为监测与分析其桥梁结构可靠性，沿着桥梁的纵向 5 个截面位置上下翼缘各放置 1 个应变传感器，共 10 个应变传感器，通过采集得到的混凝土极值应变数据对桥梁进行健康监测，通过监测数据对该结构梁进行失效概率分析。

传感器布置如图 8.3（b）所示，其中截面 A 与截面 E 对称，截面 B 与截面 D 对称，截面 C 为跨中。影响桥梁结构可靠性的因素包括车辆荷载、温度荷载、收缩徐变、结构自重以及结构变化等。经过 100 天监测，10 个监测点的监测极值应变时程曲线如图 8.4 所示。

对监测点的极值应变数据采用 5 点 3 次平滑进行处理，并进行 K-S 假设检验，认

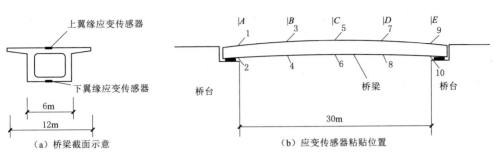

图 8.3 应变传感器布置

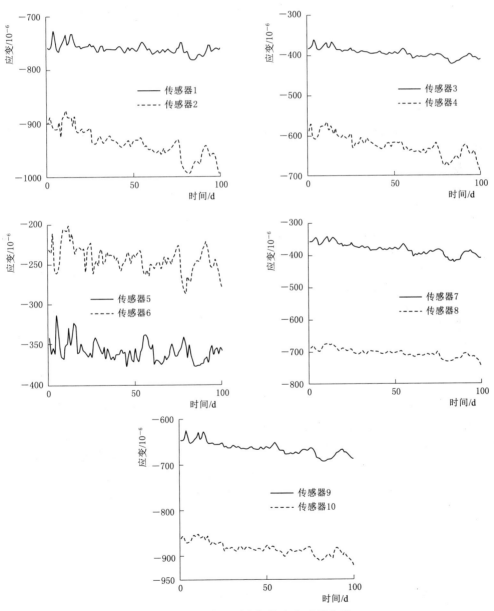

图 8.4 10个监测点极值应变时程曲线

215

为10个传感器的极值应变数据均近似服从正态分布，对应监测变量的均值和标准差见表8.7。

表8.7   10个监测点应变数据的均值与标准差

监测点	1	2	3	4	5	6	7	8	9	10
均值/10^{-6}	−759.96	−938.06	−395.74	−625.30	−358.57	−243.79	−381.77	−704.54	−663.63	−883.12
标准差/10^{-6}	9.629	27.959	11.864	26.582	12.464	16.564	18.447	14.220	14.594	15.266

混凝土容许压应变服从均值为1597.68×10^{-6}、标准差为175.74×10^{-6}的正态分布（变异系数0.11）。采用一次二阶矩方法对监测点可靠指标进行计算：

$$\beta=\frac{1597.68-\mu}{\sqrt{175.74^2+\sigma^2}} \tag{8.32}$$

式中 μ——各监测点极值应变绝对值的均值；

       σ——各监测点极值应变绝对值的标准差。

对应10个监测点的可靠指标和失效概率见表8.8。由表8.8可知，同一截面的不同测点（顶部和底部）对应的可靠指标和失效概率会出现差异性较大的结果，这主要是由于预应力混凝土结构在预应力和荷载共同作用下，同一截面顶、底板位置的应力状态不同。

表8.8   10个监测点的可靠指标与失效概率

测点位置	A 截面		B 截面		C 截面	
	可靠指标	失效概率	可靠指标	失效概率	可靠指标	失效概率
顶部	4.7596	9.7008×10^{-7}	6.8236	4.4400×10^{-12}	7.0330	1.0109×10^{-12}
底部	3.7067	1.0500×10^{-4}	5.4707	2.2409×10^{-8}	7.6697	8.6175×10^{-15}

测点位置	D 截面		E 截面	
	可靠指标	失效概率	可靠指标	失效概率
顶部	6.8808	2.9754×10^{-12}	5.2966	5.8992×10^{-8}
底部	5.0655	2.0372×10^{-7}	4.0507	2.5537×10^{-5}

若不考虑监测点失效模式相依性的情况下，10个监测点的最大失效概率认为是该桥梁结构的失效概率，即为1.05×10^{-4}。

若考虑监测点失效模式相依性，则各监测点失效模式间为非线性相依性，需要分析10个监测点失效的组合模式，并计算所有任意组合中失效概率最大的，作为该主梁的失效概率，此处省略。

思 考 题

1. 何为结构失效？结构失效有哪些类型和形式？

2. 何为结构的设计极限状态？有哪几种极限状态？

3. 何为结构的功能？何为结构的功能函数？

4. 我国建筑结构的目标可靠指标是如何确定的？

5. 荷载分项系数与结构可靠指标之间存在何种联系？

6. 使用多系数表达式中包含哪些系数，它们分别如何取值？

第9章
结构性能设计基础

研究表明人体感觉器官不能察觉绝对位移和速度，只能察觉它们的相对变化，既人体对加速度的感受是敏感的。线性加速度是由内耳中的耳石察觉到的，局部加速度是由耳内的半规官感觉的。

人们对运动心理上的反应与很多因素有关，诸如性别、年龄、体型、姿势、人体方位、运动、视觉与听觉意向等，不少研究者对这些都一一进行了试验，最后得到平均感觉与忍受限值的结果。F. K. Chang 把人的感觉分为 5 种：无感觉，有感觉，令人烦恼，非常烦恼，无法忍受。人的感觉与加速度的关系是：当加速度在 $0.005g$ 以下时，人无感觉；加速度在 $(0.005\sim0.015)\,g$ 时，人有感觉；加速度在 $(0.015\sim0.05)\,g$ 时，感觉烦恼；加速度在 $(0.05\sim0.15)\,g$ 时，非常烦恼；加速度在 $0.15g$ 以上时，无法忍受。除了加速度外，风引起的各种噪声会加重人体对振动的感觉，并在生理和运动反应方面，也都对人体有一定的影响。

强风作用下，高层建筑，特别是钢结构高层建筑，其摆动可引起建筑内部人们感觉不适。近代高层建筑的发展趋势是越来越高，这些超高层建筑以钢结构居多，且由于结构设计的新概念、新方法以及新材料的出现，结构变得越来越轻。这使得水平风荷载作用下，超高层建筑的舒适度问题越来越突出。在风荷载作用下，用 Δ/H 来控制建筑物的侧向刚度，不能完全解决人体舒适度的问题。例如，纽约市一幢层塔楼建筑，在东北向大风作用时，建筑物的摆动使人简直不能在顶部几层的写字台旁工作。一般地，对高层建筑的摆动，只要人体感觉得到，就可能让楼内的人产生心理上的不舒服感。高层建筑结构的振动是简谐振动，对确定的自振周期来说，最大加速度为 $a=4\pi^2 A/T^2$，可见自振周期确定的情况下，加速度与振幅成比例，仅取决于位移中的动力部分。

为进行高层建筑舒适度设计，欧洲钢结构协会风效应技术委员会（ECCS）制定了高层建筑水平振动加速度限值标准，如图 1 所示。

纽约帝国大厦竣工于 1931 年 4 月 11 日，高 381m，共 102 层，1951 年增添了高 62m 的天线后，总高度为 443.7m。主体结构自振周期是 8.3s，在风速 36m/s 时，建筑物振幅 A 为 91mm，估算加速度为 $a=4\pi^2\times91\times10^{-3}/8.3^2=0.052\text{m/s}^2$，即 0.0053$g$。这基本上介于无感觉和可感觉之间的分界线上，与 ECCS 标准相比，属于允许范围内，与建筑物使用者的体验是一致的，使用者基本不会感知到风振。

前纽约世界贸易中心建于 1962—1976 年，由两座 110 层（另有 6 层地下室），高 411.5m 的塔式摩天楼和 4 幢办公楼及一座旅馆组成。在设计阶段，对舒适度问题作了广泛的试验与研究，实际设计中顶层加速度按 0.01g 的设计，每年发生率不超过 12 次。与 ECCS 标准一致，使用者可感知风振，但不会引起不适。

我国《高层建筑混凝土结构技术规程》（JGJ 3—2010）对房屋高度不小于 150m 的高层混凝土建筑结构提出了风振舒适度设计的要求。在现行国家标准《建筑结构荷载规范》（GB 50009—2012）规定的 10 年一遇的风荷载标准值作用下，结构顶点的顺风向和横风向振动最大加速度计算值限值如下：住宅和公寓不应超过 $0.15 \mathrm{m/s^2}$，办公和宾馆不应超过 $0.25 \mathrm{m/s^2}$。《高层民用建筑钢结构技术规程》（JGJ 99—2015）给出了建筑振动加速度计算方法。

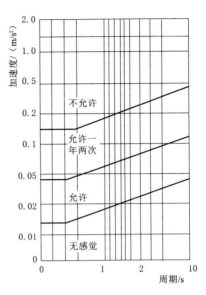

图 1 欧洲钢结构协会风效应技术委员会（ECCS）舒适度限值

对高柔的高层建筑，单纯增加建筑结构的刚度对控制加速度的效果是很微弱的，而增加阻尼则对降低加速度行之有效，这一办法已被成功地应用于上海中心大厦、深圳平安大厦、台北 101 大厦、吉隆坡双子塔等高层建筑。

9.1 结构变形的控制

如果把一根钓鱼竿看成一个结构，它必须具有足够的防止断裂的承载力，同时又应具有足够的柔性，能产生相当大的变形，从而保证鱼线始终处于受拉状态。但是建筑结构在荷载作用下，既不能发生倒塌或局部破坏，也不应出现过大变形，所以，有必要对结构的承载力和刚度匹配要求进行讨论。

在进行结构整体设计时，设计者必须保证全部结构体系具有足够的承载力和刚度。承载力是指结构体系能抵抗荷载而不致完全破坏的一种能力，而刚度是指结构体系具有能够限制荷载作用下变形的一种性质。

9.1.1 刚度的影响因素

为了说明基本的问题，我们先看一个简单的例子：假设一幢建筑物是支承在地面上的一个竖向悬臂梁，如图 9.1（a）所示，建筑在均匀竖向荷载作用下只产生均匀的轴向（竖向）变形；如图 9.1（b）所示，当建筑受到水平荷载的作用时产生弯曲变形和剪切变形（当建筑较矮时，以剪切变形为主；建筑较高时，以弯曲变形为主。

我们以高层建筑为例，忽略剪切变形）。当竖向荷载与水平荷载同时作用时，建筑产生叠加的轴向变形和弯曲变形。为了保证建筑的正常使用，结构设计应保证结构的刚度，使建筑的水平位移受到控制，即 $\Delta_H \leqslant [\Delta_H]$。

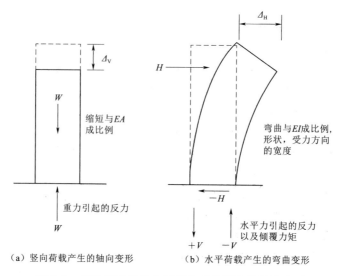

（a）竖向荷载产生的轴向变形   （b）水平荷载产生的弯曲变形

图 9.1 结构体系的轴向刚度和弯曲刚度控制总变形

根据材料力学知识，影响轴向变形 Δ_V 的因素主要有建筑的水平截面积 A 和材料的弹性模量 E。EA 称为轴向刚度，荷载一定时，EA 增加，Δ_V 减小；EA 减小，Δ_V 增加。影响建筑顶部水平变形 Δ_H 的因素有建筑的水平截面惯性矩 I 和材料的弹性模量 E。EI 称为弯曲刚度，荷载一定时，EI 增加，Δ_H 减小；EI 减小，Δ_H 增加。

进一步分析，在保持截面上应力 f_c 分布均匀的前提下，截面积不变则轴向刚度不变，截面形状的变化不影响轴向刚度。而弯曲刚度 EI 则与建筑截面抵抗转动变形的能力有关，截面积不变的情况下，截面形状的改变将会较大地引起弯曲刚度的变化。在弯矩作用下，一个水平截面中位于中和轴一侧的材料将在竖向受拉而伸长，位于另一侧的材料将受压而缩短，中和轴维持原长度。各部分伸长和缩短的量随该部分材料到中和轴的距离而变化（图 9.2）。因此，拉应力和压应力大小（f_t 和 f_c）也将随截面上某点相对于中和轴的分布情况而变化。显然，建筑物的水平截面形状、受力方向宽度和材料性质将共同决定结构体系抵抗弯曲变形的能力。

显然，材料的弹性模量是十分重要的。在给定荷载–弯矩、材料数量和支承平面布置的情况下，弹性模量越高，变形就越小。

但应当注意，建筑物平面形状和受力方向宽度都是几何因素，它们将决定材料利用的有效程度。例如，图 9.3（a）表示了一种理想化的情况，其中面积和房屋宽度（即截面高度，用于抵抗力臂）均充分发挥了效用；但图 9.3（b）的形状（在 M 作用方向）效能就较差。在材料种类、材料数量和受力方向高度均相等的情况下，相同的荷载弯矩对图 9.3（b）情况所引起的弯曲变形将远大于图 9.3（a）的情况，换言之，如果要使图 9.3（b）的情况也具有图 9.3（a）相同的刚度，则要用远多于图 9.2

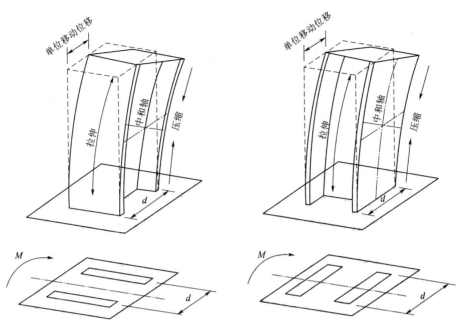

图 9.2 截面的形状很大程度影响弯曲刚度

（a）的材料，或采用某种弹性模量高很多的材料。

以上分析表明，把材料放在远离中和轴位置上的形状是效能高的形状，图 9.3 所示的几种支承体系的水平截面积相同，其转动刚度的顺序为（a）>（b）>（c）>（d）。

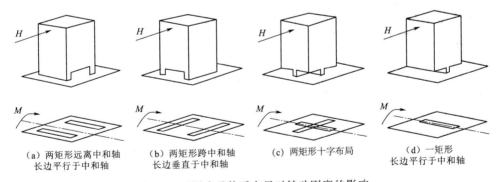

（a）两矩形远离中和轴　　（b）两矩形跨中和轴　　（c）两矩形十字布局　　（d）一矩形
　长边平行于中和轴　　　长边垂直于中和轴　　　　　　　　　　　　　长边平行于中和轴

图 9.3 不同支承体系布局对转动刚度的影响

设计者只要掌握了这个基本规律，就可以在结构设计时选择合理的结构布置形式，以使得材料的效能得到充分的发挥。

9.1.2 预应力的作用

预应力就是在结构或组合件中主动地施加内力和内应力，以达到改进该结构在不同使用条件下的性能和强度。先看一个简单的试验。

图 9.4 的试验可见，木块和钢丝绳共同组成了一个水平跨越结构，不施加预拉力

图 9.4　预应力改善结构受力性能的试验

时，结构很难承受竖向荷载。施加预拉力给钢丝绳时，木块和木块之间受到相互挤压，此时在结构上放置砝码，对其施加竖向荷载，可以观察到结构的竖向变形（挠度）很小。试验说明预加的内力和内应力改变了结构的性能，提高了结构的弯曲刚度。

我们再分析钢筋混凝土简支梁，对于一般的钢筋混凝土简支梁，在荷载作用下，由于底部受拉伸长，顶部受压缩短，梁会产生如图 9.5（a）所示的变形。同时，由于混凝土抗拉强度较小，梁的底部会产生竖向开展的裂缝。若能设法在梁承受外部荷载之前施加预内力，使梁的底部受压，则会使梁底部缩短，产生如图 9.5（b）所示的变形。使用阶段梁承受了外荷载时，由外荷载引起的向下的挠度将会先抵消预加内力引起的向上挠度，这样使用阶段梁的挠度将会大大减小，相当于提高了梁的抗弯刚度。同时，由于梁底部混凝土预先存在压应力，而外荷载引起的梁底部的拉应力需要先抵消预加的压应力，梁底拉应力也会大幅度减小，从而避免了梁底裂缝开展或减小了裂缝宽度。

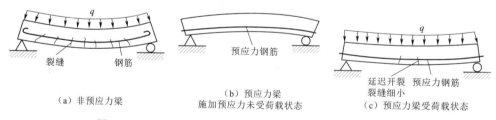

（a）非预应力梁　　　　　　　　　（b）预应力梁　　　　　　　　　（c）预应力梁受荷载状态
　　　　　　　　　　　　　　施加预应力未受荷载状态

图 9.5　预应力可减小钢筋混凝土梁的挠度（单位：kN/m）

如果只是将钢筋设置在混凝土内而未施加预应力（称为被动设计），则在钢筋拉应力较低时，混凝土就已严重开裂［图 9.5（a）］，构件的变形已经很大，此时钢筋的抗拉强度和混凝土的抗压强度都未充分发挥作用，材料的力学性能存在很大程度的浪费。但预应力混凝土构件中将高强度的钢筋预拉伸，并将其锚固（称为主动设计），钢筋存在预拉应力，混凝土存在预压应力，施加外荷载时，钢筋（构件受拉区）的抗拉强度和混凝土（构件受压区）的抗压强度都可以充分发挥作用［图 9.5（c）］。这两种材料达到更有效的结合，预应力混凝土的优势恰恰在于充分利用材料的力学性能优势，改善结构构件的性能。

需要提到的是，预应力的设计理念已经得到广泛的应用，已经不局限于简支梁的使用，在多跨连续梁、桁架结构中都得到广泛应用。此外，预应力也不局限于钢筋混凝土结构，在砌体结构、钢结构中也得到了广泛应用。

9.1.3 张弦梁工作原理

张弦梁结构是 21 世纪以来快速发展和应用的一种新型大跨空间结构形式。该结构形式是一种"杂交结构"，由刚度较大的抗弯构件（又称刚性构件，通常为梁、拱或桁架）和高强度的弦（又称柔性构件，通常为索）以及连接两者的撑杆组成。通过对柔性构件施加拉力，使相互连接的构件成为具有整体刚度的结构，如图 9.6 所示。由于综合应用了刚性构件抗弯刚度高和柔性构件抗拉强度高的优点，张弦梁结构可以做到结构自重相对较轻，体系的刚度和形状稳定性相对较大，因而可以跨越很大的空间。

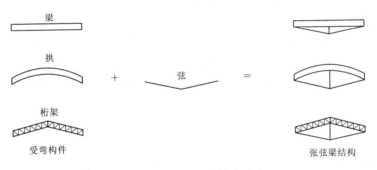

图 9.6 张弦梁结构构成示意

张弦梁结构的整体刚度贡献来自抗弯构件截面和与拉索构成的几何形体两个方面，因而它是一种介于刚性结构和柔性结构之间的半刚性结构，这种结构具有以下特点：

（1）张弦梁结构中，索内施加的预应力可以控制刚性构件的弯矩大小和分布。例如，当刚性构件为梁时，在梁跨中设一撑杆，撑杆下端与梁的两端均与索连接。在均布荷载作用下，单纯梁内弯矩 $\frac{ql^2}{8}$；在索内施加预应力后，通过支座和撑杆，索力将在梁内引起负弯矩。当预应力使梁的跨中弯矩也达到 0 时，张弦梁结构中梁的最大弯矩最终只有单纯梁时最大弯矩的 1/4，如图 9.7 所示。同时，调整撑杆沿跨度方向的布置，还可以控制梁沿跨度方向内力的变化，使各个截面受力趋于均匀。而且由于刚性构件与绷紧的索连在一起，限制了整体失稳，构件强度可得到充分利用。

（2）张弦梁结构在使用荷载作用下变形小。张弦梁结构中的刚性构件与索形成整体空间受力结构，其刚度就远远大于单纯刚性构件的刚度，在同样的使用荷载作用下，张弦梁结构的变形比单纯刚性构件小得多。

（3）张弦梁结构具有自平衡功能。当结构单纯为拱时，将在支座处产生很大的水

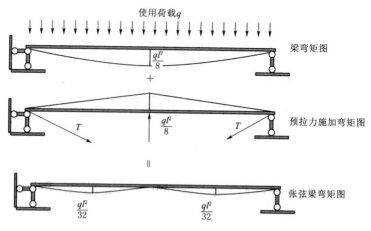

图 9.7 张弦梁结构内力分析

平推力。索的引入可以很好地平衡水平推力，减少对下部结构抗侧性能的要求，支座受力明确简单。

（4）张弦梁结构稳定性强。张弦梁结构在保证充分发挥索的抗拉性能的同时，由于引进了具有抗压和抗弯能力的刚性构件而使体系的刚度和形状稳定性大为增强。同时，若适当调整索、撑杆和刚性构件的相对位置，可保证张弦梁结构整体稳定性。

9.2 结构振动的控制

引起结构振动的原因很多，主要有地震、风振以及撞击等。地震时，建筑会随着地面震动而振动，这是因为结构支承于地面，而地面的震动带动建筑结构振动；大风作用时，平均风携带者脉动风，建筑会随着脉动风的作用而"摇摆"；较大质量的物体撞击建筑结构时，会激发建筑结构的振动。无论何种原因导致的振动，都会引起结构内部的一系列反应，包括变形、位移、速度、加速度、内力等。这些反应若不加以控制，轻则影响正常使用和耐久性，重则导致结构承载力不够，局部破坏甚至倒塌。

所谓的振动控制，就是要控制内力、变形、位移、速度和加速度等，把它们控制在各种极限状态规定的可靠范围。本节介绍结构振动的控制原理与方法。

9.2.1 地震引起的振动

地震是地下岩层断裂时，弹性变形能突然释放，而引起的地面剧烈的振动的现象。地面的振动有短暂性、复杂性和剧烈性等特点。短暂性是指地面振动持续时间从几秒至几十秒较多，绝大多数地震持续时间 30s 以内。剧烈性是指地面振动的位移、速度和加速度都较大，往往造成大量的建筑物损坏甚至倒塌，以 7 级地震为例，地面振动的最大位移可达到 50cm 左右；地震烈度 7 度相当于加速度峰值可达到 0.1 倍的重力加速度。复杂性是指地面振动是由平动、扭转、颠簸和滚动等多种运动的组合。

1. 基本概念

为简化问题，忽略颠簸和滚动，把地面震动简化为沿 x、y、z 三个方向的平动；把结构振动分解简化为平动和扭转，平动包含沿 x、y、z 三个方向的平动，扭转指绕 z 轴的转动。如图 9.8 所示。

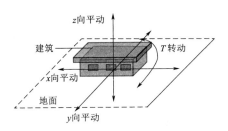

图 9.8 地震时地面振动简化示意图

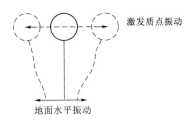

图 9.9 单质点弹性体系振动示意图

进一步简化，只考虑地面沿 x 向往复振动，此时建筑根部随之在 x 向往复振动，而建筑顶部也会随之在 x 向往复振动。因为单层建筑的重力荷载大部分集中在建筑顶部，故可把建筑结构视为顶部一个质点，这个质点由一根竖向的弹性支杆支承与地面，支杆与地面之间刚性连接，形成单质点弹性体系，如图 9.9 所示。地面振动时，连接于地面的弹性支杆随地面振动而振动，带动质点产生振动，而质点振动的过程中会因为有加速度的存在而产生惯性力，这个惯性力就相当于地震"施加"给各质点的地震荷载，引起结构的变形、内力、位移、速度和加速度等反应。其中，结构的内力、变形与位移都是由地震荷载所引起的，而地震荷载取决于结构体系中质点的加速度：$F(t)=ma(t)$。惯性力和加速度都是时间的函数，随时间而变化。

2. 地震引起的结构反应

单质点弹性体系吸收了地面震动输入的能量后，质点会做周期性往复运动，随着结构内部的阻尼逐渐耗散能量，质点会逐渐停止振动。质点往复运动一次的时间就是结构振动周期（常称自振周期）。那么体系振动过程中位移、速度和加速度的最大值到底跟结构自振周期的关系是怎样的呢？科学工作者通过大量的计算机模拟，分析不同周期的建筑结构在输入地震波时的位移、速度与加速度反应量，得出如图 9.10 所示的规律。

（1）最大位移。随着结构自振周期变长，最大位移反应量呈单调增长的趋势，即周期越长最大位移越大，结构自振周期较短时，体系的最大位移反应量较小。

（2）最大速度。自振周期较短时，最大速度反应量随自振周期增长而增大，随后进入平台段，结构的最大速度维持在略低于 $1m/s$ 的速度水平。

（3）最大加速度。自振周期较短时，最大加速度反应量随自振周期增长而增大，随后进入平台段，这阶段最大加速度维持在较高的水平，此后最大加速度随周期增长快速下降。

实际工程中，内力、变形、位移、速度和加速度的最大值都应得到控制，这些反

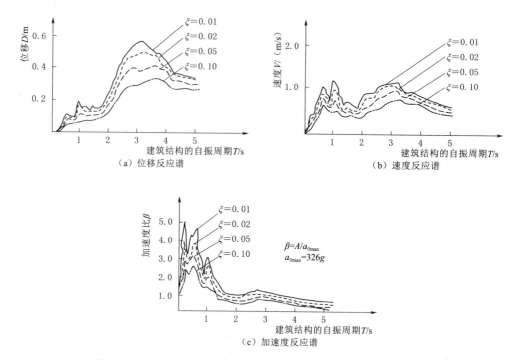

图 9.10 建筑在输入地震波后的位移、速度、加速度反应谱曲线
（图中 A 为加速度最大值；a_{0max} 为地震时地面运动最大加速度）

应量过大会导致建筑舒适性的降低，建筑内的人们感到恐慌、难受、无法站立等；建筑内的家具、陈设倾倒、门窗损坏等；建筑内的设备无法正常使用，电梯损坏等。特别要控制的是最大位移反应量和最大加速度反应量：其中最大位移代表了结构在地震中的变形大小，变形过大会使得结构某些局部破坏严重，也会导致重力荷载的附加二阶效应，加大结构倒塌的可能；最大加速度代表着结构在地震中的地震惯性力，这个惯性力过大导致结构承受过大的内力而引起承载力破坏。

传统的做法是抗震，就是找到结构在地震中各种反应的最大值，然后有针对性地提高结构的强度和刚度。具体讲，针对内力最大值进行承载力极限状态验算，不满足时就加大结构的材料用量或提高材料的强度等级；针对弹性变形与弹塑性变形的最大值进行位移验算，当位移不满足要求的时候，就加大结构的刚度。而这种抗震设计方法有时候并不是可靠的，至少不是最经济有效的。

改进的、更高效的抗震途径是通过结构控制，即对结构施加控制装置（系统），由控制装置与结构共同承受地震带来的效应，共同储存和耗散风振能量，以调谐和减轻结构的地震反应。

9.2.2 风引起的振动

1. 风振的基本概念

空气的流动即为风，空气在流动过程中是很不规则的，其流动方向和速度随时间变化也是很不规则的。简单处理，一般把风分为平均风和脉动风。平均风反映的是风的平均性，它反映了一定时段的风的方向和速度的平均值。脉动风反映的是风的随机性，其强度随时间随机变化。湍流强度是描述脉动风强度的重要参数，是衡量脉动风能量大小的标志。通常将某一离地高度的顺风向湍流强度定义为脉动风速的均方根 σ 与平均风速的比值，一般情况下，湍流强度与地面粗糙程度以及离地高度有关，大小随着离地高度的增加而降低。

结构受到的风荷载，通常被视为静力风（平均风）与动力风（脉动风）的共同作用。而在动力风的作用下，结构会发生风振，或称为存在风振效应。风振效应是指其中脉动风的周期与结构的自振周期相接近，结构在脉动风的作用下产生的振动，简称为风振。

随着高强轻质材料的应用和设计水平的不断提高，一方面，现代建筑不断向高层和超高层发展；另一方面，现代建筑不断向更大跨度发展。随着建筑高度和跨度的增大，其整体刚度在减小，使结构变得更为柔性，在动力风作用下更易产生变形和振动。

2. 风引起的结构响应

长期的、频繁的中、低风作用使这些建筑的某些局部构件产生疲劳破坏，从而使整个结构失稳。当高层与大跨建筑的自振频率接近风的卓越频率时，结构响应进一步加剧，风振的影响非常显著。据统计，结构由于风灾产生的破坏占结构破坏总数的大部分。

此外，国内外研究人员结合人体工程学和试验心理学的有关研究表明，风荷载引起的振动频率、振动加速度和振动持续时间，会显著地影响人体在建筑物中生活的舒适度，尤其是加速度的影响更为重要，并被国际上广泛采用作为评价建筑舒适度性能的关键依据。

传统的结构抗风是通过增强结构本身的抗风性能来抵抗风荷载的作用，即通过提高结构本身的强度和刚度，由结构本身储存和消耗风振能量来抵御风荷载。这种传统的抗风设计方法，不一定安全，同时也很不经济，失去了轻质高强材料本身的优势。

改进的、更高效的抗风途径是通过结构控制，即对结构施加控制装置（系统），由控制装置与结构共同承受外界强风的作用效应，共同储存和耗散风振能量，以调谐和减轻结构的风振反应。

9.2.3 结构振动的控制

1. 减小结构振动的方法

无论地震还是风振，都是外部从外部周期性地向结构体系输入能量，结构自振周期与地面振动（或脉动风）的周期接近时，结构就是一个放大体系，结构振动的位移、速度和加速度都会得到放大。结构自振周期避开地面振动（或脉动风）的周期时，结构振动的位移、速度和加速度都会得到衰减。因此，最容易想到的控制振动的做法就是让结构自振周期与地面振动（或脉动风）的周期之间错开。为此必须了解自振周期、地面振动周期以及脉动风的周期。

首先，结构的自振周期取决于结构体系的刚度和质量。单自由度弹性体系的自振周期的简化计算公式为

$$T = 2\pi\sqrt{\frac{m}{k}} \tag{9.1}$$

式中　T——自振周期，s；

m——结构质点的质量，kg；

k——结构的抗侧移刚度，N/m。

可见，结构的质量越大，刚度越小，结构自振周期越长；反之，质量越小，刚度越大，自振周期越短。结构刚度在前一节中已经讨论，结构的质量等于所有的重力荷载除以重力加速度。

其次，地面振动的周期，准确地说应该是地震卓越周期。地震的能量以地震波的形式传导至地面，地震波在土中传播时，由于不同性质界面多次反射的结果，某一周期的地震波强度得到增强，而其余周期的地震波则被削弱。反映到地面振动上，就有了最显著的某条或某类地震波的一个谐波分量的周期，即为卓越周期。卓越周期取决于场地覆土厚度及土层的坚硬程度，剪切波速是反应场地坚硬程度的重要参数。

最后，脉动风是统计学意义上的周期性变化风速的，其周期也是基于假定脉动风过程为平稳随机过程的基础上取得的。

在结构设计时，有意识地关注结构自振周期，使之与地震时的地面振动卓越周期（或脉动风的周期）错开，实际上是一种减小结构振动的方法，并不能够真正控制振动。

2. 控制结构振动的方法

所谓结构振动控制（以下称为"结构控制"）是指采用某种措施使结构在动力载荷作用下的响应不超过某一限量，以满足工程要求。因此，按是否需要外部能源和激励以及结构反应的信号，结构振动控制可分为被动控制、主动控制、半主动控制和混合控制。

（1）被动控制。一种不需要外部能源的结构控制技术，一般指在结构的某些部位安装隔振或耗能装置或子结构系统，或对结构自身的某些构件做构造上的处理以改变结构体系的动力特性。被动控制过程不依赖于结构反应和外界干扰信息，而且具有构造简单、造价低、易于维护且无需外部能源支持等有点。目前常用的被动控制装置主要由黏滞阻尼器、黏弹性阻尼器、调频质量阻尼器等。

（2）主动控制。应用现代控制技术，对输入的外部激励和结构反应实现联机实时监测，再按分析计算结果应用伺服加力装置对结构施加控制力，实现自动调节，进而保证结构在外界动力荷载作用下的安全性能。主动控制需要外部能量输入提供控制力，控制过程依赖于结构反应和外界干扰信息。主动控制包括主动质量阻尼控制系统、主动变刚度控制系统和主动变阻尼器控制系统。

（3）半主动控制。以被动控制为基础，利用控制机构来主动调节系统内部的参数，对被动控制系统的工作状态进行切换，使结构控制处于最优状态。半主动控制仅需少量外部能量输入提供控制力，控制过程依赖于结构反应和外界干扰信息。半主动控制既具有被动控制的可靠性，又具有主动控制系统的强适应性。

（4）混合控制。是主动、半主动和被动控制的联合应用，使其协调起来共同工作。混合控制系统充分利用了被动控制和主动控制的优点，既可以通过被动控制系统大量耗散振动能量，又可以利用主动控制系统保证控制效果，比单纯的主动控制节省大量的能量。

（5）智能控制。是国际振动控制研究的前沿领域。智能材料、智能可调阻尼器和智能材料驱动器由于构筑简单，调节驱动容易，耗能小，反应迅速，几乎无滞时，因而在工程中具有广泛的应用前景。智能控制的控制原理与主动控制基本相同，只是实施控制力的作动器是智能材料制作的智能驱动器。智能控制采用智能控制算法确定输入或输出反馈与控制的关系，但控制力仍然需要很大外部能量作用下的作用器来实现。目前国内外在结构智能控制方面主要集中在智能阻尼器或驱动器性能以及对建筑结构模型试验的研究上，今后尚需在其使用技术方面加强研究。适用于土木工程智能控制的智能材料主要有电流变液、磁流变、压电材料、形状记忆合金和磁致伸缩材料等。

9.2.4 隔震与消能减震

从能量的角度分析，地震引起的结构振动都是因为外部能量被建筑结构吸收转化为结构的动能和变性能，能量"催动"建筑结构往复振动，外部能量不再输入后一段时间，最终能量又被建筑结构耗散，结构重新归于静止。能量的耗散有几种途径：一是结构内部的阻尼耗散，二是结构局部的开裂或屈服等消耗，三是发生较大的破坏使结构体系改变（比如局部倒塌或倒塌），这也相当于建筑结构的设防的多道防线。显然，能量耗散应首先选择通过阻尼耗散，当阻尼耗散来不及时，结构的局部发生轻微破坏（开裂或屈服）耗散能量，当局部破坏仍不能消耗全部能量时，结构发生更大的破坏，直至倒塌。

隔震和消能减震的原理，就是基于减小地震对结构的能量输入以及增加结构对已吸收的能量耗散能力，提出的一种有效地减轻地震灾害的技术，目前已经应用于对抗震安全性和使用功能有较高要求或专门要求的建筑。

1. 隔震技术

隔震体系是在房屋基础、底部或下部结构与上部结构之间设置由橡胶隔震支座和阻尼装置等部件组成具有整体复位功能的隔震层，以延长整个结构体系的自振周期，减少输入上部结构的水平地震作用，达到预期防震要求（图 9.11）。基础隔震技术的使用使建筑在地震中不倒塌真正成为可能，使其成为减轻地震灾害最有效的手段之一。国内外的大量试验和工程经验表明：隔震一般可使结构的水平地震加速度反应降低 60% 左右，从而消除或有效地减轻结构和非结构的地震损坏，提高建筑物及其内部设施和人员的地震安全性，增加了震后建筑物继续使用的功能。

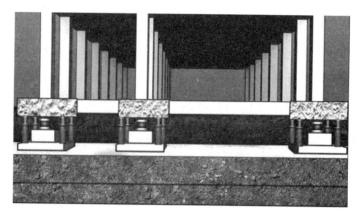

图 9.11　基础隔震层

由于隔震层的"隔震"和"吸震"作用，地震时上部结构作近似平动，结构反应仅相当于不隔震情况下的 1/4～1/8，从而"隔离"了地震，通俗地说，使用隔震技术的房屋经历 8 级地震的震动仅相当于 5.5 级地震引起的震动效果，不仅达到了减轻地震对上部结构造成损坏的目的，而且建筑装修及室内设备也得到有效保护。在诸多隔震系统中，隔震橡胶支座是世界研究和应用的主流，在美国、日本等多震国家广泛应用，我国云南省的昆明市、思茅、临沧、版纳等市州的部分高层建筑推广应用。图 9.12 所示为隔震支座在实际工程中的应用，一般布置在基础或隔震层。

图 9.12　隔震支座

按隔震机理不同可划分为橡胶支座隔震体系、滑动摩擦隔震体系、组合隔震体系等。

（1）橡胶支座隔震体系中的橡胶支座分为铅芯叠层橡胶支座、普通叠层橡胶支座和高阻尼叠层橡胶支座。该体系的周期长、阻尼比大，隔震效果明显，采用后两种橡胶支座，不需再另外附加阻尼器，便于施工。优势是：该体系的竖向承载力大；隔震层具有稳定的弹性复位功能；隔震器的耐久性好；隔震效果明显，隔震器受地基不均匀沉降的影响较小。

（2）滑动摩擦隔震体系是在隔震结构中设置摩擦阻尼器组成的隔震系统（图

9.13）。在基础面上设置滑移层，利用滑移层使上部结构产生一定摩擦力，当滑移层受地震作用大于摩擦力时，滑动面滑移，通过滑移来消耗地震能量从而起到隔震作用。

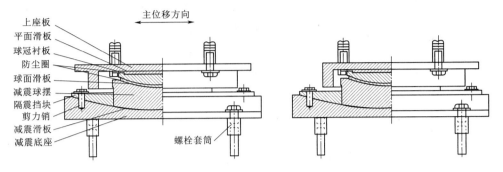

图 9.13　滑动摩擦隔震系统

（3）组合隔震系统可分为并联隔震体系和串联隔震体系，两者由滑动摩擦隔震支座和叠层橡胶支座并联或串联组成。其中，叠层橡胶支座提供系统的恢复力，滑动摩擦隔震支座滞回耗能，隔离地震。该系统充分利用了两种隔震支座的优点，隔震机理简单明确，隔震效果好。

2. 消能减震技术

结构消能减震技术是在结构某些部位（如支撑、剪力墙、连接缝或连接构件）设置消能器（也叫阻尼器）。在主体进入非弹性状态前消能器率先进入耗能工作状态，通过消能器内部材料或构件的摩擦、弯曲（或剪切、扭转）弹塑性（或黏弹性）滞回变形来耗散或吸收地震输入结构的能量，以减少主体结构的地震反应，达到预期防震减震要求。依据其自身功能可分为三类：速度相关型消能器、位移相关型消能器和复合型消能器。

（1）速度相关型消能器。耗能能力与消能器两端的相对速度有关的消能器，如黏滞消能器、黏弹性消能器等。

黏滞消能器由缸体、活塞、黏滞材料等部分组成，利用黏滞材料运动时产生黏滞阻尼耗散能量。图 9.14 所示为某厂家生产的黏滞消能器，产生的阻尼力来自结构内部相互作用，包括阻尼介质与活塞之间的相互作用、阻尼介质与油缸之间的相互作用、介质之间的相互作用以及活塞杆与密封件之间的相互作用。在消能器工作过程中，这些相互作用实现了机械能转换为热能并耗散掉。

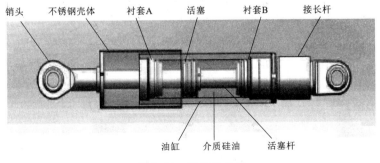

图 9.14　黏滞消能器

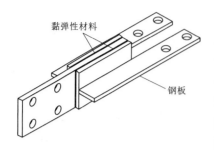

图 9.15 黏弹性消能器

黏弹性消能器（图 9.15）是有刚度的黏滞阻尼装置，其荷载-变形滞回曲线的类型有 3 种：线性、变形软化型、变形硬化型。阻尼器的形状有平面型、筒型。黏弹性阻尼器是由黏弹性阻尼材料与约束钢板交替叠合黏结而成的，除了黏弹性阻尼材料外还有约束钢板和黏结剂层，后两种材料几乎是不能耗能的，所以黏弹性阻尼器的损耗因子比黏弹性材料的小一些。黏弹性阻尼器的力学性能不能完全等同于黏弹性阻尼材料的力学性能，在外力作用下，黏弹性阻尼器的变形为黏弹性阻尼材料、钢板以及黏结剂变形之和。

（2）位移相关型消能器。耗能能力与消能器两端的相对位移相关的消能器，如摩擦消能器、金属消能器和屈曲约束支撑等。

摩擦消能器（图 9.16）由钢元件或构件、摩擦片和预压螺栓等组成，是利用两个或两个以上元件或构件间相对位移时产生摩擦做功而耗散能量的减震装置。

金属消能器（图 9.17）由各种不同金属材料（软钢、铅等）元件或构件制成，利用金属元件或构件屈服时产生的弹塑性滞回变形耗能能量的减震装置。

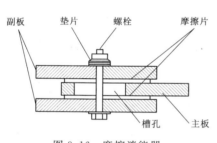

图 9.16 摩擦消能器

图 9.17 金属消能器

屈曲约束支撑（图 9.18）是由核心单元、外约束单元等组成，利用核心单元产生弹塑性滞回变形耗散能量的减震装置。

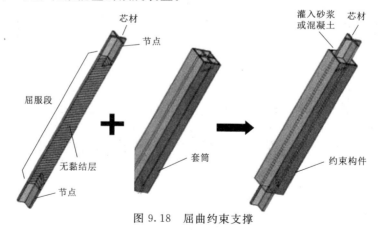

图 9.18 屈曲约束支撑

（3）复合型消能器。耗能能力与消能器两端的相对位移和相对速度有关的消能器，如铅黏弹性消能器等。图9.19所示为一种铅黏弹性复合消能器，由黏性材料、钢板、铅芯、上连接板和下连接板组成，其特征在于：黏弹性材料和钢板中间部分经硫化成一体，在预留的铅芯孔灌入铅芯。该消能器构造简单，取材容易，制作简便，安装、拆卸更换容易，利用两种耗能机制同时耗能，耗能能力好。

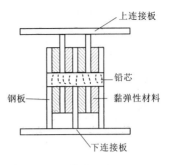

图 9.19　铅黏弹性复合消能器

9.3 结构其他性能设计

为了确保结构的安全和使用，除了前面章节介绍的要求外，还需对建筑结构的疲劳性能、耐久性能、抗连续倒塌以及抗震性能等进行相关设计。

9.3.1 疲劳性能设计

疲劳是指在最大值低于材料静屈服强度的重复或波动应力作用下形成的渐进、局部和永久性的结构损伤。现阶段考虑结构抗疲劳性能的主要是钢结构建筑（房屋、铁路、桥梁等）和一些金属零部件等（比如汽车、飞机、船舶中使用的金属零件）。

结构发生疲劳破坏的3个必要条件是：①结构中存在拉应力；②应力反复作用于结构；③在应力作用下结构发生塑性变形。疲劳可分为高周疲劳和低周疲劳两类，前者指结构在相关疲劳荷载作用下产生的应变小，破坏前循环次数多，比如行动活荷载作用；后者正好相反，结构产生的应变大，破坏前循环次数少，比如地震荷载作用。

疲劳破坏是一种损伤积累的过程，是在循环应力或循环应变作用下发生的，因此其力学特征不同于静力破坏，主要表现为两点：①在循环应力远小于静强度极限的情况下破坏就可能发生，但不是立刻发生的，是要经历一段时间，甚至很长的时间；②在发生疲劳破坏前，即使塑性材料（延性材料）有时也没有显著的残余变形。

研究发现，金属的疲劳破坏可以分为3个阶段：

第一阶段是微观裂纹的产生。在循环加载下，由于物体的最高应力通常产生于表面或近表面区，该区存在的驻留滑移带、晶界和夹杂，发展成为严重的应力集中点并首先形成微观裂纹。此后，裂纹沿着与主应力约呈45°角的最大剪应力方向扩展，裂纹长度大致在0.05mm以内，发展成为宏观裂纹。

第二阶段为宏观裂纹扩展阶段。裂纹基本上沿着与主应力垂直的方向扩展。

第三阶段即为瞬时断裂阶段。当裂纹扩大到使物体残存截面不足以抵抗外载荷时，物体就会在某一次加载下突然断裂。

对应于疲劳破坏的3个阶段，在疲劳宏观断口上出现有疲劳源、疲劳裂纹扩展和瞬时断裂3个区。疲劳源区通常面积很小，色泽光亮，是两个断裂面对磨造成的；疲劳裂纹扩展区通常比较平整，具有表征间隙加载、应力较大改变或裂纹扩展受阻等使裂纹扩展前沿相继位置的休止线或海滩花样；瞬断区则具有静载断口的形貌，表面呈现较粗糙的颗粒状。扫描和透射电子显微术揭示了疲劳断口的微观特征，可观察到扩展区中每一应力循环所遗留的疲劳辉纹。

为了对结构或构件的疲劳特性进行控制，常采用的疲劳设计方法有无限寿命法（无限寿命疲劳计算）、安全寿命法（安全寿命疲劳计算）、破损安全法（损伤容限设计）。

（1）无限寿命法（无限寿命疲劳计算）。当零件应力循环数 N 大于循环基数 N_e，应进行无限寿命疲劳计算。这一设计准则要求零件或结构在无限长的使用时期内，不发生疲劳破坏。S-N 曲线的水平段说明，只要将零件部件或结构的工作应力限制在它们的疲劳极限以下，就可以使零件或结构的寿命无限长。无限寿命设计是最老的设计准则，按照这种准则设计的零件或部件，一般尺寸较大，比较保守。但对于地面工作、运转时间长的机械和设备，无限寿命疲劳强度计算仍然获得广阔的应用。疲劳强度计算一般在静强度计算之后进行，采用许用应力法或安全系数法。

（2）安全寿命法（有限寿命疲劳计算）。有限寿命疲劳计算的基本思想是，在确保零部件或结构规定寿命的条件下，依据零件 S-N 曲线左段斜线部分，采用大于疲劳极限的设计应力进行疲劳强度计算。这样能使材料的承载能力充分利用，零件或结构的自重得以减轻，而减轻重量通常是提高产品性能水平的关键之一。有时候，即使整机需要较长的寿命，也情愿定期维修，用更换零件的办法，让某些零件设计得寿命较短，而使重量更轻。有限寿命计算是当前许多机械设计疲劳计算时主要采用的方法。对减轻重量有较高要求的机械产品，都使用有限疲劳计算。

（3）破损安全法（损伤容限设计）。在使用中，容许承力结构的某些部分产生疲劳裂纹，但要求通过定期枪查发现这些裂纹之前，结构仍能承受足够载荷的设计概念。也就是说，结构是允许损伤的，但要求损伤发展到危险尺寸前能被发现，或者在整个指定的寿命期间，它绝不会达到危险尺寸，则结构是破损安全的。此类结构被称为破损安全结构。20 世纪 90 年代后，由于断裂力学的发展，破损安全结构设计原则有了一个更新的更确切的名称——损伤容限设计原则。在结构设计中，采用破损安全或损伤容限概念，可充分发挥结构的寿命潜力，以及考虑意外损伤，从而确保飞机的安全可靠性。

9.3.2 耐久性能设计

建筑结构设计时应对环境影响进行评估，当结构所处的环境对其耐久性有较大影响时，应根据不同的环境类别采用相应的结构材料、设计构造、防护措施、施工质量要求等，并应制定结构在使用期间的定期检修和维护制度，使结构在设计使用年限内不致因材料的劣化而影响其安全或正常使用。

结构的耐久性极限状态设计，应使结构构件出现耐久性极限状态标志或限值的年限不小于其设计使用年限。结构构件的耐久性极限状态设计，应包括保证构件质量的预防性处理措施、减小侵蚀作用的局部环境改善措施、延缓构件出现损伤的表面防护措施和延缓材料性能劣化速度的保护措施。

1. 耐久性极限状态的标志或限值

各类结构构件及其连接，应依据环境侵蚀和材料的特点确定耐久性极限状态的标志或限值。

（1）对于木结构，以出现下列现象之一，作为达到耐久性极限状态的标志：

1）出现霉菌造成的腐朽。

2）出现虫蛀现象。

3）发现受到白蚁的侵害等。

4）胶合木结构防潮层丧失防护作用或出现脱胶现象。

5）木结构的金属连接件出现锈蚀。

6）构件出现翘曲、变形和节点区的干缩裂缝。

（2）对于钢结构、钢管混凝土结构的外包钢管和组合钢结构的型钢构件等，以出现下列现象之一，作为达到耐久性极限状态的标志：

1）构件出现锈蚀迹象。

2）防腐涂层丧失作用。

3）构件出现应力腐蚀裂纹。

4）特殊防腐保护措施失去作用。

（3）对于铝合金、铜及铜合金等构件及连接，以出现下列现象之一，作为达到耐久性极限状态的标志：

1）构件出现表观的损伤。

2）出现应力腐蚀裂纹。

3）专用防护措施失去作用。

（4）对于混凝土结构的配筋和金属连接件，以出现下列状况之一，作为达到耐久性极限状态的标志或限值：

1）预应力钢筋和直径较细的受力主筋出现锈蚀。

2）构件的金属连接件出现锈蚀。

3）混凝土构件表面出现锈蚀裂缝。

4）阴极或阳极保护措施失去作用。

（5）对于砌筑和混凝土等无机非金属材料的结构构件，以出现下列现象之一，作为达到耐久性极限状态的标志或限值：

1）构件表面出现冻融损伤。

2）构件表面出现介质侵蚀造成的损伤。

3）构件表面出现风沙和人为作用造成的磨损。

4）表面出现高速气流造成的空蚀损伤。

5）因撞击等造成的表面损伤。

6）出现生物性作用损伤。

（6）对于聚合物材料及其结构构件，以出现下列现象之一，作为达到耐久性极限状态的标志：

1）因光老化，出现色泽大幅度改变、开裂或性能的明显劣化。

2）因高温、高湿等，出现色泽大幅度改变、开裂或性能的明显劣化。

3）因介质的作用等，出现色泽大幅度改变、开裂或性能的明显劣化。

（7）对于具有透光性要求的玻璃构配件，以出现下列现象之一，作为达到耐久性极限状态的标志：

1）结构构件出现裂纹。

2）透光性受到磨蚀的影响。

3）透光性受到鸟类粪便影响等。

2. 耐久性设计常用方法

建筑结构的耐久性常采用 3 种方法进行设计，即经验的方法、半定量的方法和定量控制耐久性失效概率的方法。

（1）对环境对结构构件的侵蚀作用或作用效应统计规律不了解时，可采取经验方法确定保障耐久性的措施。这些措施包括以下 6 种：

1）保障结构构件质量的杀虫、灭菌和干燥等技术措施。

2）避免物理性作用的表面抹灰和涂层等技术措施。

3）避免雨水等冲淋和浸泡的遮挡及排水等技术措施。

4）保障结构构件处于干燥状态的通风和防潮等技术措施。

5）推迟电化学反应的镀膜和防腐涂层等技术措施以及阴极保护等技术措施。

6）作出定期检查规定的技术措施等。

（2）对环境对结构构件的侵蚀作用或作用效应统计规律有一定了解时，可采用半定量的耐久性极限状态设计方法。环境等级按侵蚀性种类划分；环境等级之内，按度量侵蚀性强度的指标划分侵蚀性强弱级别。确定结构构件抵抗环境影响能力的参数或指标时，应结合环境级别和设计使用年限；确定结构构件抵抗环境影响能力的参数或指标时，应考虑施工偏差等不确定因素的影响；确定结构构件表面防护层对于构件抵抗环境影响能力的实际作用时，考虑具体情况。

（3）对环境对结构构件的侵蚀作用或作用效应统计规律了解充分且有快速检验方法予以验证时，可采取定量的耐久性极限状态设计方法，应使预期出现耐久性极限状态标志的时间不小于结构的设计使用年限。

9.3.3　防连续倒塌设计

结构连续倒塌是指结构因突发事件或严重超载而造成局部结构破坏失效，继而引起与失效破坏构件相连的构件连续破坏，最终导致相对于初始局部破坏更大范围的倒塌破坏。结构产生局部构件失效后，破坏范围可能沿水平方向和竖直方向发展，其中破坏沿竖向发展影响更为突出。当偶然因素导致局部结构破坏失效时，如果整体结构不能形成有效的多重荷载传递路径，破坏范围就可能沿水平或者竖直方向蔓延，最终导致结构发生大范围的倒塌甚至是整体倒塌。

结构连续倒塌事故在国内外并不罕见，1968 年英国罗南角公寓发生煤气爆炸而倒塌，1995 年美国艾尔弗雷德·P. 默拉联邦大楼倒塌、2001 年美国世界贸易中心大楼倒塌，2003 年我国湖南衡阳大厦发生特大火灾既而倒塌，2004 年法国戴高乐机场候机厅倒塌等，都是比较典型的结构连续倒塌事故。每一次事故都造成了重大人员伤亡和财产损失，给地区乃至整个国家都造成了严重的负面影响。因此重要的、大型的建筑结构进行必要的结构抗连续倒塌设计，当偶然事件发生时，将能有效控制结构破坏范围。

在特定类型的偶然作用发生时或发生后，结构能够承受这种作用，或当结构体系发生局部垮塌时，依靠剩余结构体系仍能继续承载，避免发生与作用不相匹配的大范围破坏或连续倒塌。这就是结构防连续倒塌设计的目标。

由于连续倒塌的风险对大多数建筑物而言是低的，因而可以根据结构的重要性采取不同的对策，以防止出现结构的连续倒塌：对重要的结构，应采取必要的措施，防止出现结构的连续倒塌；对一般的结构，宜采取适当的措施，防止出现结构的连续倒塌；对于次要的结构，可不考虑结构的连续倒塌问题。

对于偶然设计状况（包括撞击、爆炸、火灾事故的发生），均应采用偶然组合进行设计。偶然荷载的特点是出现的概率很小，而一旦出现，量值很大，往往具有很大的破坏作用，甚至引起结构与起因不成比例的连续倒塌。加强建筑物的抗连续倒塌设计刻不容缓。

目前美国、加拿大、澳大利亚以及欧洲一些国家的有关规范中都有关于建筑结构抗连续倒塌设计的规定。我国近年因撞击或爆炸导致建筑物倒塌的事件时有发生，在《建筑结构可靠性设计统一标准》（GB 50068—2018）、《混凝土结构设计规范（2015年版）》（GB 50010—2010）、《高层民用建筑钢结构技术规程》（JGJ 99—2015）、《高层建筑混凝土结构技术规程》（JGJ 3—2010）、《钢结构设计标准》（GB 50017—2017）、《建筑结构荷载规范》（GB 50009—2012）等国家和行业标准规范中，都对防连续倒塌设计作了相关规定。

与一般结构抗风、抗震等防灾设计中注重的整个完好结构抵御灾害荷载的能力不同，结构抗连续倒塌设计中考察的是因意外事件导致部分构件失效退出工作后，剩余结构的抗倒塌能力。

高层建筑结构应具有在偶然作用发生时适宜的抗连续倒塌能力，不允许采用摩擦连接传递重力荷载，应采用构件连接传递重力荷载；应具有适宜的多余约束性、整体连续性、稳固性和延性；水平构件应具有一定的反向承载能力，如连续梁边支座、非地震区简支梁支座顶面及连续梁、框架梁梁中支座底面应有一定数量的配筋及合适的锚固连接构造，防止偶然作用发生时，该构件产生过大破坏。可归结为 3 种设计方法：

（1）局部加强法。对多条传力途径交汇的关键传力部位和可能引发大面积倒塌的重要构件通过提高安全储备和变形能力，直接考虑偶然作用的影响进行设计。这种按特定的局部破坏状态的荷载组合进行构件设计，是保证结构整体稳定性的有效措施之一。

当偶然事件产生特大荷载时，按效应的偶然组合进行设计以保持结构体系完整无缺往往代价太高，有时甚至不现实。此时，允许爆炸或撞击造成结构局部破坏，在某个竖向构件失效后，使其影响范围仅限于局部。按新的结构简图采用梁、悬索、悬臂的拉结模型继续承载受力，按整个结构不发生连续倒塌的原则进行设计，从而避免结构的整体垮塌。按拉结的位置和作用可分为内部拉结、周边拉结、对墙/柱的拉结以及竖向拉结四种类型。

（2）拆除构件法。是按一定规则撤去结构体系中某部分构件，验算剩余结构的抗倒塌能力的计算方法。可采用弹性分析方法或非线性全过程动力分析方法。将初始失效的竖向支撑构件"拿掉"后结构在原有荷载作用下发生内力重分布，并具有足够的跨越能力保证不发生大范围的坍塌。

（3）关键构件法。对于拆除后可能引发大范围坍塌的结构构件，应设计为"关键构件"或者"重点保护构件"，使其具有足够的强度能在一定程度上抵御意外荷载作用。

9.3.4　抗震性能化设计

1. 总体目标与指导思想

抗震性能化设计是针对具体工程的需要和可能，可以对整个结构，也可以对某些部位或关键构件，灵活运用各种措施达到预期的性能目标——着重提高抗震安全性或满足使用功能的专门要求。

基于性能的抗震设计的目的是"在结构的整个生命周期内，在设定的条件下，花在抗震上的费用最少"，即追求建筑物在服役期内的"最佳经济效益"。这里的"费用"是指增加抗震能力的投资和因地震破坏造成的损失，包括人员伤亡、运营中断、重复修建等；"设定的条件"是指结构的性能目标。

基于性能的抗震设计理论的基本内容包括地震设防水准的确定、结构抗震性能目标的确定、结构抗震性能水平的确定以及结构抗震性能分析评估方法共 4 个方面。

我国《建筑抗震设计规范（2016 年版）》（GB 50011—2010）规定了地震作用下可供选定的预期性能目标，分为 A、B、C、D 四级。随着地震水准的提高，建筑结构可以逐步出现越来越严重的破坏，对应 4 个性能目标的性能水准分为 1、2、3、4、5 共 5 个水准，见表 9.1，从中可以看出"小震不坏、中震可修、大震不倒"多级抗震设防的指导思想。

表 9.1　　　　　　　　　　　　结构的抗震性能目标

地震水准	性　能　目　标			
	A	B	C	D
	性　能　水　准			
多遇地震	1	1	1	1
设防地震	1	2	3	4
罕遇地震	2	3	4	5

为了实现上述性能目标，需要落实到具体设计指标，即各个地震水准下构件的承载力、变形和细部构造的指标。仅提高承载力时，安全性有相应提高，但使用上的变形要求不一定满足；仅提高变形能力，则结构在小震、中震下的损坏情况大致没有改变，但抗御大震倒塌的能力提高。因此，性能设计目标往往侧重于通过提高承载力推迟结构进入塑性工作阶段并减少塑性变形，必要时还需同时提高刚度以满足使用功能

的变形要求，而变形能力的要求可根据结构及其构件在中震、大震下进入弹塑性的程度加以调整。

2. 性能水准

水准 1：宏观完好，关键构件、普通竖向构件、耗能构件均完好，不需修理即可使用。所有构件保持弹性状态：各种承载力设计值（拉、压、弯、剪、压弯、拉弯、稳定等）满足规范对抗震承载力的要求，层间变形（以弯曲变形为主的结构宜扣除整体弯曲变形）满足规范多遇地震下的位移角限值，即多遇地震下必须满足规范规定的承载力和弹性变形的要求。

水准 2：宏观基本完好，关键构件、普通竖向构件均完好，耗能构件轻微损坏，稍加修理即可使用。构件基本保持弹性状态：各种承载力设计值基本满足规范对抗震承载力的要求，层间变形可能略微超过弹性变形限值。

水准 3：宏观轻度损坏，关键构件、普通竖向构件轻度损坏，耗能构件中度损坏，一般修理后可使用。结构构件可能出现轻微的塑性变形，但不达到屈服状态，按材料标准值计算的承载力大于作用标准组合的效应。

水准 4：宏观中度损坏，关键构件轻度损坏，普通竖向构件轻中度损坏，耗能构件中度至严重损坏，修复加固后可使用。结构构件出现明显的塑性变形。

水准 5：宏观重度损坏，关键构件中度损坏，部分普通竖向构件严重损坏，耗能构件重度损坏，需排除风险，论证后进行加固与修复。结构关键的竖向构件出现明显的塑性变形，部分水平构件可能失效需要更换。

3. 性能目标

性能目标 A：结构构件在预期大震下仍基本处于弹性状态，则其细部构造仅需要满足最基本的构造要求，工程实例表明，采用隔震、减震技术或低烈度设防且风力很大时有可能实现；条件许可时，也可对某些关键构件提出这个性能目标。

性能目标 B：结构构件在中震下完好，在预期大震下可能屈服，其细部构造需满足低延性的要求。结构所有构件的承载力和层间位移均可满足中震（不计入风载效应组合）的设计要求；考虑水平构件在大震下损坏使刚度降低和阻尼加大，按等效线性化方法估算，竖向构件的最小极限承载力仍可满足大震下的验算要求。

性能目标 C：在中震下已有轻微塑性变形，大震下有明显的塑性变形，因而，其细部构造需要满足中等延性的构造要求。

性能目标 D：在中震下的损坏已大于性能目标 C，结构总体的抗震承载力仅略高于一般情况，因而，其细部构造仍需满足高延性的要求。

在性能化设计时应考虑构件在强烈地震下进入弹塑性工作阶段和重力二阶效应。关于抗震性能化设计的基本理论与具体方法，读者可通过阅读结构动力学、弹塑性力学、建筑抗震设计、消能减震与隔震、高层建筑结构等方面书籍学习了解，此处不再赘述。

9.4 案例分析：结构性能设计案例

9.4.1 预应力结构工程案例

下面分析一个渡槽的工程实例。图 9.20 (a) 所示为一个钢筋混凝土渡槽的横断面结构，渡槽为 3/4 圆形状，内径 1.6m，壁厚 0.15m。当渡槽内装满水时，由于水的侧压力会使得渡槽承受环向的拉力，此时混凝土处于受拉状态，容易开裂，渡槽上的裂缝会导致漏水和钢筋锈蚀（影响结构的适用性和耐久性）。工程师借鉴了木桶制作的原理，通过在渡槽上口设置拉杆施加预应力，使渡槽的外壁受到拉力，从而使得渡槽内壁受到预压应力。

渡槽纵向设计为两端伸臂的单元，由重力（包括波槽自重和渡槽中流水的重力荷载）产生的弯矩，沿整个渡槽长度方向都是负值，渡槽单元的中点和伸臂的自由端弯矩为零，而在渡槽中间支承截面上的负弯矩最大。这些负弯矩使得渡槽的顶部受拉。当渡槽用后张法施加预应力后，在预应力和渡槽重力的共同作用下，整个渡槽截面都受着纵向压力。经过优化设计，纵向压力在渡槽底部的值最大，同时渡槽的水压力也是最大的。

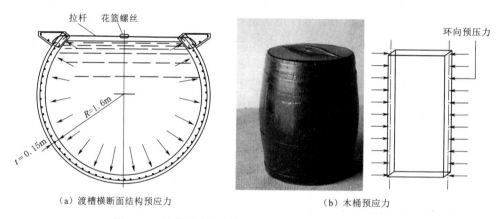

（a）渡槽横断面结构预应力　　　　　　　　　　　（b）木桶预应力

图 9.20　渡槽横断面结构预应力与木桶预应力示意图

工程有着较大的跨度，近 805m，工程设计时除了需要施加横向断面上的预应力外，还要对波槽施加纵向预应力，从而抵消由重力荷载所产生的在槽壁上的弯曲拉应力。此外，由于是渡槽，工程还要求设置尽可能少的膨胀节点（膨胀节点是为了减少温度变形所产生的应力）。工程师把渡槽设计成只在沿渡槽长度的中点处设置一个连接点，其两头连接两侧长度很长的等跨连续梁一个有多跨连续梁，这些连续梁在高架渡槽的两端均设计成固定端支座，如图 9.21 所示。中部节点上，设置一个位于渡槽梁上端的三铰拱，如图 9.22 所示。三铰拱在自重作用下，给两拱脚施加了约 4000kN 的水平推力，水平推力由渡槽壁承担，这样就使沿渡槽全长上的槽壁受到纵向预压力，从而达到延缓混凝土出现裂缝的效果。

实践证明，此结构方案比常用的预应力钢缆体系更加便宜，而且受压结构构件的长度愈长，所能节省的造价愈多。本工程灵活地运用三铰拱产生水平推力的原理，使渡槽在沿全长方向产生均匀预压力；渡槽支座做法采用可在纵向发生水平移动的链杆，它不影响水平推力的传递。

图 9.21 半英里（约 805m）长渡槽标准跨

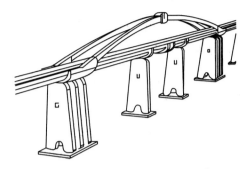

图 9.22 渡槽中部连接处三铰拱

9.4.2 消能减震的工程案例

1. 工程概况

位于北京北四环中路的盘古大观写字楼于 2007 年建成，又称盘古大厦，是一栋高级智能化写字楼（图 9.23）。主体为钢结构，高 191.5m，地上 40 层，地下 5 层，建筑面积约为 112800m²。抗震设计中遵循结构"小震不坏、中震可修、大震不倒"的原则，用传统抗震设计方法和相关构造措施使结构满足多遇地震的规范设计要求。对于罕遇地震，则进行了消能减震设计，依靠安置黏滞阻尼器来满足设计要求。对比分析，整个结构安装的 108 个阻尼器共耗资 580 万元，仅为该建筑总体投资的 5‰左右，带来的减震效果确实非常明显的。

该建筑采取外圈密柱框架和内圈带有多列柱间支撑的框架构成的双向抗侧力结构体系，在第 16、第 36 层设置加强层，在内框架和外框架之间设置刚臂桁架来调整内外框架受力（图 9.24），以此构成双重抗侧力体系，达到整体受力的目的。

图 9.23 盘古大厦改造前外观

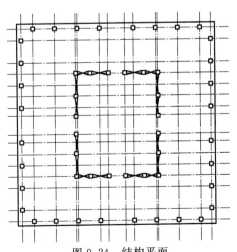

图 9.24 结构平面

2022年盘古大厦进行了改造，拆除了顶部的"火炬"造型部分，改成了如图9.25所示的造型，改造后的造型更为简单，对整体抗震和抗风更为有利。

2. 结构模型

建筑抗震设防烈度为8度，场地土类别Ⅲ类。整体来说，结构的对称性、整体性较好，结构抗扭刚度与承载力较强。但抗震分析结果表明，大震工况下，结构部分楼层已经超出了相关规范对层间位移转角限值的规定。结构顶部的大型桁架悬挑长度超过30m，将会把桁架端点处的地面竖向作用的加速度严重放大，威胁到整个结构的安全。

3. 抗震与减震方案对比

为了寻求最好的抗震措施，考虑了3种结构增强方案。

（1）方案1：加大原结构柱、支撑截面。为了保证提高结构抗震方案的合理性，在原结构柱、支撑截面尺寸基础上均匀增大截面尺寸，结构柱用钢量增加932.8t（9.5%），钢支撑用钢量增加331.8t（34.4%）。

（2）方案2：增加原结构支撑截面及数量。各层新增支撑平面布局对称、规则，遵循抗侧移刚度中心与结构质量中心尽量接近，避免扭转现象放大的原则，在增加原结构支撑截面的基础上，还在结构的外筒、内筒1～40层布置了X形支撑，其平面布置如图9.26所示。方案2原支撑截面加大钢量增加331.8t，新增支撑用钢521.1t，总用钢量增加852.9t。

图9.25 盘古大厦改造后外观

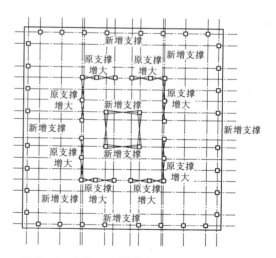

图9.26 方案2支撑增大及新增支撑布局图

（3）方案3：消能减震方案。其原理是在突遇强震时结构加速振动，振动传递给黏滞阻尼器的活塞杆，阻尼器利用缸体内部液体自身的黏滞特性阻止活塞的运动，从而给结构带来附加阻尼，衰减结构振动。通过对原结构进行时程分析之后，得到地震作用下位移过大的各个薄弱层，将阻尼器均匀分布设置在层间位移较大的24～39层，共计 96 个标准黏滞阻尼器、8 个可以提供刚度的黏滞阻尼器，以及楼顶悬臂桁架根部的 4 个抗风黏滞阻尼器。

方案 1 和方案 2 均属于传统方案，是通过提高结构的抗侧能力实现的，以减小结构侧移，增强抵抗地震倾覆力矩。方案 3 则是通过增加整体结构的阻尼，来提升结构的耗能能力，方案 1、方案 2 和方案 3 均能使原结构满足规范要求。三个方案对比结果表明，传统的抗震方案通过增加结构的抗侧刚度会使结构的周期变短，对于高层建筑长周期结构来说，周期的缩短会产生更大的地震力。

通过地震作用下各层层间位移角可见，方案 1 和方案 2 通过增大结构抗侧能力降低结构的层间位移转角时，并非每一层都得到均匀明显的改善。与原结构相比，在较高层上，地震反应甚至有放大现象。而方案 3（黏滞阻尼器）的减震效果非常理想。特别是中震作用下，采用方案 1、2 的结构各层将近半数可能已经进入屈服阶段，层间位移角大于 0.0033rad，而采用阻尼器减震方案时，结构的抗震能力明显较强，中震情况下结构仍保持在弹性变形范围内。

4. 经济性对比

实际上，黏滞阻尼器提高了结构的阻尼比，减小结构在地震情况下的动力反应，上部结构构件的数量、截面可相应减小，使结构可以满足更高的要求。以减小后的"原结构"作为对比的参照点，方案 3 比方案 2 节约 297 万元，比方案 1 节约 684.6 万元。此外，方案 3 使得非结构构件的装修和连接构造可适当简化。

思　考　题

1. 影响结构刚度的因素有哪些？
2. 结构变形过大会带来什么不利影响？
3. 施加预应力减小结构受荷后变形的原理是什么？
4. 张弦梁结构是如何构成的？张弦梁结构如何减小结构的变形？
5. 地震引起结构振动和风引起结构振动有何异同？
6. 结构的疲劳破坏有何特点？
7. 什么是结构防连续倒塌设计？
8. 建筑抗震、隔震、减震的基本原理有哪些？

参 考 文 献

[1] 罗福午. 建筑结构概念体系与估算 [M]. 北京：清华大学出版社，1996.

[2] 罗福午，邓雪松. 建筑结构 [M]. 3 版. 武汉：武汉理工大学出版社，2018.

[3] 罗福午. 混合结构设计 [M]. 2 版. 北京：中国建筑工业出版社，1991.

[4] 林同炎，S.D. 斯多台斯伯利. 结构概念和体系 [M]. 2 版. 高立人，方鄂华，钱稼茹，译. 北京：中国建筑工业出版社，1999.

[5] 阿里埃勒·哈瑙尔. 结构原理 [M]. 赵作周，郭红仙，等，译校. 北京：中国建筑工业出版社，2003.

[6] 湖南大学，天津大学，同济大学，等. 土木工程材料 [M]. 2 版. 北京：中国建筑工业出版社，2014.

[7] 施惠生，郭晓潞. 土木工程材料 [M]. 4 版. 重庆：重庆大学出版社，2021.

[8] 赵华玮. 建筑材料应用与检测 [M]. 北京：中国建筑工业出版社，2011.

[9] 迟培云. 建筑结构材料 [M]. 哈尔滨：哈尔滨工业大学出版社，2007.

[10] 西安建筑科技大学，华南理工大学，重庆大学，等. 建筑材料 [M]. 4 版. 北京：中国建筑工业出版社，2013.

[11] 朱轶韵. 建筑结构选型 [M]. 北京：中国建筑工业出版社，2016.

[12] 李国强. 工程结构荷载与可靠度设计原理 [M]. 5 版. 北京：中国建筑工业出版社，2022.

[13] 张新培. 建筑结构可靠分析与设计 [M]. 北京：科学出版社，2001.

[14] 赵国藩，曹居易，张宽权. 工程结构可靠度 [M]. 北京：科学出版社，2011.

[15] 樊振和. 结构在建筑中的艺术表现力 [J]. 北京建筑工程学院学报，2001，17（1）：59-64.

[16] 曹铁柱，陈永祁. 安置抗震黏滞阻尼器的某超高层建筑经济性能分析 [J]. 钢结构，2011，26（4）：36-41.

[17] 房胜兵，陈前，杨佑发. 铁路站台单柱雨棚结构抗连续倒塌性能分析 [J]. 工程抗震与加固改造，2021，43（1）：159-166.

[18] 赵仕兴，杨姝姮，郭宇航，等. 成都市锦城广场大跨度钢木组合屋盖结构分析与设计 [J]. 空间结构，2021，27（4）：62-70.

[19] 商广泰，钟文乐，蒋凤昌. 基于 ANSYS 分析的钢梁优化设计 [J]. 工程建设与设计，2005（3）：38-40.

[20] 刘逸平，肖青凯，杨光红，等. 基于最优 R-Vine Gaussian Copula 模型的服役大跨桥梁主梁失效概率分析 [J]. 同济大学学报，2021，49（5）：624-633.

[21] 赵西安. 世界最高建筑迪拜哈利法塔结构设计和施工 [J]. 建筑技术，2010，41（7）：625-629.

[22] 丁洁民，巢斯，吴宏磊，等. 上海中心大厦绿色结构设计关键技术 [J]. 建筑结构学报，2017，38（3）：134-140.

[23] 石宏超. 抬梁与穿斗结构的再辨析 [J]. 华中建筑，2016（10）：40-43.

[24] 杨成军，李锡松，尹武晓，等. 超高性能混凝土在建筑领域的应用研究 [J/OL]. 混凝土与水泥制品，知网（网络首发）.

[25] 宋占海. 论建筑结构与建筑艺术的统一 [J]. 西安建筑科技大学学报，1996，28（2）：196-204.

[26] 刘春波, 李文杰. 超高层钢结构巨型柱的加工技术 [J]. 钢结构, 2018, 33 (236): 84 - 89.

[27] 汪大绥, 包联进, 姜文伟, 等. 上海中心大厦结构第三方独立审核 [J]. 建筑结构, 2012, 42 (5): 13 - 18.

[28] 季俊, 周建龙, 黄良, 等. 武汉绿地中心主塔楼异形环带桁架设计研究 [J]. 建筑结构, 2022, 52 (10): 61 - 66, 20.

[29] 黄良. 武汉绿地中心主塔楼结构设计 [J]. 施工技术, 2015, 44 (5): 40 - 45.

[30] 刘鹏, 殷超, 李旭宇, 等. 天津高银 117 大厦结构体系设计研究 [J]. 建筑结构, 2012, 42 (3): 1 - 19.

[31] 包联进, 童骏, 陈建兴, 等. 天津高银 117 大厦塔楼结构设计综述 [J]. 建筑结构, 2022, 52 (9): 10 - 16.

[32] 中华人民共和国住房和城乡建设部. 工程结构可靠性设计统一标准: GB 50153—2008 [S]. 北京: 中国建筑工业出版社, 2009.

[33] 中华人民共和国住房和城乡建设部. 建筑结构可靠性设计统一标准: GB 50068—2018 [S]. 北京: 中国建筑工业出版社, 2019.

[34] 中华人民共和国住房和城乡建设部. 建筑结构荷载规范: GB 50009—2012 [S]. 北京: 中国建筑工业出版社, 2012.

[35] 中华人民共和国住房和城乡建设部. 钢结构设计标准: GB 50017—2017 [S]. 北京: 中国建筑工业出版社, 2017.

[36] 中华人民共和国住房和城乡建设部. 混凝土结构设计规范: GB 50010—2010 (2015 年版) [S]. 北京: 中国建筑工业出版社, 2016.

[37] 中华人民共和国住房和城乡建设部. 建筑抗震设计规范: GB 50011—2010 (2016 年版) [S]. 北京: 中国建筑工业出版社, 2016.

[38] 中华人民共和国住房和城乡建设部. 砌体结构设计规范: GB 50003—2011 [S]. 北京: 中国建筑工业出版社, 2012.

[39] 中华人民共和国住房和城乡建设部. 木结构设计规范: GB 50005—2017 [S]. 北京: 中国建筑工业出版社, 2018.

[40] 中华人民共和国住房和城乡建设部. 高层民用建筑钢结构技术规程: JGJ 99—2015 [S]. 北京: 中国建筑工业出版社, 2016.

[41] 中华人民共和国住房和城乡建设部. 高层建筑混凝土结构技术规程: JGJ 3—2010 [S]. 北京: 中国建筑工业出版社, 2011.